高等院校规划教材·软件工程系列

软件工程实践教程

刘冰　赖涵　瞿中　王化晶　编著

机械工业出版社

本书从实用的角度出发,根据教育部高教司审定的《中国计算机科学与技术学科教程2002》中对软件工程的要求编写,并参照美国ACM和IEEE Computing Curricula 2001教程关于软件工程的描述,吸取了国内外软件工程的精华,详细介绍了软件工程、软件开发过程、软件计划、需求分析、总体设计、详细设计、编码、软件测试、软件维护、软件工程标准化和软件文档、软件工程质量、软件工程项目管理以及软件工程开发实例。各章均配有习题,以指导读者深入地进行学习,部分章后附有经典例题讲解和实验内容,帮助读者掌握相关知识。

本书既可作为高等学校计算机专业课程的教材或教学参考书,也可作为通信、电子信息、自动化等相关专业的计算机课程教材,还可供软件工程师、软件项目管理者和应用软件开发人员阅读参考。

图书在版编目(CIP)数据

软件工程实践教程/刘冰等编著. —北京:机械工业出版社,2009.1
(高等院校规划教材·软件工程系列)
ISBN 978-7-111-25458-4

Ⅰ. 软… Ⅱ. 刘… Ⅲ. 软件工程-高等学校-教材 Ⅳ. TP311.5

中国版本图书馆CIP数据核字(2008)第165967号

机械工业出版社(北京市百万庄大街22号 邮政编码100037)
责任编辑:唐德凯
责任印制:邓 博
北京四季青印刷厂印刷(三河市魏各庄装订二厂装订)

2009年1月第1版·第1次印刷
184mm×260mm·19.75印张·490千字
0001-3000册
标准书号:ISBN 978-7-111-25458-4
定价:32.00元

出 版 说 明

　　计算机技术的发展极大地促进了现代科学技术的发展，明显地加快了社会发展的进程。因此，各国都非常重视计算机教育。

　　近年来，随着我国信息化建设的全面推进和高等教育的蓬勃发展，高等院校的计算机教育模式也在不断改革，计算机学科的课程体系和教学内容趋于更加科学和合理，计算机教材建设逐渐成熟。在"十五"期间，机械工业出版社组织出版了大量计算机教材，包括"21世纪高等院校计算机教材系列"、"21世纪重点大学规划教材"、"高等院校计算机科学与技术'十五'规划教材"、"21世纪高等院校应用型规划教材"等，均取得了可喜成果，其中多个品种的教材被评为国家级、省部级的精品教材。

　　为了进一步满足计算机教育的需求，机械工业出版社策划开发了"高等院校规划教材"。这套教材是在总结我社以往计算机教材出版经验的基础上策划的，同时借鉴了其他出版社同类教材的优点，对我社已有的计算机教材资源进行整合，旨在大幅提高教材质量。我们邀请多所高校的计算机专家、教师及教务部门针对此次计算机教材建设进行了充分的研讨，达成了许多共识，并由此形成了"高等院校规划教材"的体系架构与编写原则，以保证本套教材与各高等院校的办学层次、学科设置和人才培养模式等相匹配，满足其计算机教学的需要。

　　本套教材包括计算机科学与技术、软件工程、网络工程、信息管理与信息系统、计算机应用技术以及计算机基础教育等系列。其中，计算机科学与技术系列、软件工程系列、网络工程系列和信息管理与信息系统系列是针对高校相应专业方向的课程设置而组织编写的，体系完整，讲解透彻；计算机应用技术系列是针对计算机应用类课程而组织编写的，着重培养学生利用计算机技术解决实际问题的能力；计算机基础教育系列是为大学公共基础课层面的计算机基础教学而设计的，采用通俗易懂的方法讲解计算机的基础理论、常用技术及应用。

　　本套教材的内容源自致力于教学与科研一线的骨干教师与资深专家的实践经验和研究成果，融合了先进的教学理念，涵盖了计算机领域的核心理论和最新的应用技术，真正在教材体系、内容和方法上做到了创新。同时本套教材根据实际需要配有电子教案、实验指导或多媒体光盘等教学资源，实现了教材的"立体化"建设。本套教材将随着计算机技术的进步和计算机应用领域的扩展而及时改版，并及时吸纳新兴课程和特色课程的教材。我们将努力把这套教材打造成为国家级或省部级精品教材，为高等院校的计算机教育提供更好的服务。

　　对于本套教材的组织出版工作，希望计算机教育界的专家和老师能提出宝贵的意见和建议。衷心感谢计算机教育工作者和广大读者的支持与帮助！

机械工业出版社

前　言

当今，软件工程已成为计算机科学的一个分支。但随着软件产业不断发展的需求，传统的计算机学科逐步上升到计算科学。2001 年，IEEE 发布的计算学科教学规划把计算学科划分为计算机科学、计算机工程、软件工程、信息系统、信息技术和其他有待发展的学科等子学科，标志着软件工程这个名词作为与计算机理论相对应的各种软件实践技术的总称已经得到世界的公认。

20 世纪 90 年代以来，软件重用和软件构件技术成为研究热点，面向对象方法和技术成为软件开发的主流技术。软件工程知识为开发高品质的软件产品提供了理论和科学支撑，强调采用工程化的方式开发软件。这些知识支持以精确的方式描述软件工程产品，为产品及其相互关系的建模和推理提供了基础，并为可预测的设计过程提供了依据。

在编写本书时我们不仅重视理论知识的介绍，并且将实践与理论相结合，在教学内容上也作了较大调整。为了培养学生规范化的软件开发方法与技能，重点强调结构化开发方法中软件生命周期各阶段的活动和产品，同时也加大了对面向对象的系统分析与设计方法的介绍，并且计划将此部分内容与"面向对象分析与设计"、"UML 统一建模语言"、"软件测试"等课程教学内容相结合，使学生能够更深刻地理解这种先进的软件开发思想。

本书的编者都是长期在高校从事软件教学的教师，有丰富的教学经验和科研开发能力，并参阅了大量国内外有关软件工程的教材和资料，编写而成。其中基础理论部分由刘冰、王化晶编写，实验部分由赖涵编写，瞿中负责统稿及内容审定。

施佳、王波、代永亮、董玉莲、田秉玺等参与了文字录入和图表制作工作，本书的顺利出版，得到了领导和同事给予的大力支持和帮助，也得到了计算机教育界许多同仁的关心，在此一并致谢。

与本教材配套的电子教案和习题答案可从机械工业出版社网站上下载，网址为 www.cmpedu.com；或与作者联系，作者的邮箱为 cobly1837@ sina.com。

目前，软件工程发展迅速，国内外有关软件工程技术与设计方面的资料很多，新理论、新技术层出不穷，由于编者水平有限，书中难免存在不妥和错误之处，恳请读者批评指正。

感谢您阅读本书。请将您的宝贵建议和意见发送至：jsjfw@ mail. machineinfo. gov. cn。

作　者

目　录

第1章　基础知识

本章要点
- 软件
- 软件工程
- 软件工程学科
- Visio 绘图工具的介绍

1.1　概述

1.1.1　基本概念

1. 软件

"软件"这个词汇于 20 世纪 60 年代被首次提出。一个完整的计算机系统由软件和硬件组成,它们相互依存,缺一不可。IEEE 给软件的定义:软件是计算机程序、规程以及运行计算机系统可能需要的相关文档和数据。其中:

1)计算机程序是计算机设备可以接受的一系列指令和说明,为计算机的运行提供所需的功能和性能。

2)数据是事实、概念或指令的结构化表示,能够被计算机设备接收、理解或处理。

3)文档是描述程序研制过程、方法及使用的图文材料。

从软件的内容来说,软件更像是一种嵌入式的数字化知识,其形成是一个通过交互对话和抽象理解而不断演化的过程。

软件是一种特殊的产品,它具有如下特点。

1)复杂性:软件比任何其他人类制造的结构更复杂,甚至硬件的复杂性和软件相比也是微不足道的。软件本质上的复杂性使软件产品难以理解,影响软件过程的有序性和软件产品的可靠性,并使维护过程变得十分困难。

2)一致性:软件必须遵从人为的习惯并适应已有的技术和系统,软件需要随接口的不同而改变,随时间的推移而变化,而这些变化是不同的人设计的结果。许多复杂性来自保持与其他接口的一致,对软件的任何再设计,都无法简化这些复杂特性。

3)可变性:软件产品扎根于文化的母体中,如各种应用、用户、自然及社会规律、计算机硬件等,这些因素持续不断地发生着变化,而这些变化使软件随之变化。人们总是认为软件是很容易修改的,通常忽视了修改带来的副作用,即引入新的错误,造成故障率的升高。

4)不可见性:软件是客观世界和计算机之间的一种逻辑实体,不具有物理的形体特征。软件这种无法可视化的固有特性,剥夺了一些具有强大功能的概念工具的构造思路,不仅限制了个人的设计过程,也严重地阻碍了相互之间的交流。由于软件的不可见性,定义"需要做什么"成为软件开发的根本问题。

根据软件服务对象的范围不同,软件可以划分为通用软件和定制软件两种类型。

1）通用软件：通用软件是由软件开发组织开发、面向市场用户公开销售的独立运行系统，如操作系统、数据库系统、字处理软件、绘图软件包和项目管理工具等均属于这种类型。

2）定制软件：定制软件是由某个特定客户委托，软件开发组织在合同的约束下开发的软件，如企业 ERP 系统、卫星控制系统和空中交通指挥系统等都属于这种类型。

2. 软件工程

1968 年 10 月，北大西洋公约组织（North Atlantic Treaty Organisation，NATO）科学委员会在德国的加尔密斯（Garmisch）开会讨论软件可靠性与软件危机的问题，Fritz Bauer 首次提出了"软件工程"的概念。至今已经过去 40 年了，"软件工程"术语被广泛应用于工业、政府和学术界，但是人们对这个术语的含义依然存在着争论和不同观点。IEEE 给软件工程下的定义如下：

软件工程是：

1）将系统性的、规范化的、可定量的方法应用于软件的开发、运行和维护，即将工程化应用到软件上。

2）对 1）中所述方法的研究。

软件工程涉及计算机科学、工程科学、管理科学和数学等领域，是一门综合性的交叉学科。

软件工程的目标如下：

1）支付较低的开发成本。

2）达到要求的软件功能。

3）获取较好的软件性能。

4）开发的软件易于移植。

5）需要较低的维护费用。

6）能按时完成开发任务，及时交付使用。

7）开发的软件可靠性高。

3. 软件工程的发展

软件工程的发展共经历了 4 个阶段。

（1）第一阶段：控制机器（1956 ~ 1967）

在计算机发展的早期阶段，计算机的主要用途是用于快速计算，出现了以 Ada、Fortran 等编程语言为标志的算法技术。这个阶段可以说是软件工程的史前时代，程序设计被认为是一种任人发挥创造才能的活动，不需要系统化的方法和开发管理，程序的质量完全依赖于程序员个人的技巧。在 20 世纪 60 年代末期，出现了软件产品和"软件作坊"的概念，设计人员开发程序不再像早期那样只为自己的研究工作需要，而是为了用户能更好地使用计算机，人们已经开始认识到软件开发不仅仅是编码。

（2）第二阶段：控制过程（1968 ~ 1982）

计算机应用开始涉及各种以非数值计算为特征的商业事务领域，交互技术、多用户操作系统、数据库系统等随之发展起来，出现了以 Pascal、C ++、Java 等编程语言和关系数据库管理系统为标志的结构化软件技术。软件危机已经爆发，人们开始使用工程化的方法和原则来解决软件开发中的问题。软件工程成为一个研究领域，软件的工作范围从只考虑程序的编写扩展到从定义、编码、测试到使用、维护等整个软件生命周期，瀑布模型被广泛使用。

（3）第三阶段：控制复杂性（1983 ~ 1995）

微处理器的出现与应用使计算机真正成为大众化的产品，而软件系统的规模、复杂性以及在关键领域的广泛应用,促进了软件开发过程的管理及工程化开发。在这一时期,计算机辅助软件工程(Computer Aided Software Engineering,CASE)及其相应的集成工具大量出现,软件开发技术中的度量问题受到重视,出现了著名的软件工作量估计结构性成本估算模型(Constructive Cost Model,COCOMO)、软件过程改进模型(Capability Maturity Model,CMM)等。20世纪80年代后期,以 Smalltalk、C++等为代表的面向对象技术重新崛起,传统的结构化技术受到了严峻的考验。

（4）第四阶段:开放式的软件工程(1996～至今)

Internet 技术的迅速发展使软件系统从封闭走向开放,Web 应用成为人们在 Internet 上最主要的应用模式,异构环境下分布式软件的开发成为一种主流需求,软件复用和构件技术成为技术热点,需求分析、软件过程、软件体系结构等方面的研究也取得了有影响的成果。

1.1.2　软件危机

软件危机是指在计算机软件的开发和维护过程中遇到的一系列严重问题,如软件费用、软件可靠性、软件维护、软件生产率、软件重用等。软件危机在 20 世纪 60 年代末全面爆发,虽然软件开发的新工具和新方法层出不穷,但是至今软件危机依然没有消除。

软件危机主要表现在以下几个方面:

1）软件开发的成本和进度难以准确估计,延迟交付,甚至取消项目的现象屡见不鲜。

2）软件存在着错误多、性能低、不可靠、不安全等质量问题。

3）软件维护极其困难,而且很难适应不断变化的用户需求和使用环境。

软件危机产生的原因有以下几个方面:

1）软件的规模越来越大,结构越来越复杂。

2）软件开发管理困难而复杂。

3）软件开发费用不断增加。

4）软件开发技术落后。

5）生产方式落后。

6）开发工具落后,生产提高缓慢。

1.2　软件生存周期和软件过程

1.2.1　软件生存周期

软件生存周期是指一个软件从提出需求开始直到该软件报废为止的整个时期。通常,软件生存周期包括可行性分析和项目开发计划、需求分析、概要设计、详细设计、编码、测试、维护等活动,可以将这些活动以适当方式分配到不同阶段去完成。

（1）可行性分析和项目开发计划

这个阶段的任务是明确"要解决的问题是什么","解决问题的办法和费用","解决问题所需的资源和时间"。要回答这些问题,就要进行问题定义、可行性分析、制定项目开发计划。

（2）需求分析

这个阶段的任务是准确地确定软件系统必须做什么,确定软件系统具备哪些功能,写出软件需求规格说明书。

（3）概要设计

这个阶段的任务是把软件需求规格说明书中确定的各项功能转换成需要的体系结构。

（4）详细设计

这个阶段的任务是为每个模块完成的功能进行具体描述,把功能描述转变为精确的、结构化的过程描述。

（5）编码

这个阶段的任务是把每个模块的控制结构转换成计算机可接受的程序代码。

（6）测试

这个阶段的任务是运行程序,从而发现程序中的错误。

（7）维护

这个阶段的任务是诊断和修改软件,以识别和纠正软件中存在的错误,去掉软件性能上的缺陷,排除实施过程中的错误操作等。

1.2.2　软件开发过程模型

1. 软件开发过程

软件开发过程是指软件工程人员为了获得软件产品在软件工具支持下实施的一系列软件工程活动。

软件开发过程应该明确定义以下元素:

1）过程中所执行的活动及其顺序关系。

2）每一个活动的内容和步骤。

3）团队成员的工作和职责。

软件开发过程一共包括 7 个过程,即获取过程、供应过程、开发过程、操作过程、维护过程、管理过程和支持过程。

2. 软件开发过程模型

目前,常见的软件开发过程模型包括瀑布模型、快速原型模型、增量模型、喷泉模型、螺旋模型、形式化方法模型、基于构件的开发模型和基于知识的模型等。

（1）瀑布模型

瀑布模型将软件开发过程划分为需求定义与分析、软件设计、软件实现、软件测试和运行维护等一系列基本活动,并且规定这些活动自上而下、相互衔接的固定次序。瀑布模型如图 1-1 所示。该模型支持结构化的设计方法,但它是一种理想的线性开发模式,缺乏灵活性,无法解决软件需求不明确或不准确的问题。

瀑布模型的优点如下:

1）严格规范软件开发过程,克服了非结构化的编码和修改过程的缺点。

2）强调文档的作用,要求每个阶段都要仔细验证。

瀑布模型的缺点如下:

1）各个阶段的划分固定,需要文档记录各阶段的内容,极大地增加了工作量。

2）由于瀑布模型是线性的,用户只有等到整个过程的末期才能见到开发成果,中间提出的变更要求很难响应。

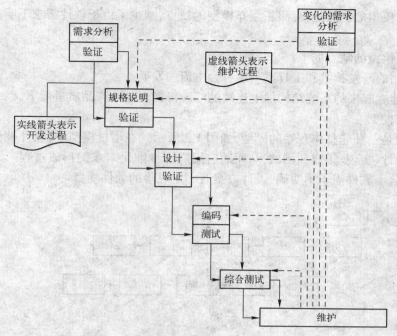

图 1-1　瀑布模型

3）早期的错误可能要等到开发后期的测试阶段才能发现，进而带来严重的后果。

（2）快速原型模型

快速原型模型需要迅速建造一个可以运行的软件原型，以便理解和澄清问题，使开发人员与用户达成共识，最终在确定的客户需求基础上开发客户满意的软件产品。快速原型模型如图 1-2 所示。

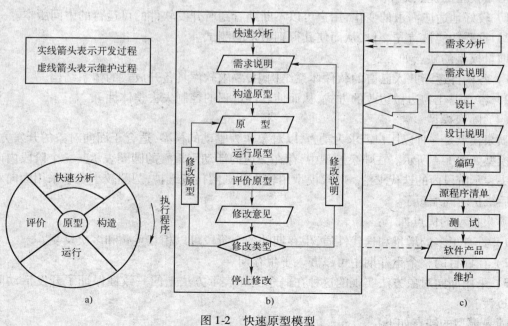

图 1-2　快速原型模型

a）原型表示　b）原型使用　c）开发过程

快速原型模型的优点是:克服了瀑布模型的缺点,减少了由于软件需求不明确所带来的开发风险。

快速原型模型的缺点如下:

1)所选用的开发技术和工具不一定符合主流的发展。

2)快速建立起来的系统结构加上连续的修改可能会导致产品质量低下。

（3）增量模型

增量模型是一种非整体开发的模型,如图1-3所示。在增量模型中,软件被作为一系列的增量构件来设计、实现、集成和测试,从而适应用户逐步细化需求的形成过程。该模型有较大的灵活性,适合于软件需求不明确、设计方案有一定风险的软件项目。

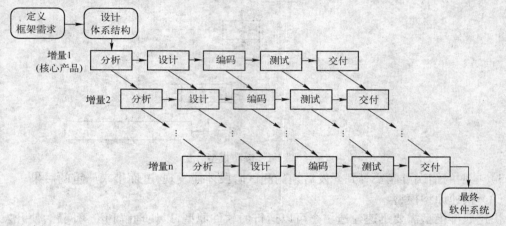

图1-3　增量模型

增量模型的优点如下:

1)较好地适应需求的变化,用户可以不断地看到所开发软件的可运行的中间版本。

2)重要功能被首先交付,从而使其得到最多的测试。

增量模型的缺点如下:

1)各构件逐渐并入已有的软件体系结构中,要求软件具备开放式的体系结构。

2)容易退化为边做边改的方式,从而使软件过程的控制失去整体性。

（4）喷泉模型

喷泉模型是一种以用户需求为动力,以对象作为驱动的模型,适合于面向对象的开发方法。喷泉模型如图1-4所示。在喷泉模型中,存在交迭的活动用重叠的圆圈表示。一个阶段内向下的箭头表示阶段内的迭代求精。喷泉模型用较小的圆圈代表维护,圆圈较小表示采用面向对象方法后维护时间缩短了。

喷泉模型的优点如下:

1)具有更多的增量和迭代性质,生存期的各个阶段可以相互重叠和多次反复。

2)在项目的整个生存期中可以嵌入子生存期。

3)采用面向对象方法实现的这种在概念上和表示方法上的一致性保证了开发活动间的无缝过渡。

喷泉模型的缺点如下:

1)面向对象方法要求经常对开发活动进行迭代,这就有可能造成在使用喷泉模型的开发过程过于无序。

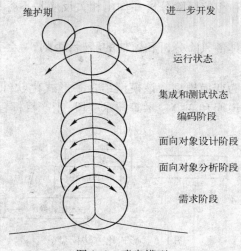

图 1-4 喷泉模型

（5）螺旋模型

螺旋模型将瀑布模型和快速原型模型结合起来,将软件过程划分为若干个开发回线,每一个回线表示开发过程的一个阶段。例如,最中心的第一个回线可能与系统可行性有关,第二个回线可能与需求定义有关,第三个回线可能与软件设计有关,……如此反复,形成了螺旋上升的过程。

螺旋模型适合于大型软件的开发,它吸收了软件工程"演化"的概念。螺旋模型如图1-5所示。

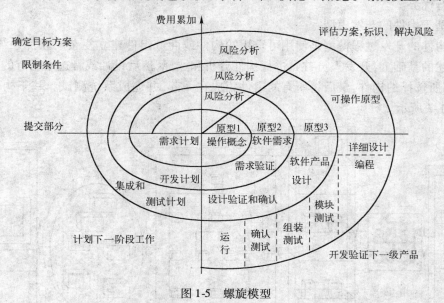

图 1-5 螺旋模型

螺旋模型的优点如下:

1）以风险驱动开发过程,强调可选方案和约束条件,从而支持软件的重用。

2）关注早期错误的消除,将软件质量作为特殊目标融入产品开发之中。

螺旋模型的缺点如下：

1）要求许多客户接受和相信风险分析并作出相关反应是不容易的，往往适应于内部的大规模软件开发。

2）需要软件开发人员具备风险分析和评估的经验；否则，将会带来更大的风险。

（6）形式化方法模型

形式化方法模型，又称为变换模型。该模型结合了形式化软件开发方法和程序自动生成技术，采用形式化需求规格说明和变换技术等技术手段，生产目标程序系统。形式化方法模型如图1-6所示。

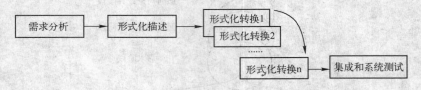

图1-6　形式化方法模型

形式化方法模型的优点是：由于数学方法具有严密性和准确性，形式化方法开发过程所交付的软件系统具有较少的缺陷和较高的安全性。

形式化方法模型的缺点如下：

1）开发人员需要具备一定技能并经过特殊训练后才能掌握形式化开发方法。

2）现实应用的系统大多数是交互性强的软件，但是这些系统难以用形式化方法进行描述。

3）形式化描述和转换是一项费时费力的工作，采用这种方法开发系统在成本和质量等方面并不占有优势。

（7）基于构件的开发模型

基于构件的开发过程模型是使用可重用的构件或商业组件建立复杂的软件系统，即在确定需求描述的基础上，开发人员首先进行构件分析和选择，然后设计或者选用已有的体系结构框架，复用所选择的构件，最后将所有的组件集成在一起，并完成系统测试。基于构件的开发模型如图1-7所示。

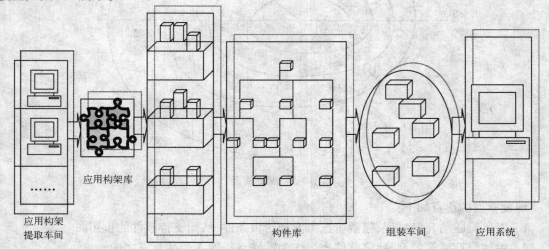

图1-7　基于构件的开发模型

基于构件的开发模型的优点如下：

1）充分体现了软件复用的思想，降低了开发风险和成本。

2）可以快速交付所开发的软件。

基于构件的开发模型的缺点是：由于某些商业构件是不能进行修改的，系统的演化将受到一定程度的限制。

1.2.3 软件开发方法

软件开发方法是一种使用定义好的技术集及符号表示组织软件生产的过程。软件开发的目标是在规定的投资和时间内，开发出符合用户需求的高质量的软件。为了达到此目的，需要选择合适的开发方法。下面介绍几种常用的软件开发方法。

（1）结构化方法

结构化方法由结构化分析、结构化设计和结构化程序设计组成，是一种面向数据流的开发方法。该方法采用自顶向下、逐步求精的指导思想，应用较广，技术成熟。

结构化分析是根据分解与抽象的原则，按照系统中数据处理的流程，用数据流图来建立系统的功能模型，从而完成需求分析工作；根据模块独立性准则、软件结构准则将数据流图转换为软件的体系结构，用软件结构图来建立系统的物理模型，实现系统的概要设计；根据结构程序设计原理，将每个模块的功能用相应的标准控制结构表示出来，从而实现详细设计。结构化方法不适用于规模大的项目，对于特别复杂的项目，该方法难于解决软件重用问题，难于适应需求变化的环境，难于彻底解决维护问题。

（2）Jackson方法

Jackson方法是一种面向数据结构的开发方法。Jackson方法是以数据结构为驱动的，适合于小规模的项目。

（3）维也纳开发方法

维也纳开发方法是一种形式化的开发方法，软件的需求用严格的形式语言描述，然后把描述模型逐步变换成目标系统。

（4）面向对象开发方法

面向对象开发方法包括面向对象分析、面向对象设计和面向对象实现。面向对象开发方法有Booch方法、Coad方法和OMT（Object Modeling Technology）方法等。为了统一各种面向对象方法的术语、概念和模型，1997年推出了统一建模语言，即UML（Unified Modeling Language）语言。它是面向对象的标准建模语言，通过统一的语义和符号表示，使各种方法的建模过程和表示统一起来，将成为面向对象建模的工业标准。

1.2.4 软件开发工具

软件开发工具一般是指为了支持软件人员开发和维护活动而使用的软件，见表1-1。软件生产力的发展以软件开发工具的变革为标志。最初的软件工具是以工具箱的形式出现的，一种工具支持一种开发活动，然后将各种工具简单结合起来就构成工具箱。由于工具箱存在的问题，人们在工具系统的整体化及集成化方面开展一系列研究工作，使之形成完整的软件环境。

表 1-1　软件工具

类　　型	工　　具	说　　明
项目管理	RUP	支持对迭代化生命周期的控制,提供可定制的软件过程框架
配置管理	ClearCase	实现综合的软件配置管理,包括版本控制、工作空间管理、过程控制和建立管理
需求管理	RequisitePro	是一种基于团队的需求管理工具,将数据库和 Word 结合起来,有效地组织需求、排列需求优先级以及跟踪需求变更
可视化建模	Rose	Rational Rose 是一个完全的,具有能满足所有建模环境(如 Web 开发、数据建模、Visual Studio 和 C++)需求能力和灵活性的可视化建模工具
自动测试	Robot	可以对使用各种集成开发环境(IDE)和语言建立的软件应用程序,创建、修改并执行自动化的功能测试、分布式功能测试、回归测试和集成测试

1.3　经典例题讲解

例题 1(2003 年软件设计师试题)

软件开发的螺旋模型综合了瀑布模型和演化模型的优点,还增加了　(1)　。采用螺旋模型时,软件开发沿着螺旋线自内向外旋转,每转一圈都要对　(2)　进行识别和分析,并采取相应的对策。螺旋线第一圈的开始点可能是一个　(3)　。从第二圈开始,一个新产品开发项目开始了,新产品的演化沿着螺旋线进行若干次迭代,一直运转到软件生命周期结束。

(1) A. 版本管理　　　B. 可行性分析　　　C. 风险分析　　　D. 系统集成

(2) A. 系统　　　　　B. 计划　　　　　　C. 风险　　　　　D. 工程

(3) A. 原型项目　　　B. 概念项目　　　　C. 改进项目　　　D. 风险项目

分析:螺旋模型是在瀑布模型和演化模型的基础上,加上两者所忽略的风险分析所建立的一种开发模型,螺旋线第一圈的开始点可能是一个概念项目。

参考答案:(1) C　(2) C　(3) B

例题 2(2002 年软件设计师试题)

在下列说法中,_____是造成软件危机的主要原因。

① 用户使用不当　② 软件本身特点　③ 硬件不可靠　④ 对软件的错误认识

⑤ 缺乏好的开发方法和手段　⑥ 开发效率低

A. ①③⑥　　　　　　B. ①②④　　　　　　C. ③⑤⑥　　　　　　D. ②⑤⑥

分析:软件危机主要表现在:软件需求的增长得不到满足,软件生产成本高、价格昂贵,软件生产进度无法控制,软件需求定义不够准确,软件质量不易保证,软件可维护性差。归纳起来,产生软件危机的内在原因可归结为两个重要方面:一方面是由于软件生产本身存在着复杂性;另一方面是与软件开发所使用的方法和技术有关。

参考答案:D

例题 3(2002 年软件设计师试题)

原型化(Prototyping)方法是一类动态定义需求的方法,　(1)　不是原型化方法所具有的特征。与结构化方法相比,原型化方法更需要　(2)　。衡量原型化开发人员能力的重要标准是　(3)　。

（1） A. 提供严格定义的文档　　　　B. 加快需求的确定

　　　C. 简化项目管理　　　　　　　D. 加强用户参与和决策

（2） A. 熟练的开发人员　　　　　　B. 完整的生命周期

　　　C. 较长的开发时间　　　　　　D. 明确的需求定义

（3） A. 丰富的编程技巧　　　　　　B. 灵活使用开发工具

　　　C. 很强的协调组织能力　　　　D. 快速获取需求

分析：原型化方法基于这样一种客观事实：并非所有的需求在系统开发之前都能被准确地说明和定义。因此，它不追求也不可能要求对需求的严格定义，而是采用了动态定义需求的方法。

具有广泛技能水平的原型化人员是原型实施的重要保证。原型化人员应该是具有经验与才干、训练有素的专业人员。衡量原型化人员能力的重要标准是他是否能够从用户的模糊描述中快速获取实际的需求。

参考答案：（1） A　（2） A　（3） D

例题 4（2001 年软件设计师试题）

软件开发模型用于指导开发软件的开发。演化模型是在快速开发一个　　(1)　　的基础上，逐步演化成最终的软件。螺旋模型综合了　　(2)　　的优点，并增加了　　(3)　　。喷泉模型描述的是面向　　(4)　　的开发过程，反映了该开发过程的　　(5)　　特征。

（1） A. 模块　　　　B. 运行平台　　　　C. 原型　　　　D. 主程序

（2） A. 瀑布模型和演化模型　　　　　　B. 瀑布模型和喷泉模型

　　　C. 演化模型和喷泉模型　　　　　　D. 原型模型和喷泉模型

（3） A. 质量评价　　B. 进度控制　　　　C. 版本控制　　D. 风险分析

（4） A. 数据流　　　B. 数据结构　　　　C. 对象　　　　D. 构件（Component）

（5） A. 迭代和有间隙　　　　　　　　　　B. 迭代和无间隙

　　　C. 无迭代和有间隙　　　　　　　　D. 无迭代和无间隙

分析：演化模型是在快速开发一个原型的基础上，根据用户在试用原型的过程中提出的反馈意见和建议，对原型进行改进，获得原型的新版本。重复这一过程，直到演化成最终的软件产品。

螺旋模型将瀑布模型和演化模型相结合，它综合了两者的优点，并增加了风险分析。它以原型为基础，沿着螺旋线自内向外旋转，每旋转一圈都要经过制定计划、风险分析、实施工程、客户评价等活动，并开发原型的一个新版本。经过若干次螺旋上升的过程，得到最终的软件。

喷泉模型主要用来描述面向对象的开发过程。它体现了面向对象开发过程的迭代和无间隙特征。迭代意味着模型中的开发活动常常需要多次重复；无间隙是指开发活动（如分析、设计）之间不存在明显的边界，各项开发活动往往交叉迭代地进行。

参考答案：（1） C　（2） A　（3） D　（4） C　（5） B

1.4　Visio 绘图初步

1.4.1　Visio 2007 简介

微软公司的 Office Visio 是一个专业化办公绘图软件，可以帮助用户创建系统的业务和技术图表,说明复杂的流程或设想,展示组织结构或空间布局。使用 Visio 创建的图表使用户能够将信息形象化,并能够以清楚、简便的方式有效地交流信息,这是只使用文字和数字所无法实现的。Visio 还可通过与数据源直接同步自动图形化数据,以提供最新的图表;用户还可以对 Visio 进行自定义,以满足各种特殊的需要。由于 Visio 对网络规划、软件设计、数据库设计等方面的强大支持,已使其成为目前软件人员在进行分析设计时使用得最多的 CASE 工具之一。

目前,Visio 的最新版本是 Visio 2007。OfficeVisio 2007 有两种独立版本:OfficeVisio Standard 和 OfficeVisio Professional。OfficeVisio Standard 2007 与 OfficeVisio Professional 2007 的基本功能相同,但前者包含的功能和模板是后者的子集,OfficeVisio Professional 2007 提供了数据连接性和可视化功能等高级功能,而 OfficeVisio Standard 2007 并没有这些功能。

1.4.2 Microsoft Office Visio 2007 工作环境

启动中文版 Visio 2007,即可看到其清晰的窗口界面,其右侧的新型任务窗口可随时为用户提供便捷的服务。下面介绍 Visio 2007 提供的模具与模板功能,以及窗口环境。

1. 模具与模板

Visio 最突出的特点就是为用户提供了大量实用的绘图模板(Template)和模具(Stencil),使非美术工作者也能绘制出专业的图表。

所谓模具是指与模板相关联的图件或称为形状(Shape)的集合。利用模具中的图件可以迅速生成相应的图形,一般模具位于绘图窗口的左侧,模具文件的扩展名为.vss。模具中包含了大量的图件,而图件是指可以用来反复创建绘图的图形。通过拖动的方式将这些图件添加到绘图页上,可为绘图添加图形。

Visio 模板设置绘图环境,使之适合于特定类型的绘图。模板是一组模具和绘图页面的设置信息,是针对某种特定的绘图任务或样板而组织起来的一系列主控图形的集合,利用模板可以方便地生成用户所需要的图形。使用模板可确保绘图文件的一致性,因此用户就可以将工作重心放在对绘图页面进行的操作上。模板文件的扩展名为.vst。模板与模具的关系如图1-8 所示。

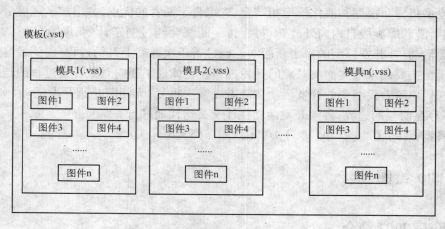

图 1-8　模板与模具的关系

2. 窗口环境

Visio 2007 是一个包含所有基本元素的应用程序窗口的典型示例。它不仅清新、美观，而且使用更加便捷。下面介绍 Visio 2007 应用程序窗口环境的一些组成元素，如图 1-9 所示。

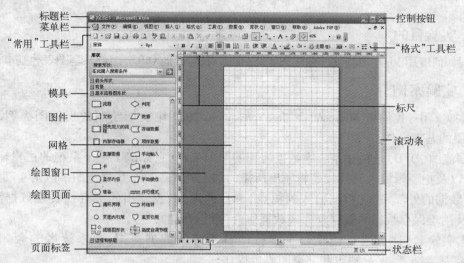

图 1-9 中文版 Visio 2007 应用程序的绘图环境

组成元素的含义介绍如下：

- 标题栏：显示当前编辑的绘图文档名称，在用户同时编辑多个文档时使用。
- 菜单栏：使用菜单栏中的菜单可以执行 Visio 2007 的所有命令，这些菜单命令可以完成 Visio 2007 的所有操作。
- 工具栏：Visio 2007 将一些常用的命令用图标表示，并且将功能相近的图标集中到一起，形成工具栏。
- 绘图页面：绘图页面是位于窗口中间区域的一张"图纸"，可以在该区域生产并编辑图形。
- 绘图窗口：可放置绘图页面及其他组件的平台。
- 页面标签：显示该绘图页面的名称。
- 状态栏：位于窗口下方的状态栏随时反映出当前操作和当前绘图页面的一些重要信息。例如，当单击某图形时，状态栏将显示该图形的简要说明；而在编辑图形文档时，则显示当前图形的尺寸及位置等信息。
- 模具：是与当前图形有关的各种标准图件的集合。
- 图件：也称为形状，是 Visio 2007 的核心元素之一。通常用鼠标拖动模具中的图件放置在绘图页面，即可产生该图件的副本供用户随意操作。
- 控制按钮：每个绘图窗口的标准控件，可以最大化/最小化或关闭 Visio 2007 窗口。
- 标尺：每个绘图窗口都具有垂直标尺和水平标尺，它们以绘图比例显示测试尺寸。
- 网格：以固定间隔出现在绘图页面上的水平和垂直线条，它们在打印时不显示。网格线交叉分布在各绘图页面上，就像传统的图纸一样。网格能帮助用户在绘图页面上直观地确定形状的位置，而且用户可以将形状与网格对齐。网格不会被自动打印出来，但用户可以在"页面设置"对话框中的"打印设置"选项卡上，指定网格随绘图页面一起打印。

● 滚动条：可实现绘图页面的水平或垂直滚动。

1.5 Visio 操作入门

1.5.1 实验目的

掌握如何应用 Visio 工具软件创建图表、保存图表、与其他 Office 组件共享图表等基本操作。

1.5.2 实验案例

在本实验中，我们以 Microsoft Visio Professional 2007 中文版绘制数据流图为例，来学习 Visio 绘图的基本操作。

数据流图（DFD）是描述系统中数据流程的图形工具，它标识了一个系统的逻辑输入和逻辑输出，以及把逻辑输入转换成逻辑输出所需的加工处理。一个数据流图一般由 4 部分组成，分别是：数据的外部来源（数据输入的源点）和目的地（数据输出的汇点）、转换数据活动（加工），以及用于保存数据的数据仓库或数据集合（数据存储文件）。

在本实验案例中，通过创建一个银行储蓄系统的数据流图，要求读者学会如何使用 Visio 创建基本图表、保存图表和共享图表等操作。

假设某银行的计算机储蓄系统的功能是：将储户填写的存款单或取款单输入系统，如果是存款，系统记录存款人信息，并打印出存款单给储户；如果是取款，系统计算清单给储户。

根据以上银行储蓄系统工作流程的描述，可得如图 1-10 所示的数据流图。

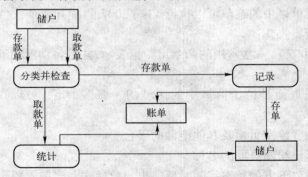

图 1-10   银行储蓄系统数据流图

（1）创建图表

Visio 在"软件和数据库"模板类别中提供了"数据流模型图"模板。单击"开始"菜单启动 Visio 2007，然后单击"软件和数据库"→"数据流模型图"→"创建"，步骤如图 1-11 所示，系统自动打开与"数据流模型图"相关的模具。

从"Gane-Sarson"模具中，将两个"接口"形状拖动到绘图页面上，代表数据的外部来源和目的地，通过双击"接口"图件的中心，向图件中加入文字。（注意：在 Visio 中除了可在图形中输入文本外，也可创建纯文本图形，即在图形外添加文本。方法是单击"常用"工具栏中的"文本工具"图标按钮 A ▾，然后将鼠标移动到绘图区的合适位置单击并拖动，直到文本块达到所需的大小并键入文字，之后可单击页面上的空白区域，然后单击"常用"工具栏上的"指针"工具 可返回正常编辑状态。）这里由于数据的来源和目的地都是"储户"，所以分别双击两个图

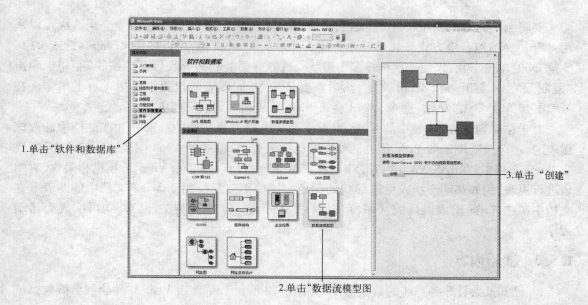

1.单击"软件和数据库"

2.单击"数据流模型图"

3.单击"创建"

图 1-11　数据流模型

件并输入"储户"。然后将 3 个"流程"图件拖动到该页上以代表银行储蓄系统在接收到储户所提交的业务请求后所涉及的 3 个加工进程,分别是"分类并检查"、"统计"和"记录"。再从"Gane-Sarson"模具中拖动一个"数据存储"图件,双击图件边框,打开图件自带的文本框,输入"账单"。(注意:如果双击"数据存储"图件的中心会没有任何反应,无法输入文字。)最后从"Gane-Sarson"模具中,将"数据流"图件拖动到绘图页面上,将它放置在"储户"和"分类并检查"两个图形附近。然后将"数据流"图件的端点▣⊞拖到"储户"和"分类并检查"图形中心的连接点×。当端点变为红色后,说明这些图形已经连接好。(注意:在 Visio 中,如果要对类似"数据流"图件这样的连接线进行设置箭头方向、线条粗细、线条样式等操作可选择该连接线,然后通过单击菜单选项"格式"→"线条",弹出"线条"对话框,设置好该线条相关属性,单击"确定"按钮即可。如果要更改连接线两端的位置,可选择该图件后拖动其一端的控制手柄到相应位置即可)调整好"数据流"图件后,双击该图件输入说明文字"取款单"。采用同样的步骤,继续添加其他的"数据流"图件,并依次输入相应的文字。

图形绘制完成后,还需要做一些美化工作:首先在图形的下方,创建标题文本"银行储蓄系统数据流图",并通过"格式"工具栏设置合适的字体、字号。

(2)保存图表

完成图表的创建后,可以如同保存在任何 Microsoft Office 系统程序中创建的文件那样来保存图表。在"文件"菜单上,单击"保存"或"另存为"命令。在"文件名"中,键入绘图文件的名称;对于"保存位置",则打开要保存该文件的文件夹;如果要以其他文件格式保存图表,可在"保存类型"下拉列表中选择所需的文件格式,单击"保存"按钮。

(3)共享图表

使用 Visio 绘制的图表往往需要被放入 Office 的其他组件(如用 Word、PowerPoint 制作的文档)中一起展示。下面主要介绍如何在 Word 文档中使用 Visio 图表,这与在其他 Office 文件中使用图表的步骤类似。

要将刚绘制的图表并入 Word 文档,可在"编辑"菜单上单击"全选"命令。全选也可以采用 < Ctrl + A >组合键方式。如果只将少量形状并入 Word 文档,可以按住 < Shift >键或 < Ctrl >键,同时单击形状,以便一次选择多个形状。选择好要复制的形状后,在"编辑"菜单上单击"复制"命令。打开一个 Word 文档,然后在要插入 Visio 图表的位置中的插入点上单击。在"编辑"菜单上单击"粘贴"命令,Word 会将 Visio 图表粘贴到该文档中。

对于粘贴到 Word 文档中的 Visio 图表或形状将成为该文档的一部分。在文档中修改该图表时,不会改变原始的 Visio 图表。如果对已插入到 Word 中的 Visio 图表进行修改,只需要在 Word 文档中,双击该 Visio 图表,Visio 将在 Word 中打开,并显示 Visio 工具栏和菜单,对图表进行更改,例如移动形状或更改形状的颜色。这些更改只应用于 Word 文档中的图表。在文档中单击 Visio 图表以外的区域,可以返回 Word 文档,Visio 将关闭,Word 再次成为活动程序。

1.5.3 实验内容

1)已知某会计账务系统的数据流图(如图 1-12 所示),请使用 Visio 软件绘制出该数据流程图。

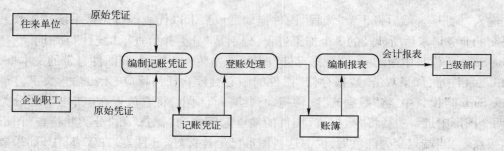

图 1-12　会计账务系统的数据流图

2)已知某学生成绩管理系统的业务流程可简单概括如下:

① 教务人员维护学生信息和课程信息,并登录学生的选课成绩;

② 学生查询自己的成绩单。

请通过 Visio 软件绘制出该学生成绩管理系统的顶层、1 层和 2 层数据流图。

通常,数据流图是分层绘制的,整个过程反映了自顶向下进行功能分解和细化的分析过程。顶层(也称第 0 层)DFD 用于表示系统的开发范围,以及该系统与周围环境的数据交换关系;底层 DFD 代表了那些不可进一步分解的"原子加工";中间层 DFD 是对上一层父图的细化,其中的每一个加工可以继续细化,中间层次的多少由系统的复杂程度决定。

分析: 对于"学生成绩管理系统"第 0 层 DFD 而言,整个系统就是一个加工"学生成绩管理"。"教务人员"是数据的源点,"学生"是数据的终点。教务人员需要录入学生信息、课程信息和成绩,说明"学生信息"、"课程信息"和"成绩"是数据流;同样,"查询请求"和"查询结果"也是数据流。根据上述分析,得到如图 1-13 所示的该学生成绩管理系统第 0 层 DFD。

从第 0 层 DFD 中的加工"学生成绩管理"展开得知,"学生信息"是教务人员需要录入的一个信息,因此,加入一个加工"录入学生信息"。同样得到"录入课程信息"、"登记成绩"两个加工。另外,数据流"查询请求"和"查询结果"应该由加工"查询成绩"来完成。

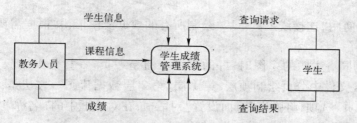

图 1-13　"学生成绩管理系统"第 0 层数据流图

这样,我们用"录入学生信息"、"录入课程信息"、"登记学生成绩"和"查询学生成绩"4 个加工代替第 0 层的"学生成绩管理",同时增加这些数据流对应的数据存储,即"学生"、"课程"和"成绩",最后得到如图 1-14 所示的第 1 层 DFD。

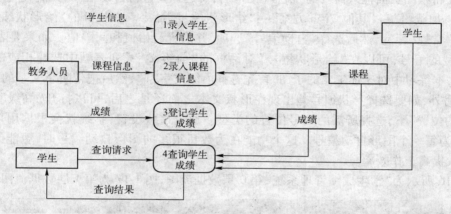

图 1-14　"学生成绩管理系统"第 1 层数据流图

为了继续进行分解,我们分析第 1 层 DFD 中的加工"查询学生成绩"。学生查询成绩时需要提供合法性检查,因此,"查询学生成绩"可以分解为"合法性检查"和"查询成绩"两个处理步骤,从而形成第 2 层 DFD,如图 1-15 所示。

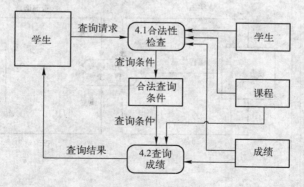

图 1-15　"学生成绩管理系统"第 2 层数据流图

请通过 Visio 软件绘制出该学生成绩管理系统的顶层、第 1 层和第 2 层数据流图。

注意:

① 在绘制数据流图时,由于业务需要,可能图表里的数据流数量很多,不太适合使用"数

据流"图件,可以使用"连接线工具" 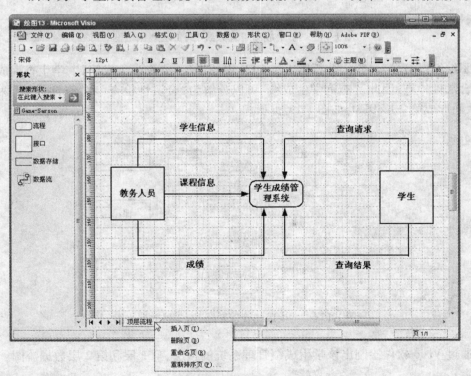 绘制所有的数据流图形,并根据需要调整箭头的类型和方向。

② 当要绘制同一主题的多图时,好的绘图习惯是一页一图,分页显示。例如,在本练习中,可在同一. vss 文件中分页绘制顶层、第 1 层、第 2 层数据流图。方法是:右击"顶层流程"标签,选择"插入页"选项,将弹出"页面设置"对话框,在对话框中的"名称"文本框中输入第 2 页标签的名字"1 层",然后单击"确定"按钮即可。

③ 为了进一步分解细化加工过程,需要为分解得到的子系统编号。例如,在本练习中,"学生成绩管理系统"分成了"1 录入学生信息"、"2 录入课程学习"、"3 登记学生成绩"、"4 查询学生成绩"(该加工经过进一步分析又分解成了"4.1 合法性检查"、"4.2 查询成绩"两个子加工)。在将绘图页面拖入需要的"流程"图件后,可选择要进行自动编号的"流程"图件,执行"工具"→"加载项"→"其他 Visio 方案"→"给形状编号"命令。在打开的"给形状编号"对话框中单击"常规"标签,然后选择"自动编号"选项,并设置起始值和间隔值。如果要表示 4.1、4.2 等类型的编号,可以在"给形状编号"对话框的"前缀文字"列表框中选择相应的前缀格式。例如,本练习中对于加工 4 的子图,首先选择前缀文字"1",然后把带阴影文字的"1"改成 4 即可。另外,如要选择形状编号是出现在形状文本之前还是之后,可以打开"高级"选项卡,在"编号的位置"下,选择所需的编号位置的类型。通过这些设置,系统就会根据用户选中图形的顺序为每一个图形自动编号。这个功能在为数目很多的图形自动编号时,更能体现它的优势,大大提高工作效率。

图 1-16 所示为"学生成绩管理系统"第 0 层数据流图,图 1-17 为第 1 层数据流图。

图 1-16 用 Visio 绘制"学生成绩管理系统"第 0 层数据流图

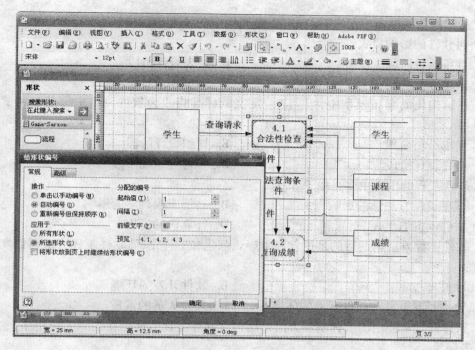

图 1-17 用 Visio 绘制"学生成绩管理系统"第 1 层数据流图

1.6 小结

软件产品是由所开发的程序、运行所需的数据和相关文档组成的,具有复杂性、一致性、不可见性和可变性等本质特性,其质量特性包括正确性、可靠性、有效性、可用性、复用性、可维护性和可移植性等一系列关键属性。

软件工程是一门交叉性的工程学科,重点研究如何以系统的、可控的、高效的方式开发和维护高质量软件的问题。

软件工程以关注软件质量为目标,包括过程、方法和工具等 3 个要素。其中,软件过程涉及开发软件产品的一组活动及其结果;软件工程方法为软件开发过程提供"如何做"的技术;CASE 工具为软件开发方法提供自动的或半自动的软件支撑环境,辅助软件开发任务的完成。

软件工程人员不应该只关心技术,应当对整个社会承担重要的责任,应当遵循本行业的职业道德规范,否则无法在这个行业中长久立足。

1.7 习题

1. 瀑布模型把软件生命周期划分为 8 个阶段:问题的定义、可行性研究、软件需求分析、系统总体设计、详细设计、编码、测试和运行与维护。8 个阶段又可归纳为 3 个大的阶段:计划阶段、开发阶段和_____。

A. 详细计划   B. 可行性分析

C. 运行阶段   D. 测试与排错

2. 从结构化的瀑布模型来看,在它生命周期中的 8 个阶段中,下面的选项中_____环节出错,对软件的影响最大。

    A. 详细设计阶段   B. 概要设计阶段

    C. 需求分析阶段   D. 测试和运行阶段

3. 在结构化的瀑布模型中,_____定义的标准将成为软件测试中的系统测试阶段的目标。

    A. 需求分析阶段   B. 详细设计阶段

    C. 概要设计阶段   D. 可行性研究阶段

4. 软件工程的出现主要是由于_____。

    A. 程序设计方法学的影响   B. 其他工程科学的影响

    C. 软件危机的出现   D. 计算机的发展

5. 软件工程方法学的目的是使软件生产规范化和工程化,而软件工程方法得以实施的主要保证是_____。

    A. 硬件环境   B. 软件开发的环境

    C. 软件开发工具和软件开发的环境   D. 开发人员的素质

6. 软件开发常使用的两种基本方法是结构化和原型化方法。在实际的应用中,它们之间的关系表现为_____。

    A. 相互排斥   B. 相互补充

    C. 独立使用   D. 交替使用

7. UML 是软件开发中的一个重要工具,它主要应用于_____。

    A. 基于瀑布模型的结构化方法   B. 基于需求动态定义的原型化方法

    C. 基于对象的面向对象的方法   D. 基于数据的数据流开发方法

8. 在下面的软件开发方法中,_____对软件设计和开发人员的开发要求最高。

    A. 结构化方法   B. 原型化方法

    C. 面向对象方法   D. 控制流方法

9. 结构化分析方法是一种预先严格定义需求的方法,它在实施时强调的是分析对象的_____。

    A. 控制流   B. 数据流

    C. 程序流   D. 指令流

10. 软件开发的结构化生命周期方法将软件生命周期划分成_____。

    A. 计划阶段、开发阶段、运行阶段   B. 计划阶段、编程阶段、测试阶段

    C. 总体设计、详细设计、编程调试   D. 需求分析、功能定义、系统设计

11. 软件开发中常采用的结构化生命周期方法,由于其特征而一般称其为_____。

    A. 瀑布模型   B. 对象模型

    C. 螺旋模型   D. 层次模型

12. 软件开发的瀑布模型,一般都将开发过程划分为分析、设计、编码和测试等阶段。一般认为,可能占用人员最多的阶段是_____。

    A. 分析阶段   B. 设计阶段

    C. 编码阶段   D. 测试阶段

13. 软件开发模型是指软件开发的全部过程、活动和任务的结构框架。其主要的开发模型有瀑布模型、演化模型、螺旋模型、喷泉模型和智能模型。螺旋模型将瀑布模型和演化模型相结合，并增加了 __(1)__ ，它建立在 __(2)__ 的基础上，沿着螺旋线自内向外每旋转一圈，就得到 __(2)__ 的一个新版本。喷泉模型描述了 __(3)__ 的开发模型，它体现了这种开发方法创建软件的过程所固有的 __(4)__ 和 __(5)__ 的特征。

(1) A. 系统工程　　　　　　　　　B. 风险分析
　　C. 设计评审　　　　　　　　　D. 进度控制

(2) A. 模块划分　　　　　　　　　B. 子程序分解
　　C. 设计　　　　　　　　　　　D. 原型

(3) A. 面向对象　　　　　　　　　B. 面向数据流
　　C. 面向数据结构　　　　　　　D. 面向事件驱动

(4) A. 归纳　　　　　　　　　　　B. 推理
　　C. 迭代　　　　　　　　　　　D. 递归

(5) A. 开发各阶段之间无"间隙"　　B. 开发各阶段分界明显
　　C. 部分开发阶段分界明显　　　D. 开发过程不分段

第 2 章　需 求 分 析

本章要点
- 软件需求与需求分析
- 需求获取技术
- 成本效益分析
- 需求文档与分析模型
- 需求验证
- 需求管理

2.1　可行性研究

2.1.1　问题定义

在进行任何一项软件开发时,首先都要进行可行性分析和研究。目的就是用最小的代价在尽可能短的时间内确定该软件项目是否能够开发,是否值得去开发。

问题定义是指在项目初期,从客户或用户处获取需求,最终使开发人员与客户就所构建系统的范围达成一致意见。

2.1.2　可行性研究的任务

可行性研究的具体任务包括以下 3 点。

（1）技术可行性

对要开发的项目的功能、性能和限制条件进行分析,确定在现有的资源条件下,技术风险有多大,项目是否能实现。

技术可行性是最难解决的,它一般要包括以下几个方面:

① 开发的风险:在给出的限制范围内,能否设计出系统并实现必须的功能和性能。

② 资源的有效性:人力资源以及用于建立系统的其他资源是否具备。

③ 技术:目前的技术水平能否支持这个系统。

（2）经济可行性

进行开发成本的估算以及了解取得效益的评估,确定要开发的项目是否值得投资开发。

（3）社会可行性

要开发的项目是否存在任何侵犯、妨碍等责任问题,要开发项目的运行方式在用户组织内是否行得通,现有管理制度、人员素质、操作方式是否可行。

2.1.3　可行性研究的步骤

典型的可行性研究的步骤如下:

（1）确定项目规模和目标

分析员对有关人员进行调查访问,仔细阅读和分析有关的材料,对项目的规模和目标进行定义和确认,清晰地描述项目的一切限制和约束,确保分析员正在解决的问题确实是要解决的问题。

（2）研究正在运行的系统

收集、研究、分析现有系统的文档资料,实地考察现有系统,在考察的基础上,访问有关人员,然后描述现有系统的高层系统流程图,与有关人员一起审查该系统流程图是否正确。这个系统流程图反映了现有系统的基本功能和处理流程。

（3）建立新系统的高层逻辑模型

根据对现有系统的分析研究,逐步明确了新系统的功能、处理流程以及所受的约束,然后使用建立逻辑模型的工具——数据流图和数据字典来描述数据在系统中的流动和处理情况。现在还不是软件需求分析阶段,不是完整、详细地描述,只是概括地描述高层的数据处理和流动。

（4）导出和评价各种方案

分析员建立了新系统的高层逻辑模型之后,要从技术的角度出发,提出实现高层逻辑模型的不同方案,即导出若干较高层次的物理解法。根据技术可靠性、经济可行性、社会可行性对各种方案进行评估,去掉行不通的解法,就得到了可行的解法。

（5）推荐可行的方案

根据上述可行性研究的结果,应该决定该项目是否值得去开发。若值得开发,那么可行的解决方案是什么,并且说明该方案可行的原因和理由。要求分析员对推荐的可行方案进行成本——效益分析。

（6）编写可行性研究报告

将上述可行性研究过程的结果写成相应的文档,即可行性研究报告,提醒用户和使用部门仔细审查,从而决定该项目是否进行开发,是否接受可行的实现方案。

2.2 需求分析

1. 需求分析的概念

需求分析要求开发人员准确理解用户的需求,进行细致的调查分析,将用户非形式的需求陈述转化为完整的需求定义,再由需求定义转化到相应的形式功能规约(需求规格说明)的过程。需求分析虽处于软件开发过程的初期阶段,但它对于整个软件开发过程以及软件产品质量是至关重要的。

在实际的软件开发中,需求获取是一个十分困难的过程,其主要原因在于:

- 通常用户并不真正知道自己希望计算机系统做什么。
- 通常用户使用业务语言表达需求,开发人员缺乏相关的领域知识和经验,难以准确理解这些需求。
- 不同的用户提出不同的需求,可能存在矛盾和冲突。
- 管理者可能出于增加影响力的原因而提出特别的需求。
- 由于经济和业务环境的动态性,需求经常发生变更。

因此,需求获取应该识别项目相关人员的各种要求,解决这些人员之间的需求冲突。

（1）需求分析的难点

① 问题的复杂性:用户需求所涉及的因素很多,如系统功能和运行环境等。

② 交流障碍:需求分析涉及人员较多,分别具备不同的背景知识,处于不同的出发点,造成了相互之间交流的困难。

③ 不完备性和不一致性:用户对问题的陈述往往是不完备的,其各方面的需求还可能存在着矛盾,需求分析要消除其矛盾,形成完备以及一致的定义。

④ 需求易变性:用户需求的变动往往会影响到需求分析,导致系统的不一致性和不完备性。

（2）需求分析的基本原则

① 必须能够表达和理解问题的数据域和功能域。数据域包括数据流、数据内容和数据结构 3 方面,而功能域则反映数据域 3 方面的控制信息。

② 可以把一个复杂问题按功能进行分解并可逐层细化。

③ 建立模型可以帮助分析人员更好地理解软件系统的信息、功能、行为,这些模型也是软件设计的基础。

2. 需求分析的基本任务

（1）问题识别

① 功能需求:明确所开发的软件必须具备什么样的功能。

② 性能需求:明确待开发的软件的技术性能指标。

③ 环境需求:明确软件运行时所需要的软、硬件的要求。

④ 用户界面需求:明确人机交互方式、输入/输出数据格式。

（2）分析与综合,导出软件的逻辑模型

分析人员对获取的需求,进行一致性的分析检查,在分析、综合中逐步细化软件功能,划分成各个子功能,用图文结合的形式,建立起新系统的逻辑模型。

（3）编写文档

① 编写"需求规格说明书",把双方共同的理解与分析结果用规范的方式描述出来,作为今后各项工作的基础。

② 编写初步用户使用手册,着重反映被开发软件的用户功能界面和用户使用的具体要求,用户手册能强制分析人员从用户使用的观点考虑软件。

③ 编写确认测试计划,作为今后确认和验收的依据。

④ 修改完善软件开发计划。在需求分析阶段对待开发的系统有了更进一步的了解,所以能更准确地估计开发成本、进度及资源要求,因此,对原计划要进行适当修正。

2.3　获取需求的方法

需求获取涉及与项目相关的各种人员,包括组织管理层、最终使用系统的用户、市场营销人员、系统维护人员等。这些人员通常具有不同的目的,并从不同的角度提出自己的要求。

在需求获取过程中,可以采用多种不同的技术进行业务理解和信息收集。常见的需求获取技术包括面谈和问卷调查、需求专题讨论会、观察用户工作流程、基于用例的方法、原型化方法等,而选择这些技术需要根据应用类型、开发团队技能、用户性质等因素来决定。

1. 用户面谈

用户面谈是一种十分直接而常用的需求获取方法,也经常与其他需求获取技术一起使用,以便更好地澄清和理解一些细节问题。面谈过程应该进行认真的计划和准备,下面以图书馆管理系统的需求获取为例说明其主要步骤。

（1）面谈之前

① 确定面谈目的

在项目调研的初期,需要了解图书管理员的业务过程。因此,本次面谈的主要目的是了解当前图书管理的业务流程、所存在的主要问题以及相关人员的期望要求。

② 确定参加面谈的相关人员。

客户方面:图书管理负责人、图书管理员、读者代表。

开发方面:项目负责人、分析人员、开发人员。

③ 建立要讨论的问题和要点列表。

- 学校图书管理由谁负责? 这些人员的计算机背景如何?
- 图书管理人员的主要工作是什么?
- 学院对图书管理制定了哪些规则?
- 目前图书管理存在的主要问题是什么? 其产生原因是什么?
- 图书管理人员希望如何解决这些问题?
- 目前学院所藏图书包括哪些种类? 大致数量是多少?
- 图书如何进行编码和摆放?
- 图书读者包括哪些人员? 这些人员的计算机背景如何?
- 读者对于管理的期望是什么?
- 平均每天图书借还人数是多少? 借还数量是多少?
- 有关图书管理业务问题应该与谁联系? 联系方式是什么?

……

④ 通知面谈相关人员。

与相关人员联系确定面谈的时间和地点,并以电子邮件方式进行面谈会议通知。

（2）进行面谈

面谈获得所需信息的首要前提是应该与面谈者建立良好的谈话氛围,以下行为有助于建立氛围。

- 态度诚恳:直截了当地谈话,对面谈者在软件中的利害关系表现出真正兴趣。
- 保持倾听:关注对方,认真听取对方的谈话。
- 虚心求教:不要显得"无所不知"。
- 深入细节:应当深入调查所谈问题的细节,对于模糊应答需要刨根问底。
- 避免跑题:始终围绕主题,注意控制谈话过程和时间。
- 详细记录:指定专人详细记录面谈内容。

在面谈过程中,应当尽量简单地提出问题,同时保持思维开阔,不要死板地照读所准备的问题,应当善于交谈和倾听,努力寻找异常和错误情况。

面谈结束时,需要再次启发对方,询问是否还有需要提出的问题和可以带走的资料,确定双方的联系方式,并向对方人员表示感谢。

（3）面谈之后

复查记录的准确性、完整性和可理解性,把所收集的信息转化为适当的模型和文档,确定需要进一步澄清的未回答条目和未解决问题。

2. 需求专题讨论会

需求分析员需要经常组织和协调需求专题讨论会,人们通过协调讨论和群体决策等方法,为具体问题找到解决方案,并在应用需求上达成共识、对操作过程尽快取得统一意见。

在这种会议中,参加人员一般包括3种角色。

- 主持人或协调人:该角色在会议中起着十分关键的作用,他应该鼓励参会人员积极参与和畅所欲言,保证会议过程顺利进行。
- 记录人:该角色需要协助主持人将会议期间所讨论的要点内容记录下来。
- 参与人:该角色的首要任务是提出设想和意见,并激励其他人员产生新的想法。

下面是图书馆管理系统需求获取过程中一次讨论会的过程示例。

(1)会议准备

在会议之前,需要确定并邀请参与人、记录人和主持人,发布会议地点、时间和议程,定义会议的规则与角色,准备讨论需要的文档,并事先发布给参与人。一般情况下,会议通常在具有相应支持设备的专用房间进行,需要准备和布置会场设施,包括桌椅、白板、便签、投影仪、食物和饮料等。

(2)会议过程

- 介绍会议:回顾会议主题和规则,介绍参与人。
- 开场白:5~10min 的开场白有助于团队熟悉环境,活跃会场气氛。一般来说,开场白的内容是中性的,能够被所有人理解,与会议讨论主题无关。
- 自由讨论:这是会议最重要的阶段,需要营造一种创造性的和积极性的氛围;激发和畅谈各自的设想,同时可以获得所有相关者的意见。

讨论时,主持人可能需要为每一个讨论主题分配一个固定时间阶段(如30min),到时间后停止讨论,如果确实讨论热烈可以适当延长 5min。一个议题结束后,休息 5min 再开始讨论,如此重复该过程。在可能出现行政间的责备或冲突的情况下,主持人应掌握讨论气氛并控制会场,保证达成一致意见。记录人应该准确记录所有言论。

(3)会议结束

复查记录的准确性、完整性和可理解性,把所收集的信息转化为适当的模型和文档,确定需要进一步澄清的未回答条目和未解决问题。

2.4 成本—效益分析

2.4.1 成本估算方法

(1)自顶向下估算方法

估算人员参照以前完成的项目所耗费的总成本,来推算将要开发的软件总成本,然后把它们按阶段、步骤和工作单元进行分配,这种方法称为自顶向下估算方法。

它的优点是对系统级工作的重视,所以估算中不会遗漏系统级的诸如集成、用户手册和配置管理之类的事务的成本估算,且估算工作量小、速度快。它的缺点是往往不清楚低级别上的技术性困难问题,而往往这些困难将会使成本上升。

（2）自底向上估算方法

自底向上估算方法是将待开发的软件细分,分别估算每一个子任务所需要的开发工作量,然后将它们加起来,得到软件的总开发量。这种方法的优点是对每个部分的估算工作交给负责该部分工作的人来做,所以估算较为准确。其缺点是其估算往往缺少与软件开发有关的系统工作级工作量,所以估算往往偏低。

（3）差别估算方法

差别估算是将开发项目与一个或多个已完成的类似项目进行比较,找到与某个相类似项目的若干不同之处,并估算每个不同之处对成本的影响,导出开发项目的总成本。该方法的优点是可以提高估算的准确度,缺点是不容易明确"差别"的界限。

除了以上 3 种常见方法外,还有专家估算法、类推估算法和算式估算法等。这些技术既可以在自上而下的方法中使用,也可以在自下而上的方式中使用。

（4）专家判断技术

专家判断技术是一个或多个专家根据所具有的专业知识和丰富经验,通过近似的猜测估计出项目成本。Delphi 方法是最流行的专家评估技术,其具体步骤如下:

① 项目协调人向每个专家提供软件规模和估算表格。

② 项目协调人召集专家小组会讨论与规模相关的因素。

③ 每个专家匿名填写成本估算表格。

④ 项目协调人整理出一个估算总结,并将其反馈给专家。

⑤ 项目协调人召集专家小组会,讨论较大的估算差异。

⑥ 专家复查估算总结,并在估算表上提交另一个匿名估计。

⑦ 重复步骤④ ~ ⑥,直到估算结果中的最低和最高达到一致。

（5）类比估算法

类比估算法是一种比较科学的传统估算方法。它通过新项目与历史项目的比较得到规模估算,其具体步骤如下:

① 整理出项目的功能列表和实现每个功能的代码行数。

② 标识每个功能列表与历史项目的相同点与不同点,特别注意历史项目中的不足之处。

③ 通过步骤①和②得出各个功能的估算值。

④ 产生成本估计。

2.4.2 成本估算模型

（1）结构性成本估算模型

结构性成本估算模型(Constructive Cost Model,COCOMO)是基于回归方法进行成本估计的技术,它从历史数据的统计而导出。COCOMO 将系统的开发复杂程度分成 3 种类型,即组织型、半独立型和嵌入型。其具体特征如表 2-1 所示。

表 2-1　COCOMO 的具体特征

类　型	产品规模/KLOC	团队规模	创　新	期限约束	说　　明
组织型	2 ~ 50	小型项目和团队	很少	不严格	各类应用软件

类　型	产品规模/KLOC	团队规模	创新	期限约束	说　明
半独立型	50～300	中等规模项目和团队	中等	中等	各类使用程序、编译程序等
嵌入型	超过300	大型项目和团队	许多	严格	实时处理、控制程序、操作系统等

COCOMO分为基本的、中间的和详细的3个层次。层次越高，则准确性越高。其中，基本的COCOMO仅仅使用产品规模和系统类型来确定开发工作量和进度，适合于小到中等规模的项目进行快速而粗略的估计，其计算公式如表2-2所示；中间的COCOMO使用产品规模、系统类型和17个其他变量来确定工作量，其计算公式如表2-3所示，工作量修正值如表2-4所示；详细的COCOMO以中间COCOMO为基础，引入了其他对阶段敏感的工作量系数以及系统、子系统和模块的3层产品结构，根据阶段和产品层次裁减中间COCOMO，最终达到详细的程度。

表2-2　基本COCOMO的计算公式

类　型	工作量/人月	开发时间/月
组织型	$E = 2.4 \times (规模)^{1.05}$	$D = 2.5 \times (E)^{0.38}$
半独立型	$E = 3.0 \times (规模)^{1.12}$	$D = 2.5 \times (E)^{0.35}$
嵌入型	$E = 3.6 \times (规模)^{1.20}$	$D = 2.5 \times (E)^{0.32}$

表2-3　中间COCOMO的计算公式

类　型	工作量/人月	开发时间/月
组织型	$E = 3.2 \times (规模)^{1.05} \times F$	$D = 2.5 \times (E)^{0.38}$
半独立型	$E = 3.0 \times (规模)^{1.12} \times F$	$D = 2.5 \times (E)^{0.35}$
嵌入型	$E = 2.8 \times (规模)^{1.20} \times F$	$D = 2.5 \times (E)^{0.32}$

表2-4　中间COCOMO的工作量修正值

工作量影响因素 F^i		非常低	低	正常	高	非常高	超高
产品因素	软件可靠性	0.75	0.88	1.00	1.15	1.39	—
	数据库规模	—	0.94	1.00	1.09	1.19	—
	产品复杂性	0.75	0.88	1.00	1.15	1.30	1.66
	可重用性	—	0.91	1.00	1.14	1.29	1.49
	要求文档量	0.89	0.95	1.00	1.06	1.03	—
计算机因素	执行时间限制	—	—	1.00	1.11	1.31	1.67
	存储限制	—	—	1.00	1.06	1.21	1.57
	平台变动	—	0.87	1.00	1.15	1.30	—
人的因素	分析员能力	1.50	1.22	1.00	0.83	0.67	—
	程序员能力	1.37	1.16	1.00	0.87	0.74	—
	应用领域经验	1.22	1.10	1.00	0.89	0.81	—
	平台经验	1.24	1.10	1.00	0.92	0.84	—
	语言和工作经验	1.25	1.12	1.00	0.88	0.81	—
	人员连续性	1.24	1.10	1.00	0.92	0.84	—

工作量影响因素 F^i		非常低	低	正常	高	非常高	超高
项目因素	软件工具的使用	1.24	1.12	1.00	0.86	0.72	—
	多地点开发	1.25	1.10	1.00	0.92	0.84	0.78
	开发进度限制	1.29	1.10	1.00	1.00	1.00	—

工作量修正因子 F 可通过公式 F = NF^i 进行计算，其中 N 为系数，F^i 为工作量影响因素。

【例1】 某开发项目的评估规模是 55KLOC，且认为是中等复杂程度。该项目所开发的软件是可以支持 Web 的系统，具有强大的后端数据库，属于半独立型，这里使用基本的 COCOMO 估计开发工作量和进度。

解 工作量 $E = 3.0 \times (55)^{1.12} = 3.0 \times 88.96 = 267$（人月）

开发时间 $D = 2.5 \times (267)^{0.35} = 2.5 \times 7.07 = 17.67$（月）

平均人员数 = 工作量 ÷ 开发时间 = 267 ÷ 17.67 = 15.11（人）

【例2】 一个 10KLOC 嵌入式软件产品，要完成在商业微处理器上实现通信处理功能，这里使用中间 COCOMO 估计开发工作量影响因素和工作量系数，如表 2-5 所示。

表 2-5 COCOMO 的工作量影响因素和工作量系数

工作量影响因素 F^i	状 态	登 记	工作量系数
软件可靠性	本地使用系统，没有严重的恢复问题	正常	1.00
数据库规模	30 000B	低	0.94
产品复杂性	通信处理	很高	1.30
可重用性	一般	正常	1.00
要求文档量	一般	正常	1.00
执行时间限制	将占用 70% 的可用时间	高	1.11
存储限制	使用 75KB 存储器中的 45KB(70%)	高	1.06
平台变动	基于商业微处理硬件	正常	1.00
分析员能力	优秀的高级分析人员	高	0.83
程序员能力	优秀的高级程序员	高	0.87
应用领域经验	3 年	正常	1.00
平台经验	6 个月	低	1.10
语言和工作经验	12 个月	正常	1.00
人员连续性	一般	正常	1.00
软件工具的使用	处于基本微型机工具层	低	1.12
多地点开发	基本上集中在一个地点	很高	0.84
开发进度限制	10 个月	正常	1.00

解 工作量修正因子 F = 1.07

工作量 $E = 2.8 \times (10)1.20 \times 1.07 = 2.8 \times 15.85 \times 1.07 = 47$（人月）

开发时间 $D = 2.5 \times (47)0.32 = 2.5 \times 3.43 = 8.58$（月）

（2）Putnam 成本估算经验模型

Putnam 成本估算模型是一种动态多变模型。它是假设在软件开发的整个生存期中工作量的分布，如图 2-1 所示。

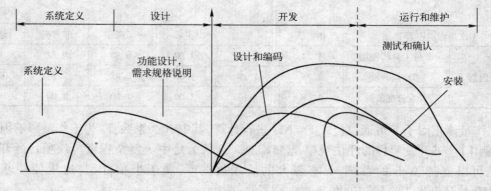

图 2-1　人力大项目使用的分布

根据曲线导出关于提交的代码行数 L、人力 K(人年)和时间 T_d(年)之间的估算公式为

$$L = C_k K^{1/3} T_d^{4/3}$$

式中,C_k 是与技术状况有关的常数,它的典型值如下:

对于差的开发环境 $C_k = 2\ 500$。

对于好的开发环境 $C_k = 10\ 000$。

对于有的开发环境 $C_k = 12\ 500$。

由上述公式可以得到所需开发工作量的公式为

$$K = L^3 C_k^{-3} T_d^{-4}$$

2.5　结构化分析方法

结构化分析(Structured Analysis,SA)是面向数据流进行需求分析的方法,也是一种建模活动。该方法使用简单易读的符号,根据软件内部数据传递、变换的关系,自顶向下逐层分解,描绘出满足功能要求的软件模型。

1.　自顶向下逐层分解的分析策略

面对一个复杂的问题,分析人员不可能一开始就考虑到问题的所有方面以及全部细节,采用的策略往往是分解,即把一个复杂的问题划分成若干小问题,然后再分别解决,将问题的复杂性降低到人可以掌握的程度。图 2-2 所示为自顶向下逐层分解的分析策略结构图。

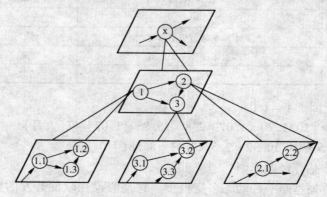

图 2-2　对一个问题的自顶向下逐层分解

2. 描述工具

SA 方法利用图形等半形式化的描述方式表达需求,简明易懂,用它们形成需求说明书中的主要部分。描述工具主要包括以下几种。

1)数据流图:描述系统由哪几部分组成,各部分之间有什么联系等。

2)数据字典:定义了数据流图中每一个图形元素。

3)描述加工逻辑的结构化语言、判定表、判定树:详细描述数据流图中不能被再分解的每一个加工。

3. 分析步骤

SA 方法的一般分析步骤如下:

1)了解当前系统的工作流程,获得当前系统的物理模型。通过对当前系统的详细调查,了解当前系统的工作过程,同时收集资料、文件、数据、报表等,将看到的、听到的、收集到的信息和情况用图形描述出来。也就是说,用一个模型来反映自己对当前系统的理解,如画系统流程图。

2)抽象出当前系统的逻辑模型。物理模型反映了系统"怎么做"的具体实现,去掉物理模型中非本质的因素,抽取出本质的因素,构造出当前系统的逻辑模型,反映了当前系统"做什么"的功能。

3)建立目标系统的逻辑模型。分析、比较目标系统与当前系统逻辑上的差别,明确目标系统到底要"做什么",从而从当前系统的逻辑模型导出目标系统的逻辑模型。

4)作进一步补充和优化。为了对目标系统做完整的描述,还需要对得到的逻辑模型做一些补充。

2.5.1 数据流图

数据流图,简称 DFD,是 SA 方法中用于表示系统逻辑模型的一种工具,它以图形的方式描绘数据在系统中流动和处理的过程。由于它只反映系统必须完成的逻辑功能,所以它是一种功能模型。

图 2-3 所示是一个"机票预订系统"的数据流图,它反映的功能是:旅行社把预订机票的旅客信息(姓名、年龄、单位、身份证号码、旅行时间、目的地等)输入机票预订系统。系统为旅客安排航班,打印出取票通知单(附有应交的账款)。旅客在飞机起飞的前一天凭取票通知单交款取票,系统检验无误,输出机票给旅客。

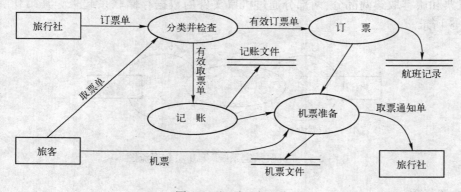

图 2-3　机票预定系统

1. 基本图形符号

数据流图有 4 种基本图形符号。

1）→：箭头，表示数据流。数据流是指数据在系统内传播的路径，因此由一组成分固定的数据组成。例如，订票单由旅客姓名、年龄、单位、身份证号、日期、目的地等数据项组成。由于数据流是流动中的数据，所以必须有流向，除了与数据存储之间的数据流不用命名外，数据流应该用名词或名词短语命名。

2）○：圆或椭圆，表示加工。加工（又称数据处理）是指对数据流进行某些操作或变换。每个加工也要有名字，通常是动词短语，简明地描述完成什么加工。在分层的数据流图中，加工还应编号。

3）＝：双杠，表示数据存储。数据存储（又称为文件）是指暂时保存的数据。它可以是数据库文件或任何形式的数据组织。

4）□：方框，表示数据的源点或终点。数据源点或终点是本软件系统外部环境中的实体（包括人员、组织或其他软件系统），统称外部实体，一般只出现在数据流图的顶层图。

2. 绘制数据流图的步骤

1）系统的输入输出，即先画顶层数据流图。顶层流图只包含一个加工，用以表示被开发的系统，然后考虑该系统有哪些输入数据流、输出数据流。顶层图的作用在于表明被开发系统的范围以及它和周围环境的数据交换关系。图 2-4 所示为"机票预订系统"的顶层图。

图 2-4　机票预定系统顶层数据流图

2）系统内部，即画下层数据流图。不再分解的加工称为基本加工。一般将层号从第 0 开始编号，采用自顶向下，由外向内的原则。画 0 层数据流图时，分解顶层流图的系统为若干子系统，决定每个子系统间的数据接口和活动关系。例如，"机票预订系统"按功能可分成旅行社预订机票和旅客取票两部分，两部分通过机票文件的数据存储联系起来。其第 0 层数据流图如图 2-5 所示。

图 2-5　"机票预定系统"第 0 层数据流图

3）注意事项。

① 命名：不论数据流、数据存储还是加工，合适的命名使人们易于理解其含义。

32

② 画数据流而不是控制流：数据流反映系统"做什么"，不反映"如何做"，因此，箭头上的数据流名称只能是名词或名词短语，整个图中不反映加工的执行顺序。

③ 一般不画物质流：数据流反映能用计算机处理的数据，并不是实物，因此，对目标系统的数据流图一般不要画物质流。

④ 每个加工至少有一个输入数据流和一个输出数据流：反映出此加工数据的来源与加工的结果。

⑤ 编号：如果一张数据流图中的某个加工分解成另一张数据流图时，则上层图为父图，直接下层图为子图，子图及其所有的加工都应编号，如图 2-6 所示。

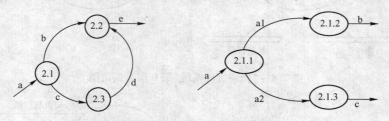

图 2-6　父图与子图

⑥ 父图与子图的平衡：子图的输入/输出数据流同父图相应加工的输入/输出数据流必须一致，即父图与子图的平衡。

⑦ 局部数据存储：当某层数据流图中的数据存储不是父图中相应加工的外部接口，而只是本图中某些加工之间的数据接口，则称这些数据存储为局部数据存储。

⑧ 提高数据流图的易懂性：注意合理分解，要把一个加工分解成几个功能相对独立的子加工，这样可以减少加工之间输入、输出数据流的数目，增加数据流图的可理解性。

3. 数据流图实例——销售管理系统

某企业销售管理系统的功能为：

1）接受顾客的订单，检验订单，若库存有货，进行供货处理，即修改库存，给仓库开备货单，并且将订单留底；若库存量不足，将缺货订单登入缺货记录。

2）根据缺货记录进行缺货统计，将缺货通知单发给采购部门，以便采购。

3）根据采购部门发来的进货通知单处理进货，即修改库存，并从缺货记录中取出缺货订单进行供货处理。

4）根据留底的订单进行销售统计，打印统计表给经理。

根据上述的功能描述，画出如图 2-7 ～ 图 2-9 所示的数据流图。

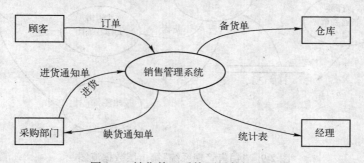

图 2-7　销售管理系统顶层数据流图

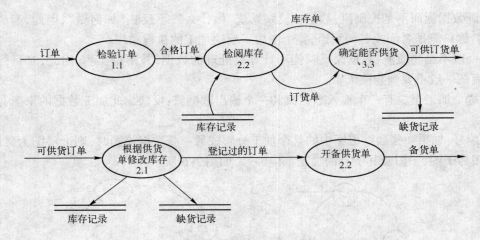

图 2-8 "销售管理系统"第 0 层数据流图

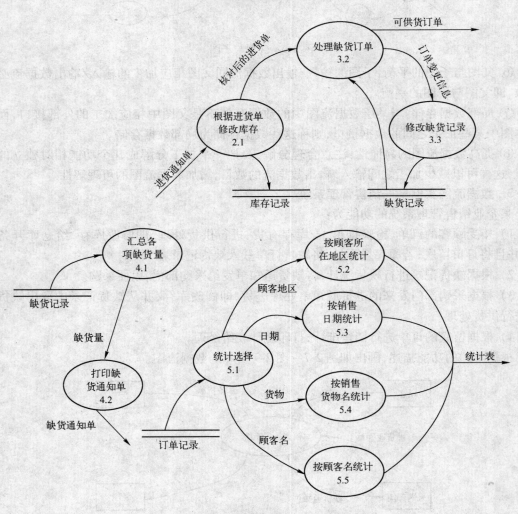

图 2-9 "销售管理系统"第 1 层数据流图

2.5.2　数据字典

数据字典(Data Dictionary,DD)用于定义数据流图中的各个成分的具体含义。它以一种准确的、无二义性的说明方式为系统的分析、设计及维护提供了有关元素的一致的定义和详细的描述。

数据字典的任务是对于数据流图中出现的所有被命名的图形元素在数据词典中作为一个词条加以定义,使得每一个图形元素的名字都有一个确切的解释。

数据字典有以下4类条目:数据流、数据存储、数据项和加工。

(1) 数据流条目

数据流条目给出了 DFD 中数据流的定义,通常列出该数据流的各组成数据项。在定义数据流或数据存储组成时,使用的符号见表2-6。

表2-6　数据字典符号

符　　号	含　　义	示例及说明
=	被定义为	
+	与	X = a + b 表示 X 由 a 和 b 组成
[…|…]	或	X = [a|b] 表示 X 由 a 或 b 组成
m{…}n 或 {…}m^n	重复	X = 2{a}5 表示 X 中最少出现 2 次 a,最多出现 5 次 a,2 为重复次数的上、下限
{…}	重复	X = {a} 表示 X 有 0 个或多个 a
(…)	可选	X = (a) 表示 a 可在 X 中出现,也可不出现
"…"	基本数据元素	X = "a",表示 X 是取值为字符 a 的数据元素
..	连接符	X = 1.9,表示 X 可取 1~9 中的任意一个值

【例3】　定义数据流组成及数据项。

机票 = 姓名 + 日期 + 航班号 + 起点 + 终点 + 费用

航班号 = "Y7100"…"Y8100"

终点 = [上海\|北京\|西安]

数据流条目主要内容及举例如下。

数据流名称:订单。

别名:无。

简述:顾客订货时填写的项目。

来源:顾客。

去向:加工1"检验订单"。

数据流量:1000 份/每周。

组成:编号 + 订货日期 + 顾客编号 + 地址 + 电话 + 银行账号 + 货物名称 + 规格 + 数量

(2) 数据存储条目

数据存储条目是对数据存储的定义,例如:

数据存储名称:库存记录。

别名:无。

简述:存放库存所有可供货物的信息。

组成:货物名称 + 编号 + 生产厂家 + 单价 + 库存量。

组织方式:索引文件,以货物编号为关键字。

查询要求:要求能立即查询。

(3) 数据项条目

数据项条目是不可再分解的数据单位,其定义格式如下:

数据项名称:货物编号。

别名:G-No, G-num, Goods-No。

简述:本公司的所有货物的编号。

类型:字符串。

长度:10。

取值范围及含义为:

第一位:进口/国产。

第 2~4 位:类别。

第 5~7 位:规格。

第 8~10 位:品名编号。

(4) 加工条目

加工条目用于说明 DFD 中基本加工的处理逻辑。由于上层的加工是由下层的基本加工分解而来,只要有了基本加工的说明,就可理解其他加工。例如,

加工名:查阅库存。

编号:1.2。

激发条件:接收到合格订单时。

优先级:普通。

输入:合格订单。

输出:可供货订单、缺货订单。

加工逻辑:根据库存记录。例如,

IF 订单项目的数量 <该项目库存量的临界值>

THEN 可供货处理

ELSE 此订单缺货,登录,待进货后再处理

ENDIF

2.5.3 实体关系图

实体关系(Entity Relationship,ER)图作为数据建模的基础,描述数据对象及其关系。

ER 模型中有 3 种要素:实体、关系和属性。例如,在一个"教学管理系统"中,实体相互可区分的事物有学生、课程、教师等。

ER 图中 3 元素的表示如图 2-10 所示。

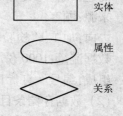

图 2-10　ER 图的元素

图 2-11 所示为"教学管理系统"中课程、学生、教师之间的实体关系图。其中,方框表示实体或属性,方框之间的连线表示实体之间或者实体与属性之间的联系。

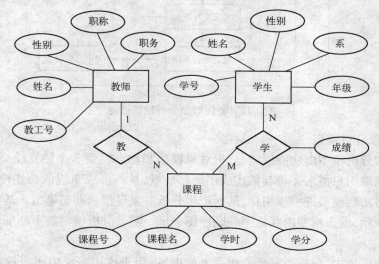

图 2-11　学生、教师及课程之间的 ER 图

2.5.4　描述加工处理的结构化语言

结构化语言是介于自然语言和形式化语言之间的一种半形式化的语言。结构化语言是在自然语言的基础上加了一些限定,使用有限的词汇和有限的语句来描述加工逻辑。它的结构可分成外层和内层两层。

1）外层:用来描述控制结构,采用顺序、选择、重复 3 种基本结构。

2）内层:一般采用祈使语句的自然语言短语,使用数据字典中的名词和有限的自定义词,其动词含义要具体,尽量不用形容词和副词来修饰。

2.6　面向对象分析方法

2.6.1　面向对象分析简介

1. 分析建模过程

在面向对象分析阶段,开发人员应该首先理解在需求获取阶段产生的用例模型,找出描述问题域和系统责任所需的对象和类,将用例行为映射到对象上,进一步分析它们的内部构成和外部关系,从而建立面向对象分析模型。最后,开发人员和用户一起检查模型,保证模型的正确性、一致性、完整性和可行性。

需要强调的是,分析过程是一个循环渐进的过程,识别分析类和细化分析模型不是一蹴而就的,需要多次地循环迭代实现。

图 2-12 所示为面向对象分析建模过程。

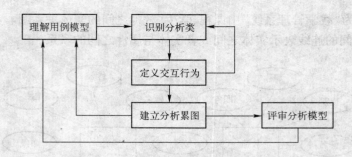

图 2-12　面向对象分析建模过程

2．面向对象分析模型

面向对象的分析模型由功能模型、分析对象模型和动态模型 3 个独立模型组成。前面我们介绍了如何获取用户需求并将其描述成用例和场景,从而形成系统的功能模型;在本节中,我们介绍如何将功能模型进一步细化,从而产生分析对象模型和动态模型。其中,分析对象模型由分析类图表示,动态模型由状态图和顺序图表示。随着分析模型的不断细化,需求规格说明则更趋完善。

在分析对象模型中,分析类是概念层次上的内容,用于描述系统中那些较高层次的对象。在分析阶段,分析类立足于软件功能需求的描述,划分为实体类、边界类和控制类 3 种类型。

2.6.2　基于用例的分析建模

1．识别分析类

为了识别分析类,通常需要充分地理解系统内部的行为,补充与这些内部行为相关的一些其他信息,即系统内部是如何响应外部请求的。这些信息在用户功能建模时通常是被忽略的,但在进一步细化的分析模型中则有助于进行用例职责的分配。

在图书馆管理系统的"登记还书"用例中,图书管理员需要"系统同时向现有的预订者发出通知"。显然,这个描述没有涉及系统内部所发生的具体细节。但是,在用例职责分配时,我们需要提供更加详细的信息,即什么样的信息(借阅通知)以及由谁(邮件系统)负责发出信息,从而可以将"发送通知"的职责分配给"邮件系统"。因此,我们在理解系统内部行为的基础上,需要进一步补充有关细节,如"通过邮件系统向现有的预订者发出借阅通知"。

（1）识别边界类

在每一个用例中,每一个参与者至少与一个边界类进行交互,这个边界类担负着协调参与者与用例之间的交互职责。因此,我们初步给每一对参与者和用例确定一个边界类,并在进一步分析的过程中,进行分解与合并。图 2-13 为边界类的表示。

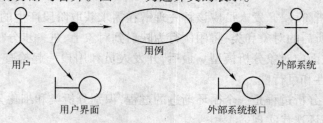

图 2-13　识别边界类

边界类是对用户界面行为进行建模,它通常关注参与者与用例之间交互的信息或者响应的事件,而不是描述窗口组件等界面的可见元素。这样做的好处在于,当系统功能说明稳定下来之后,在分析模型中边界类也就稳定下来。即使在设计过程中,用户界面的可见细节及其相关设计经常发生变化时,也不会引起分析模型的频繁更新。

根据以上原则,我们可以初步识别出"图书馆管理系统"的边界类,如图 2-14 所示。

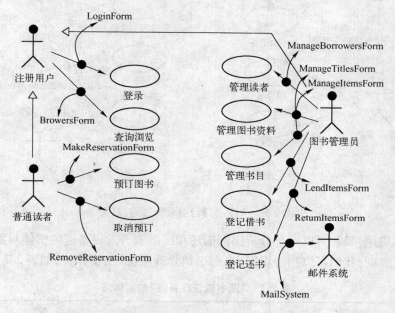

图 2-14 "图书馆管理系统"的边界类

（2）识别控制类

控制类负责协调边界类和实体类,通常在现实世界中没有对应的事物。它负责接收边界类的信息,并将其分发给实体类。图 2-15 所示为控制类的表示。对于控制类来说,我们初步给每个用例设置一个控制类,随着分析的发展有可能进行分解和合并。

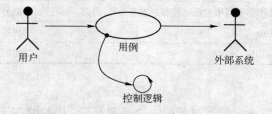

图 2-15 识别控制类

根据以上原则,我们可以初步识别出图书馆管理系统的控制类,如图 2-16 所示。

在有些情况下,用例事件流的逻辑结构十分简单,这时没有必要使用控制类,边界类可以实现用例的行为。例如,图书馆管理系统中的"登录"用例就是这种情况。而当用例比较复杂时,特别是产生分支事件流的情况下,一个用例可以有多个控制类。

（3）识别实体类

实体类通常是用例中的参与对象,对应着现实世界中的"事物"。识别实体类需要开发人

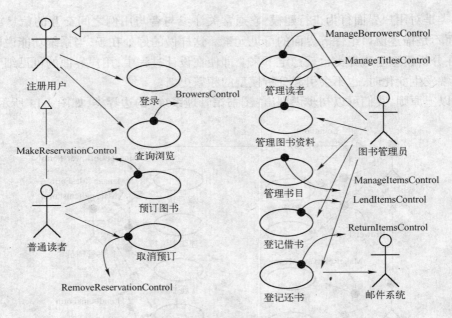

图 2-16 "图书馆管理系统"的控制类

员进一步理解应用领域,可以通过分析用例描述和词汇表等发现备选的实体对象。

根据以上原则,我们可以初步识别出"图书馆管理系统"的实体类,如表 2-7 所示。

表 2-7 "图书馆管理系统"的实体类

实 体 类	说 明
BorrowerInfo	普通读者的基本信息
Loan	普通读者的借书记录
Reservation	普通读者的预订信息
Title	图书资料的基本信息
Item	书目
(由于图书资料中包括书籍和杂志等类型,因此,可以进一步划分子类)	
BookTitle	书籍的基本信息
MagazineTitle	杂志的基本信息

2. 定义交互行为

定义交互行为是从需求向设计过渡的一个重要环节,其关键在于通过描述分析类实例之间的消息传递将用例的职责分配到分析类中。在初步找出一些分析类之后,我们可以借助于顺序图将用例和分析对象联系在一起,描述用例的行为是怎样在它的参与对象之间分布的。顺序图可以将用例的行为分配到所识别的分析类中,并且帮助开发人员发现和补充前面遗漏的分析类。

在用例模型中,用例的事件序列通常可以用一组具有逻辑连续的且介于分析类实例之间的消息传递进行描述,而消息的发出者要求消息的接收者通过承担相应的职责来进行回应。其中,消息在概念上具有显著的动态特征,与分析类的实例相关联;职责在概念上具有显著的静态特征,与分析类的定义相关联。在后续的设计活动中,分析类将逐步地演变为具体的"设计元素",分析类的职责也将逐步地演变为"设计元素"的行为,即"设计类"的操作和"子系统接口"的行为规约等。

图 2-17 所示是"图书馆管理系统"中"登记借书"用例的顺序图,我们通过定义该用例的交互行为发现原来的用例描述中遗漏了 setStatus(即将书目设置为"借出"状态)的行为。

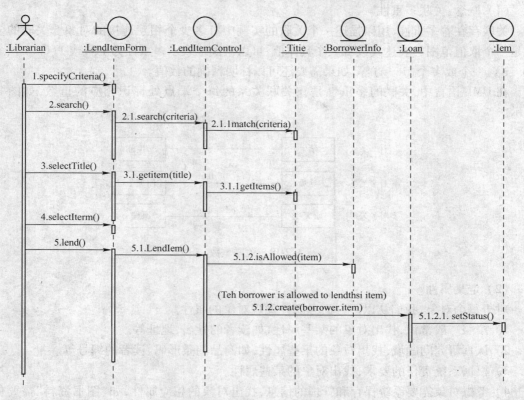

图 2-17   "图书馆管理系统"中"登记借书"用例的顺序图

在该用例中,图书管理员向分析类 LendItemForm 发出 sepecifyCriteria 等一系列的消息请求,该分析类将承担响应和处理这些消息的职责。以此类推,我们通过定义参与"登记借书"用例的分析类实例之间的交互行为,将该用例的行为分配到相应的分析类中,如图 2-18 所示。

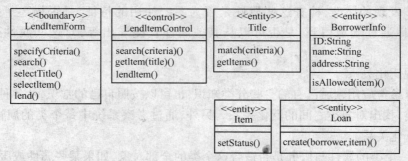

图 2-18   图书馆管理系统登记借书用例的分析类

通过以上方法,我们可以将系统中所有用例的行为都分配到具体的分析类中,得到改进后的分析类。

3. 建立分析类图

在分析了对象之间的交互行为之后,开发人员需要建立分析类图,即定义分析类之间的关系和分析类的属性。

（1）概念:关联多重性

关联存在着多重性,用以描述一个关联的实例中有多少个相互连接的对象。关联的多重性是一个取值范围的表达式或者一个具体值,可以精确地表示多重性为1、0 或 1(0..1)、多个(0..n)、一个或多个(1..n)等,如果需要还可以标明精确的数值。

在 UML 语言中,关联的多重性是在关联关系的每个端点处标识相应的重数,如图 2-19所示。

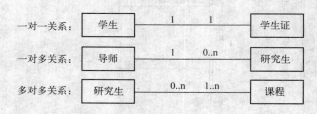

图 2-19　关联重数

（2）定义属性

对于每个对象,我们从以下方面考虑并发现对象的属性。

1）按照一般常识,找出对象的某些属性,如读者的姓名、地址等。

2）认真研究问题域,找出对象的某些属性,如商品的条形码、读者的编号等。

3）根据系统责任的要求,找出对象的某些属性。

4）考虑对象需要系统保存和管理的信息,找出对象的相应属性,如"图书资料"需要保存和管理的信息。

5）对象为了在服务中实现其功能,需要增设一些属性。

6）识别对象需要区别的状态,考虑是否需要增加一个属性来区别这些状态。

7）确定属性表示整体与部分结构和实例连接。

对于初步发现的属性,检查这些属性是否为系统使用的特征、是否描述了对象本身的特征、是否可以通过继承得到、是否可以从其他属性直接导出等,对这些属性进行整理和筛选。

（3）发现泛化关系

我们可以参考应用领域已有的一些分类知识,也可以按照自己的常识,从各种不同角度考虑事物的分类,找出对象类之间的泛化关系。另外,通过考察系统中每个类的属性和服务,找出类之间的泛化关系。

1）查看一个类的属性与服务是否适合这个类的全部对象,如果某些属性或服务只适合该类的一部分对象,说明应该从这个类中划分出一部分特殊类,建立泛化关系。

2）检查是否某些类具有相同的属性和服务,如果把这些相同的属性和服务提取出来,能否在概念上构成这些类的父类,形成泛化关系。

为了加强分析模型的可复用性,应该进一步考虑在更高的层次上运用泛化关系,从而开发一些可复用的构件类。

（4）发现聚合关系

聚合关系可以清晰地表达问题域中不同事物之间的组成关系,我们可以考虑在以下方面建立聚合关系。

1）物理上的整体事物和组成部分,如设备与零部件的关系。

2）组织机构及其下级组织,如学校和院系的关系。

3）团体(组织)与成员,如学校和教师的关系。

4）抽象事物的整体与部分,如法律与法律条文。

5）具体事物及其某个抽象方面,如人员与身份。

（5）发现关联关系

在现实中存在大量的关联关系,我们可以通过以下分析活动,建立对象之间的关联关系。

1）认识对象之间的静态联系,如"学生"与"课程"之间存在选课关系,那么这两个类存在关联关系。

2）认识关联的属性和操作,如在"学生"和"课程"的连接中,需要给出开课学期、讲课教师等属性信息。

3）分析关联的多重性,如"学生"和"课程"是多对多的连接。

4）对于多元关联,需要增加一个对象类,使之转化为二元关联。

5）对于多对多的关联,需要增加一个对象类,使之转化为两个一对多的关联。

【例4】 "图书馆管理系统"分析类图。

初步找出图书馆管理系统分析类的部分重要属性,并得到相关的分析类图,如图2-20所示。

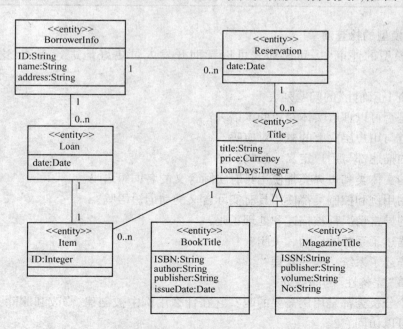

图2-20　图书馆管理系统登记借书用例的分析类的属性

2.6.3 评审分析模型

1. 需求分析的角色职责

需求分析活动涉及与所开发系统相关的各方面人员,如客户、用户、领域专家、项目经理、分析人员和开发人员等。在整个分析过程中,这些人员通过交流沟通和分工协作,不断细化和最终产生反映应用领域的分析模型。表2-8为需求分析的角色职责。

表2-8 需求分析的角色职责

角 色	职 责
客户	明确系统的高层次目标要求,定义系统的目标和范围 协调和解决不一致的用户期望
用户	从各自的角度,帮助识别与其相关的用例 提供与当前业务过程和未来需求的信息
项目经理	协调客户、用户与开发团队对系统定义达成共识 控制和管理需求的变化
分析人员	理解和分析用户需求 对当前系统进行分析缄默,并产生分析模型
设计人员	从分析模型的角度,描述系统的体系结构 识别和补充需求中的疏漏
需求评审人员	检查分析模型是否正确、完整、一致、可行、可验证、可跟踪 参加评审会议,以便识别问题、提出问题和改进建议 客户、用户、开发人员或其他人员组成需求评审人员

2. 分析模型的检查清单

在分析模型的评审中,问题列表可以帮助开发人员更好地进行审查,这里给出一个例子。

(1) 检查"正确性"的问题列表

- 用户是否可以理解实体对象的术语表?
- 抽象类与用户层次上的概念对应吗?
- 所有的描述都与用户定义一致吗?
- 所有的实体类和边界类都使用具有实际含义的名词短语吗?
- 所有的用例和控制类都使用具有实际含义的动词短语吗?
- 所有的异常情况都被描述和处理了吗?
- 是否描述了系统的启动和关闭?
- 是否描述了系统功能的管理?

(2) 检查"完整性"的问题列表

- 每一个分析类都是用例需要的吗?它在什么用例中被创建、修改和删除?是否存在边界类可以访问它?
- 每一个属性是在什么时候设置的?类型是什么?它是限定词吗?

- 每一个关系在什么时候被遍历？为什么选定指定的重数？一对多和多对多的关系能被限定吗？
- 每一个控制类对象是否有必要访问参与用例的对象？

（3）检查"一致性"的问题列表
- 类或用例有重名吗？
- 具有相同名字的实体表示相同的现象吗？
- 所有的实体都以同样的细节进行描述吗？
- 是否存在具有相同属性和关系却不在同一个继承层次中的对象？

（4）检查"可行性"的问题列表
- 系统中有什么创新之处？建立了什么计划或原型来确保这些创新的可行性？
- 性能是否符合可靠性需求？这些需求是否已被运行在指定硬件上进行原型验证？

2.7　快速原型分析方法

资源信息系统是一种复杂的大系统。为了解决这种系统的分析、设计与开发问题，可以以结构化生命周期法为基础，在需求定义阶段采用快速原型方法，在系统分析阶段采用结构化方法，而在系统设计和系统实现阶段采用面向对象方法；或者先进行面向对象的分析与设计，再用结构化生命周期法来编程实现；或者在面向对象的系统开发和生命周期的有关阶段中，采用快速原型法进行模型求真。

把原型的开发过程作为结构化生命周期法开发过程的需求定义阶段，弥补结构化生命周期法在需求定义阶段存在的或可能产生的困难。一旦需求完全清楚，就可以丢弃各种原型，采用严格的结构化方法进行开发。

2.8　经典例题讲解

例题1（1996 年软件设计师试题）

阅读下列说明和流程图（如图 2-21 所示），回答问题 1 至问题 3。

说明： 全市所有电话的基本信息均存入营业库中。系统输入工单，工单中包括电话的新装、拆除、移机和更改（更改用户名、地址和电话号码）信息。为确保输入工单的正确性，每张工单均由两个录入员分别录入，由处理 1 进行输入和校对，然后更新营业库。系统根据待出版号码簿的行业类型从营业库中选取该类用户的电话信息并存入号簿库中。同时向每个电话用户发出用户函，用户函上记录着刊登在号簿库中的位置。用户收到用户函后，进行校对，并将修改内容和印刷要求（字号和是否套红）填写在用户函中。系统按收到用户回函的先后顺序依次输入用户回函，然后更新号簿库，最后通过排版输出经用户校对并符合其印刷要求的电话号码清单。

系统中部分单据和文件的格式如下：

工单 = 工单类型 = 户名 + 地址 + 电话号码

营业库记录 = 户名 + 地址 + 电话号码 + 分类信息

用户函 = 序号 + 户名 + 地址 + 电话号码

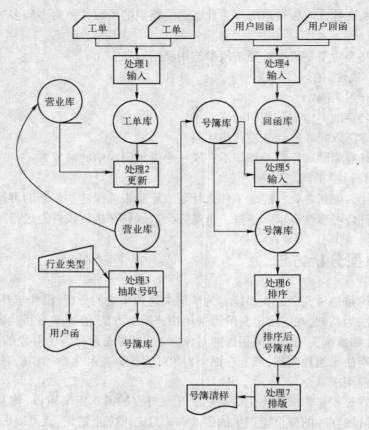

图 2-21　例题 1 流程图

用户回函 = 序号 + 户名 + 地址 + 电话号码 + 套红标记 + 字号大小

【问题 1】
流程图中哪些处理能发现工单的哪些错误，并举例说明。

【问题 2】
指出号簿库文件的记录至少应包括哪些数据项？

【问题 3】
为提高处理速度,流程图需作何改进？

分析： 该流程图描述了分类电话号码簿出版系统的处理流程。流程从录入工单开始,且没有外部文件对工单中的数据进行合法性检查。因此,处理 1 仅能够对工单中的数据进行一般性错误检查,如两次录入是否相同、录入的数据中是否含有非法字符、电话号码是否为固定数据格式等错误。

处理 2 将工单库更新到营业库中,可以根据潜在的规则结合营业库中数据对工单库中的工单数据进行个性错误检查,如新装、更改后的新电话号码不能出现在营业库中;而拆除、移机、更改的旧电话号码也必须在营业库中,否则就不能进行拆除、移机、更改操作。

处理 3 仅从营业库中提取某些用户的电话信息,存放在号簿库中,同时向每个电话用户发送用户函。该操作无法检查工单的错误,但用户函是用户对电话号码、用户名、地址等信息进行确认的过程,因此,也是一种检查工单数据的过程。

处理 4 应该对输入的回函信息进行一般性错误检查,确保两次录入正确的回函数据。其余的处理是根据号簿库生成电话号码簿,所以不能再对工单中的数据进行错误检查。

处理 5 将用户回函库中信息更新到号码簿库文件,因此,号簿库文件应该包含用户回函所有的数据。

通过上面对号簿库文件的数据来源与去向的分析,可以确定号簿库文件数据项的最大范围,即分类信息、序号、户名、地址、电话号码、套红标记、字号大小。号码簿描述是某行业的电话号码,没有必要在号码簿中重复描述;序号是用户在号簿库中的位置,所以也是一个冗余数据项。

为了提高文件处理的效率,一般方法是保证文件数据的有序性和减少文件数据冗余。文件数据冗余在处理流程中没有涉及,那么只有保证文件数据的有序性,可以通过关键字排序使文件中的数据有序,处理 2 将工单库中的数据更新到营业库之前,如果工单库与营业库中的数据按照某个关键字进行排序,那么可以减少工单库中的记录在营业库文件中查找与更新的时间。由于用户函中的序号是用户在号簿库中的位置,则在处理 5 之前,如将回函库中的数据按照序号排序,也可以减少在号簿库中查找与更新的时间。

参考答案:
【问题 1】
处理 1 能发现两个人录入不完全相同的工单和非法数据。

处理 2 能发现与营业库不一致的工单(如新装电话重号、移机、拆机、更改和原电话号码不存在等)。

处理 4 能发现两人录入不完全相同的用户回函和非法数据。
【问题 2】
户名 + 地址 + 电话号码 + 套红标识 + 字号。
【问题 3】
处理 5 前对回函库按序号排序。

处理 2 前对工单库按营业库的排序关键字进行排序。

例题 2(2002 年软件设计师试题)
阅读以下说明和流程图(如图 2-22 所示),回答问题 1 至问题 3。

说明:某城市电信局受理了许多用户在指定电话上开设长话业务的申请,长话包括国内长途和国际长途。电信局保存了长话用户档案和长话业务档案。

长话用户档案的记录格式为

用户编码	用户名	用户地址

长话业务档案的记录格式为

电话号码	用户编码	国内长途许可标志	国际长途许可标志

电话用户每次通话的计费数据都自动记录在电信局程控交换机的磁带上,计费数据的记录格式为

日期	电话号码	受话号码	通话开始时间	通话持续时间

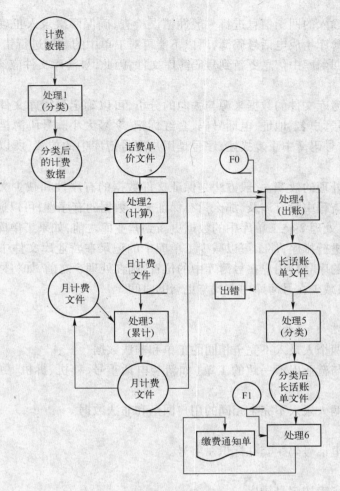

图 2-22　例题 2 流程图

该电信局为了用计算机处理长话收费以提高工作效率,开发了"长话计费管理系统"。该系统每月能为每个长话用户打印长话缴费通知单,长话缴费通知单的记录格式为

用户名	用户地址	国内长途话费	国际长途话费	话费总额

流程图描述了该系统的数据处理过程。

该系统每天对原始的计费数据进行分类排序,并确定每个通话记录的通话类型(市话/国内长途/国际长途),再根据话费单价文件,算出每个通话记录应收取的话费。因此,形成的日计费文件中,增加了两个数据项:通话类型和话费。该系统每日对日计费文件进行累计(按电话号码和通话类型对该类型的话费进行累计,得到该电话号码该通话类型的当月话费总计),形成月计费文件。

月计费文件经过长话出账处理形成长话账单文件。长话账单文件的记录格式为

月份	用户编码	电话号码	国内长途通话费	国际长途话费	话费总额

【问题1】

1）请说明流程图中的文件 F0、F1 分别是哪个文件？

2）处理 1 和处理 5 分别按照哪些数据项进行分类？

【问题2】

处理 4 能发现哪些错误（不需要考虑设备故障错误）？

【问题3】

说明处理 6 的功能。

分析："日计费文件"经过处理 3 形成月计费文件；月计费文件和 F0 文件经过处理 4 形成长话账单文件。分析长话账单文件，有月份、用户编码、电话号码、国内长途话费、国际长途话费和话费总额共 6 个数据项目。其中，月份数据项的数据来自月计费；计费数据经过处理 1 形成分类后的计费数据，然后经过处理 2 形成日计费文件。不难发现，月计费文件中的电话号码、国内长途话费、国际长途话费和话费总额均来自计费数据。用户编码的数据项目需要 F0 文件提供，本题目中出现用户编码数据项的只有长话用户档案和长话业务档案，但是使用长话业务档案中的电话号码数据项才能和月计费文件合并起来，所以，F0 文件为长话业务档案。

F1 是在处理 6 中生成长话交费通知单所要用到的长话用户档案，因为用户编码是用户在系统中的唯一标识，所以应该先将长话账单文件按照用户编码分类，再根据 F1 长话用户档案，得到用户名和用户地址，产生长话交费通知单。因此，F1 应该是长话用户档案。

计费数据包含日期、电话号码、受话号码、通话开始时间和通话持续时间。很明显，通话开始时间、通话持续时间作为分类项毫无意义。日计费文件经过处理 3 后，将会合并日期数据项目。显然，如果处理 1 按日期分类，为同一问题划分日期两次，这样的操作毫无意义。综观整个题目，这是为了向用户提交催款的流程，当然以用户为主，所以处理 1 按电话号码分类。

处理 4 实际上是处理月计费文件与长话业务档案的数据项目，我们可以得到以下 3 种不一致的情况。

1）根据月计费文件中的电话号码，在长话业务档案中找不到相应的用户编码。

2）在月计费文件中，某电话号码有国内长途通话的话费，但在长话业务档案中，国内长途许可标志却是不许可。

3）在月计费文件中，某电话号码有国际长途通话的话费，但在长话业务档案中，国际长途许可标志却是不许可。

长话账单文件和长话用户档案中的长话编号为关键字，从长话用户档案中提取用户名和用户地址与长话账单文件的国内长途话费、国际长途话费和花费总额等数据项目一起，形成缴费通知单。

参考答案：

【问题1】

1）F0 是长话业务档案；F1 是长话用户档案。

2）处理 1 按电话号码分类；处理 5 按用户编码分类。

【问题2】

1）根据月计费文件中的电话号码，在长话业务档案中找不到相应的用户编码。

2）在月计费文件中，某电话号码有国内长途通话的话费，但在长话业务档案中，国内长途许可标志却是不许可。

3）在月计费文件中，某电话号码有国际长途通话的话费，但在长话业务档案中，国际长途许可标志却是不许可。

【问题3】

对长话账单文件中的每个记录，根据用户编码查询长途电话用户档案，找到相应的用户名和用户地址，形成长话缴费通知单。

例题3（2004年软件设计师试题）

阅读下列说明和数据流图，回答问题1至问题4。

说明：

某基于微处理器的"住宅安全系统"，使用传感器（如红外探头、摄像头等）来检测各种意外情况，如非法进入、火警、火灾等。

房主可以在安装该系统时配置安全监控设备（如传感器、显示器、报警器等），也可以在系统运行时修改配置，通过录像机和电视机监控与系统连接的所有传感器，并通过控制面板上的键盘与系统进行信息交互。在安装过程中，系统给每个传感器赋予一个编号（即id）和类型，并设置房主密码以启动和关闭系统，设置传感器事件发生时应自动拨出电话号码。当系统监测到一个传感器事件时，就激活警报，拨出预置的电话号码，并报告关于位置和检测到的事件的性质等信息。

【问题1】

如图2-23所示，数据流图（住宅安全系统顶层图）中的A和B分别是什么？

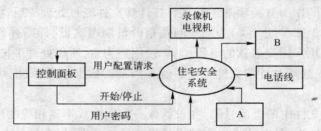

图2-23 "住宅安全系统"顶层数据流图

【问题2】

如图2-24所示，数据流图（"住宅安全系统"第0层图）中的数据存储"配置信息"会影响图中的哪些加工？

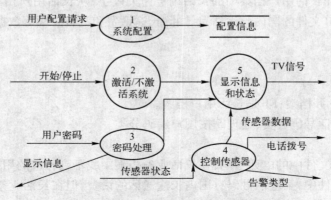

图2-24 "住宅安全系统"第0层数据流图

【问题3】

如图2-25所示，将数据流图（加工4的细化图）中的数据流补充完整，并指明加工名称、数据流的方向（输入／输出）和数据流名称。

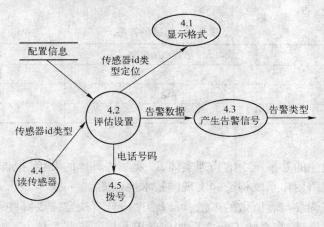

图 2-25　加工4的细化图

【问题4】

请说明逻辑数据流图（Lojical Data Flow Diagram）和物理数据流图（Physical Data Flow Diagram）之间的主要区别。

分析：子图是其父图中某一部分内部的细节图（加工图）。它们的输入/输出数据流保持一致。在上一级中有几个数据流，它的子图也一定有同样的数据流，而且它们的输送方向是一致的（也就是说，原图有3条进的数据流、2条出的，子图同样也是）。

通过分析可以知道，在第0层中，"4 监控传感器"模块有1条输入数据流——"传感器状态"和3条输出数据流——"电话拨号"、"传感器数据"和"告警类型"。但在加工4的细化图中我们只看到了输出数据流"告警类型"。所以很快我们就知道此加工图少了"传感器状态"、"电话拨号"、"传感器数据"这3条数据流。加工4的结构非常清晰，所以我们只需把这3条数据流对号入座即可："电话拨号"应是"4.5 拨号"的输出数据流；"传感器状态"应是作为"4.4 读传感器"处理的输入数据流；"传感器数据"应该是经"4.1 显示格式"处理过的数据流，所以作为"4.1 显示格式"的输出数据流。

问题1：题目中提到了"房主可以在安装该系统时配置安全监控设备（如传感器、显示器、报警器等）"，在顶层图中这3个名词都没有出现。但仔细观察可以看出，"电视机"实际上就是"显示器"，因为它接受TV信号并输出。其他的几个实体都和"传感器"、"报警器"没有关联。又因为A中输出"传感器状态"到"住宅安全系统"，所以A应填"传感器"。B接受"告警类型"，所以应填"报警器"。

问题2："4 监控传感器"用到了配置信息文件，这一点可以在加工4的细化图中看出。同时由于输出到"5 显示信息和状态"的数据流是"检验ID信息"，所以"5 显示信息和状态"也用到了配置信息文件。

参考答案：

【问题1】

A. 传感器；B. 报警器。

【问题2】

4. 监控传感器;5. 显示信息和状况。

【问题3】

问题的答案见表2-9。

表2-9 问题的答案

加工名称	数据流的方向	数据流名称
4.1 传感器数据	输出	传感器数据
4.4 读传感器	输入	传感器状态
4.5 拨号	输出	电话拨号

【问题4】

物理数据流图关注的是系统中的物理实体,以及一些具体的文档、报告和其他输入/输出硬拷贝。物理数据流图用作系统构造和实现的技术性蓝图。

逻辑数据流图强调参与者所做的事情,可以帮助设计者决定需要哪些系统资源,为了运行系统用户必须执行的活动,在系统安装之后如何保护和控制这些系统。

逻辑数据流图是物理数据流图去掉了所有的物理细节后得到的变换形式,逻辑数据流图被用做系统分析的需求分析阶段的起点。

例题4(1991年软件设计师试题)

阅读下列说明和数据流图,如图2-26 ~ 图2-29 所示,回答问题1至问题4。

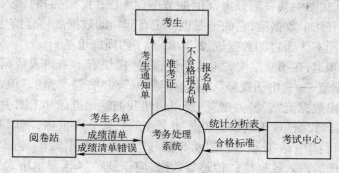

图2-26 考务处系统数据流图的顶层图1

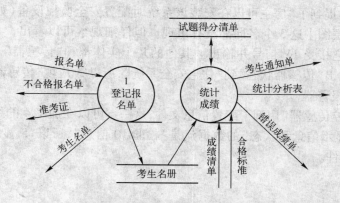

图2-27 考务处系统数据流图的顶层图2

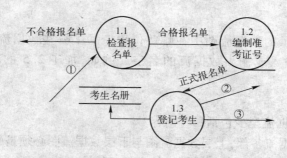

图 2-28 登记报名单的功能分解数据流图

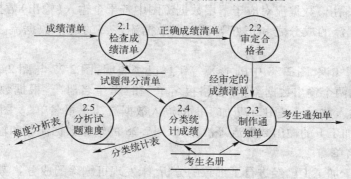

图 2-29 统计成绩的功能分解数据流图

说明:

流程图采用结构化分析方法,某"考务处理系统"的数据流图中圆圈表示加工;→表示数据流。

该系统有如下功能:

对考生送来的报名单进行检查。

对合格的报名单编准考证号后将准考证号送给考生,并将汇总后的考生名单送给阅卷站。

对阅卷站送来的成绩清单进行检查,并根据考试中心制定的合格标准审定合格者。

制作考生通知单送给考生。

进行成绩分类统计(按地区、年龄、文化程度、职业和考试级别等分类)和考试难度分析,产生统计分析表。

部分数据流的组成如下:

报名单 = 地区 + 序号 + 姓名 + 性别 + 年龄 + 文化程度 + 职业 + 考试级别 + 通信地址

正式报名单 = 报名单 + 准考证号

准考证 = 地区 + 序号 + 姓名 + 准考证号 + 考试级别

考生名单 = (准考证号 + 考试级别)(其中{W}表示 W 重复多次)

统计分析表 = 分析统计表 + 难度分析表

考生通知单 = 考试级别 + 准考证号 + 姓名 + 合格标志 + 通信地址

【问题 1】

指出图 2-28 的数据流图中①、②、③的数据流名。

【问题 2】

指出项层图 2(见图 2-27)的数据流图中有什么成分可删去。

【问题3】

指出如图 2-29 所示的数据流图中在哪些位置遗漏了哪些数据流？也就是说，要求给出漏掉了哪个加工的输入或输出数据流的名字。例如，加工 2.5 的输出数据流"难度分析表"。

【问题4】

指出考生名册的数据流至少包括哪些内容？

分析： 在分层的数据流各部，上层数据流图与下层数据流图必须是平衡的，即下层数据流图的所有输出数据流必须是上层数据流图中相应加工的输出数据流。如果上层数据流某部某加工的一个输入（输出）数据流对应于下层数据流图中若干个输入（输出）数据流，而且下层数据流图中这些数据流的成分之和正好等于上层数据流该部的这个数据流，那么它仍算是平衡的。

结合数据流图知识，图 2-28 中的 1. X 等字样已经表明，图 2-27 与图 2-28 的加工 1 相对应，考查图 2-28 的两个输出数据流"不合格报名单"和"考生名册"。根据数据平衡原则可以断定，图 2-28 的输入数据流是图 2-27 加工 1 的输入数据流，即"报名单"。图 2-28 的输出数据流应该与图 2-27 加工 1 的输出数据流等价，所以图 2-28 的输出数据流②和输出数据流③应该是准考证和考生名单。

上面对图 2-27 加工 1 已经进行了细致的分析，未发现可删除的成分。考查图 2-27 加工 2 的输入数据流和输出数据流，发现"试题得分清单"并不是系统功能所要求的，但只是在加工时使用"试题得分清单"，完全可以从加工 2.1 之后产生难度分析表和分类统计表。由此我们断定，图 2-29 的输出数据流"试题得分清单"是可以删除的。

显然，图 2-29 是与图 2-27 的加工 2 相对应的。根据数据平衡原则，考查图 2-27 加工 2 的输入数据流和输出数据流，发现图 2-29 中缺少输入数据流"合格标准"和输出数据流"错误成绩单"。仔细考查图 2-29，易知输出数据"流错误成绩单"应该从加工 2.1 流出，而输入数据流"合格标准"应该流入加工 2。

"考生名册"文件的数据源是"正式报名单"，并在加工 2.3 中产生"考生通知单"，在加工 2.4 中产生"分类统计表"。这样，"考生名册"文件数据项的来源和应用范围都已确定。结合试题说明，首先将"考生通知单"除"合格标准"外的数据项都包括进"考生名册"文件。成绩要按地区、年龄、文化程度、职业和考试级别分类统计，这些数据项都在"（考生）报名单"中，而加工 2.4 又没有使用"（考生）报名单"，显然，以上 5 个数据项也要包括进"考生名册"文件。

参考答案：

【问题1】

① 报名单

② 准考证

③ 考生名单

【问题2】

文件"试题得分清单"可删除。

【问题3】

文件 2.1 遗漏输出数据流"错误成绩清单"，加工 2.2 遗漏输入数据流"合格标准"。

【问题4】

考生名册 = 地区 + 姓名 + 年龄 + 文化程度 + 职业 + 考试级别 + 通信地址 + 准考证号

试题5(2001 年软件设计师试题)

阅读下列数码和流程图(如图 2-30 ~ 图 2-33 所示),回答问题 1 ~ 问题 3。

说明:

某考务处理系统具有以下功能:

- 输入报名单。
- 自动编制准考证号。
- 输出准考证。
- 输入成绩清单。
- 输出成绩通知单。
- 输出成绩分布表。
- 输入合格标准、输出录取通知单。
- 试题难度分析,并输出试题难度分析表。

这里给出了实现上述要求的部分不完整的数据流图,其中部分数据流图的组成如下:

报名单 = 报名号 + 姓名 + 通信地址

考生名册 = 报名号 + 准考证号 + 姓名 + 通信地址

成绩册 = 准考证号 + {课程号 + 成绩}(其中{W}表示 W 重复多次)

准考证 = 报名号 + 姓名 + 准考证号

【问题1】

指出 0 层图中可以删去的部分。

【问题2】

在加工 1 子图中将遗漏的数据流添加在答题纸上。

【问题3】

加工 2 子图分解成如图 2-33 所示的 4 个子加工及相关的文件(即数据存储)。试在此基础上将相关的 DFD 成分添加在答题纸上,以完全该加工子图。

数据流图:

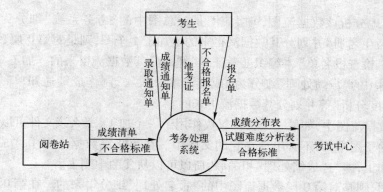

图 2-30　例题 5 顶层图

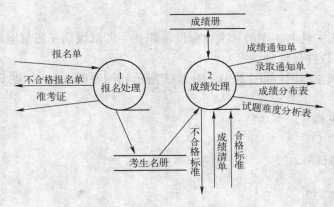

图 2-31　例题 5 第 0 层数据流图

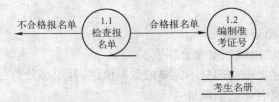

图 2-32　例题 5 加工 1 子图

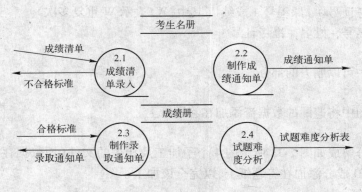

图 2-33　例题 5 加工 2 子图

分析：总体地分析该数据流图，9 层流图是对总图中的"考务系统"细分为"报名处理"、"成绩处理"、"考生名册"并划分其数据流得来的。加工 1 子图，则是对第 0 层数据流图的"报名处理"细分为"检查报名单"、"编织准考证号"并划分其数据流得来的。加工 2 子图，则是对第 0 层数据流图中的"成绩处理"细分为"成绩清单录入"、"制作成绩通知单"、"制作录取通知单"、"试题难度分析"等并划分其数据流得来的。

在第 1 层数据流图中，如果一个文件仅仅作用于一个加工，那么该文件可以作为局部文件出现在该加工的子图中，而不必出现在它的父图中。在第 0 层数据流图中，"成绩册"文件仅仅作用于一个加工，即与"成绩处理"相关联，所以可以从父图中删去。

加工 1 子图，则是对第 0 层数据流图中的"报名处理"细分得来的。在第 0 层数据流图中"报名处理"功能的输入、输出流为"报名单"、"不合格报名单"、"准考证"，以及指向"考生名册"的数据流。而分化后的加工 1 子图具有"合格报名单"、"不合格报名单"及指向"考生名册"的数据流。根据数据流图中父图和子图的数据流一个平衡的原则,一个加入遗漏的"报名单"、"准考证"这两个数据流。

根据常识,报名在编制准考证前,发准考证则在报名后,所以输入流"报名单"应该指向"检查报名单",而输出流"准考证"应该从"编制准考证号"流出。

完整的子图 1 如图 2-34 所示。

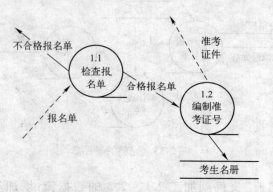

图 2-34 完整的子图 1

加工 2 子图,则是对第 0 层数据流图中的"成绩处理"细分得来的。在第 0 层数据流图中"成绩处理"功能的输入、输出流为"录取通知单"、"成绩分布表"、"成绩通知单"、"试题难度分析表"、"不合格标准"、"合格标准"和"成绩清单"。而分化后的加工 2 子图中的输入、输出流为"录取通知单"、"成绩通知单"、"试题难度分析表"、"不合格标准"、"合格标准"和"成绩清单",唯独没有"成绩分布表",所以要增加该数据流。由于子图中已有的"成绩清单录入"、"制作成绩通知单"、"制作录取通知单"和"试题难度分析" 4 个加工都不能处理"成绩分布表",所以应该增加"制作成绩分布表"这个加工,用于流出"成绩分布表"。

另外,在加工 2 子图中有"学生名册"和"成绩册"两个文件,它们与加工 2.1~2.4 都没有联系,这是不正确的,遗漏了数据流。

"制作成绩通知单"、"制作录取通知单"、"试题难度分析"和"制作成绩分布表"这 4 个加工需要"成绩册"中的各课程的成绩作为数据输入,同时"成绩册"的数据是由"成绩清单录入"这个加工得来的。

"制作成绩通知单"、"制作录取通知单"和"成绩清单录入"这 3 个加工需要"考生名册"提供详细的考生信息。由第 0 层数据流图得知,没有数据流从加工 2 子图到"考生名册",所以"考生名册"在子图中没有输入流。

完整的子图 2 如图 2-35 所示。

参考答案:

【问题 1】

"成绩文件"可删去。

【问题 2】

报名单数据作为加工 1.1 输入数据流;准考证数据作为加工 1.2 的输出数据流。

【问题 3】

增加加工 2.5,加工名称为"制作成绩分布表",它的输入流是成绩册文件,输出流是成绩

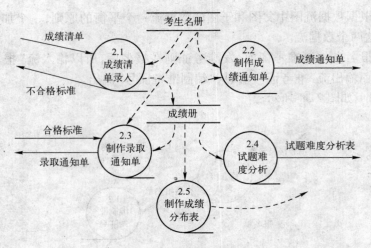

图 2-35　完整的子图 2

分布表;增加从"考生名册"文件到加工 2.1～2.3 的数据流;增加从"成绩册"文件到加工 2.2～2.4 的数据流;增加加工 2.1 到"成绩册"文件的数据流。

2.9　基于 Rational Rose 2003 的 UML 建模

2.9.1　Rational Rose 2003 简介

Rational Rose 是由美国的 Rational 公司开发的、面向对象的可视化建模工具。利用 Rose 工具,可以建立用 UML 描述的软件系统模型。它支持 UML 中的用例框图、活动框图、序列框图、协作框图、状态框图、组建框图和布局框图等,而且通过其正向和逆向转出工程代码的特性,可以支持 C＋＋、Java、Visual Basic 和 XML DTD 的代码生成和逆向转出工程代码。

2.9.2　Rose 建模环境

Rose 提供了一套十分友好的界面让用户对系统进行建模。安装完 Rose 之后,执行"开始"→"程序"→"Rational Software"→"Rational Rose Enterprise Edition"命令,则会出现如图 2-36 所示的界面,选择 Rose 新模型的应用架构(Framework)界面。开发人员可以选择 J2EE、J2SE 1.2、J2SE 1.3、jfc-11 等应用框架进行系统分析和设计。

在图 2-36 中,也可以选择"Cancel"按钮,表示现在不确定实现的应用框架,以后再确定。这里我们假定新开发的系统采用 J2SE 1.4 框架进行实现。选择 J2SE 1.4 后,单击"OK"按钮,显示如图 2-37 所示的设计界面。用鼠标右键单击浏览窗口中的"untitled"节点,在弹出的快捷菜单中选择"Save"命令,则弹出如图 2-38 所示的"Save As(文件保存)"对话框。在"文件名"文本框中输入"UML 建模实验",单击"保存"按钮,即创建一个名为"UML 建模实验.mdl"的文件。创建 Rose 模型文件后,就可以进行系统分析和设计了。

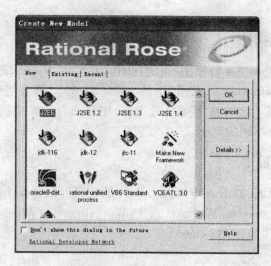

图 2-36 "新建模型"选项卡

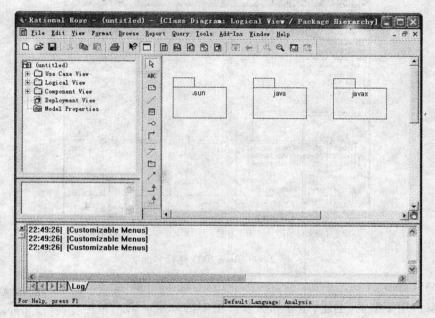

图 2-37 Rose 模型设计界面

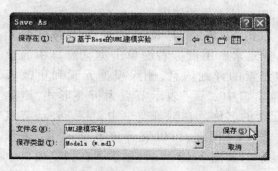

图 2-38 保存 Rose 模型图

2.9.3 Rose 模型的视图

Rational Rose 模型提供了 4 种视图：用例视图（Use Case View）、逻辑视图（Logical View）、组件视图（Component View）和部署视图（Deployment View）。每当创建一个新的 Rose 模型时（扩展名为 . mdl），Rose 将自动生成上述视图，Rose 把视图看作模型结构的第一层次。每种视图针对不同的对象，具有不同的用途。

2.9.4 Rose 建模界面

Rose 2003 的建模界面，如图 2-39 所示。Rose 的建模界面由 6 个部分组成，分别是浏览窗口（Browser）、图形窗口（Diagram Window）、文档窗口（Document Window）、日志窗口（Log Window）、菜单栏（Menu）和工具栏（Toolbar）。

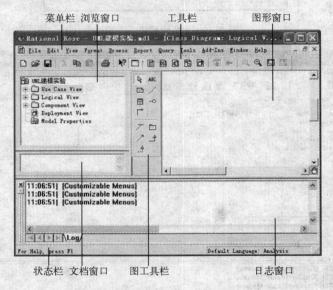

图 2-39　Rose 2003 建模界面

（1）浏览窗口

浏览窗口用于浏览、创建、删除和修改模型中的元素。浏览窗口使用树形结构把模型中的所有 UML 元素——图、角色、用例、类、包、关系等有机地组织起来，以方便人员的使用。

在浏览窗口中，可以浏览、编辑、移动每种视图中的模型元素，也可以添加新的模型元素。用鼠标右键单击浏览窗口中的模型元素，可以访问模型元素的详细信息，删除模型元素和更改模型元素的名称。在浏览窗口中，" + "表示节点为折叠形式，删除模型元素和更改模型元素的名称。在浏览窗口中，" + "表示节点为折叠形式，用鼠标单击" + "图标，可以展开该节点；" - "表示该节点已经完全被扩展开。如图 2-40 所示，显示了在浏览窗口中各种视图及其所属的模型元素。

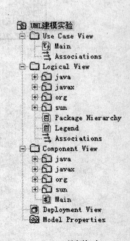

图 2-40　Rose 浏览窗口

（2）图形窗口

在图形窗口中,可以创建、浏览、修改模型中的 UML 模型图。当改变图形窗口中的 UML 建模元素时,Rose 自动更新浏览窗口。同样,当在浏览窗口中改变 UML 建模元素时,Rose 也自动更新相应的 UML 图。

（3）文档窗口

在文档窗口中,可以书写、显示、修改各个模型元素的文档注释。文档窗口的内容一般是描述模型元素的简要定义。从浏览窗口中选择不同的 UML 建模元素时,文档窗口自动显示所选 UML 建模元素的文档。

将文档加进类时,在文档窗口中输入的一切都显示为所产生程序代码的注释语句,从而不必在今后输入程序代码的注释语句。

（4）日志窗口

在日志窗口中,可以查看错误消息和报告各个命令的结果。日志窗口可以像计算机高级语言在进行编译后所提示的语法错误信息一样,提示 UML 图中的语法错误。

（5）菜单栏

菜单栏可以实现 Rose 中提供的所有功能,单击菜单并选择相应的命令就可以实现对应的功能,如图 2-41 所示。

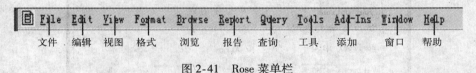

图 2-41　Rose 菜单栏

（6）标准工具栏

在 Rose 建模环境中,有两个工具栏:标准工具栏和图工具栏。标准工具栏提供了建模过程中快捷操作的功能,它的图标表示任何模型图都可以使用的公共功能命令,如图 2-42 所示。工具栏随每种 UML 图而改变。

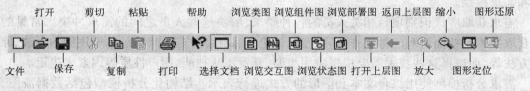

图 2-42　Rose 标准工具栏

在"Tools"菜单中选择"Option"命令,可以修改包括工具栏在内的 Rose 建模环境的信息设置情况,如图 2-43 所示。

2.10　小结

软件需求是决定软件开发的一个关键因素,包括业务需求、用户需求、功能需求和非功能需求等不同层次。

需求分析实现对软件需求的开发和管理,其中需求开发的主要任务是需求获取、需求分析、编写需求规格说明和需求验证,而需求管理则针对需求开发的结果进行变更控制、版本控

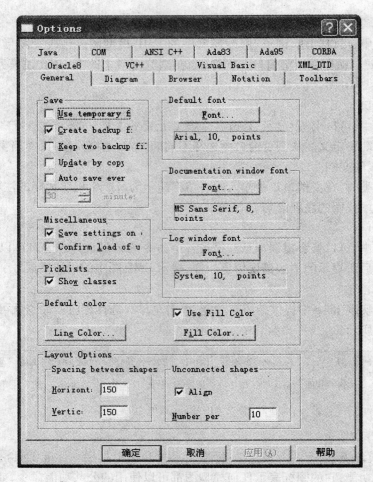

图 2-43　选项设置界面

制和需求跟踪。

　　需求获取应该识别项目相关人员的各种要求,解决这些人员之间的需求冲突。常见的需求获取技术包括面谈和问卷调查、需求专题讨论会、观察用户工作流程、基于用例的方法、原型化方法等,而选择这些技术需要根据应用类型、开发团队技能、用户性质等因素来决定。

　　需求分析模型使用综合文本和图形的方式进行表示。结构化分析模型包括数据流图、实体关系图、状态转换图。数据流图用来创建功能模型,描述了信息流和数据转换;实体关系图用来创建数据模型,描述了系统中所有重要的数据对象;状态转换图用来创建行为模型,描述状态以及导致状态改变的事件。

　　需求文档在软件开发过程中起着重要的作用,需要采用适当的方法保证其一致性。完备性和无二义性。需求评审是需求验证的一种有效手段。

2.11　习题

　　1. 在软件需求规范中,_____可以归类为过程要求。

　　A. 执行要求　　　　　　　　　　　B. 效率要求

C. 可靠性要求   D. 可移植性要求

2. 在软件需求分析和设计过程中,其分析与设计对象可归结成两个主要的对象,即数据和程序,按一般实施的原则,对二者的处理应该_____。

A. 先数据后程序   B. 与顺序无关

C. 先程序后数据   D. 可同时进行

3. 在下面的叙述中,_____不是软件需求分析的任务。

A. 问题分解   B. 可靠性与安全性要求

C. 结构化程序设计   D. 确定逻辑模型

4. 进行需求分析可使用多种工具,但_____是不适用的。

A. 数据流图(DFD)   B. 判定表

C. PAD 图   D. 数据字典

5. 在软件需求分析中,开发人员要从用户那里解决的最重要的问题是_____。

A. 要让软件做什么   B. 要给该软件提供哪些信息

C. 要求软件工作效率怎样   D. 要让软件具有何种结构

6. 软件需求分析阶段的工作,可以分为 4 个方面:对问题的识别、分析与综合、编写需求分析文档以及_____。

A. 软件的总结   B. 需求分析评审

C. 阶段性报告   D. 以上答案都不正确

7. 各种需求分析方法都有它们共同适用的_____。

A. 说明方法   B. 描述方式

C. 准则   D. 基本原则

8. 数据流图是进行软件需求分析的常用图形工具,其基本图形符号是_____。

A. 输入、输出、外部实体和加工

B. 变换、加工、数据流和存储

C. 加工、数据流、数据存储和外部实体

D. 变换、数据存储、加工和数据流

9. 判定表和判定树是数据流图中用来描述加工的工具,它常描述的对象是_____。

A. 逻辑判断   B. 层次分解

C. 操作条目   D. 组合条件

10. 试判断下列叙述中,_____是正确的。

a. 软件系统中所有的信息流都可以认为是事务流

b. 软件系统中所有的信息流都可以认为是变换流

c. 事务分析和变换分析的设计步骤是基本相似的

A. a   B. b   C. c   D. b 和 c

11. 决定大型程序模块组织的基本原则的两种交替设计策略为_____。

A. 面向用户的原型化和面向程序员的原型化

B. 物理模型与逻辑模型

C. 数据字典和数据流

D. 数据分解和算法分解

12. 在程序的描述与分析中,用以指明数据来源、数据流向和数据处理的辅助图形是_____。

    A. 瀑布模型图　　　　　　　　　　B. 数据流图

    C. 数据结构图　　　　　　　　　　D. 业务流

13. 数据流图是用于表示软件模型的一种图示方法,在下列可采用的绘制方法中,_____是常采用的。

    a. 自顶向下　　　　b. 自底向上　　　　c. 分层绘制　　　　d. 逐步求精

    A. 全是　　　　　　　　　　　　　B. a、c 和 d

    C. b、c 和 d　　　　　　　　　　D. a 和 c

14. 结构化分析(SA)方法将欲开发的软件系统分解为若干基本加工,并对加工进行说明。下述是常用的说明工具,其中便于对加工出现的组合条件的说明工具是_____。

    a. 结构化语言　　　　b. 判定树　　　　c. 判定表

    A. b 和 c　　　　　　　　　　　　B. a、b 和 c

    C. a 和 c　　　　　　　　　　　　D. a 和 b

15. 加工是对数据流图中不能再分解的基本加工的精确说明,下述_____是加工的最核心。

    A. 加工顺序　　　　　　　　　　　B. 加工逻辑

    C. 执行频率　　　　　　　　　　　D. 激发条件

16. 在结构化分析方法中,用以表达系统内数据的运动情况的工具有_____。

    A. 数据流图　　　　　　　　　　　B. 数据字典

    C. 结构化语言　　　　　　　　　　D. 判定表与判定树

17. 在结构化分析方法中,用状态—迁移图表达系统或对象的行为。在状态—迁移图中,由一个状态和一个事件所决定的下一个状态可能会有_____个。

    A. 1　　　　　　B. 2　　　　　　C. 多个　　　　　　D. 不确定

18. 在软件开发过程中常用图作为描述工具。DFD 就是面向 (1) 分析方法的描述工具。在一套分层 DFD 中,如果某一张图中有 N 个加工(Process),则这张图允许有 (2) 张子图。在一张 DFD 图中,任意两个加工之间 (3) 。在画分层 DFD 时,应注意保持 (4) 之间的平衡。DFD 中从系统的输入流到系统的输出流的一连串连续变换形成一种信息流,这种信息流可分为 (5) 两大类。

    (1) A. 数据结构　　　　　　　　　　B. 数据流

        C. 对象　　　　　　　　　　　　　D. 构件(Component)

    (2) A. 0　　　　　　B. 1　　　　　　C. 1～N　　　　　　D. 0～N

    (3) A. 有且仅有一条数据流

        B. 至少有一条数据流

        C. 可以有 0 或多条名字互不相同的数据流

        D. 可以有 0 或多条数据流,但允许其中有若干条名字相同的数据流

    (4) A. 父图与子图　　　　　　　　　　B. 同一父图的所有子图

        C. 不同父图的所有子图　　　　　　D. 同一子图的所有直接父图

    (5) A. 控制流和变换流　　　　　　　　B. 变换流和事务流

C. 事务流和事件流　　　　　　　　D. 事件流和控制流

19. 软件需求说明书是软件需求分析阶段的重要文件,下述_____是其应包含的内容。

a. 数据描述　　　b. 功能描述　　　c. 模块描述　　　d. 性能描述

A. b　　　　　　B. c 和 d　　　　C. a、b 和 c　　　D. a、b 和 d

20. 软件需求规格说明书的内容不应该包括_____。

A. 对重要功能的描述　　　　　　　B. 对算法的详细过程描述

C. 对数据的要求　　　　　　　　　D. 软件的性能

第3章 系统设计

本章要点
- 系统设计概述
- 系统设计
- 数据库设计
- 用户界面设计
- 基于 Rational Rose 2003 的 UML 建模

3.1 系统设计的目的和任务

在设计阶段,我们将集中研究系统的软件实现问题,即在分析模型的基础上形成实现环境下的设计模型。一般情况下,它通常包括系统总体设计和系统详细设计(或对象设计)两个层次。

系统设计的目标是划分子系统并使子系统之间是高内聚低耦合的,从而提高软件的可理解性和可维护性。

在软件需求分析阶段,已经搞清楚了软件"做什么"的问题,并把这些需求通过规格说明书描述了出来,这也是目标系统的逻辑模型。进入了设计阶段,要把软件"做什么"的逻辑模型变换为"怎么做"的物理模型,即着手实现软件的需求,并将设计的结果反映在"设计规格说明书"文档中。

3.2 系统总体设计

系统总体设计是问题求解及建立解答的高级策略。系统总体设计的主要任务是将系统分解成易于管理的子系统,并构造系统的策略,诸如系统运行的软硬件平台、数据管理策略等,最终得到系统的体系结构设计模型。

3.2.1 总体布局

系统的高层结构形式包括子系统的分解、固有并发性、子系统分配给硬软件、数据存储管理、资源协调、软件控制实现、人机交互接口。

(1)系统分解

系统中主要的组成部分称为子系统,子系统既不是一个对象也不是一个功能,而是类、关联、操作、事件和约束的集合。

(2)确定并发性

分析模型、现实世界及硬件中不少对象均是并发的。

(3)处理器及任务分配

各并发子系统必须分配给单个硬件单元,要么是一个一般的处理器,要么是一个具体的功能单元。

（4）数据存储管理

系统中的内部数据和外部数据的存储管理是一项重要的任务。通常各数据存储可以将数据结构、文件、数据库组合在一起,

不同数据存储要在费用、访问时间、容量及可靠性之间作出折衷考虑。

（5）全局资源的处理

必须确定全局资源,并且制定访问全局资源的策略。

（6）选择软件控制机制

分析模型中所有交互行为都表示为对象之间的事件。系统设计必须从多种方法中选择某种方法来实现软件的控制。软件系统中存在两种控制流,即外部控制流和内部控制流。

（7）人机交互接口设计

设计中的大部分工作都与稳定的状态行为有关,但必须考虑用户使用系统的交互接口。

3.2.2　设计原则

1．模块化

模块是数据说明、可执行语句等程序对象的集合,包含 4 种属性。

（1）输入/输出

一个模块的输入/输出都是指同一个调用者。

（2）逻辑功能

该属性是指模块能够做什么事,表达了模块把输入转换成输出的功能,可以是单纯的输入/输出功能。

（3）运行程序

该属性是指模块如何用程序实现其逻辑功能。

（4）内部数据

该属性是指属于模块自己的数据。

其中,输入/输出和逻辑功能属于外部属性;运行程序和内部数据属于内部属性。在结构化系统设计中,人们主要关心的是模块的外部属性,而内部属性,将在系统实施工作中完成。

理想模块（黑箱模块）的特点如下:

1）每个理想模块只解决一个问题。

2）每个理想模块的功能都应该明确,使人容易理解。

3）理想模块之间的连接关系简单,具有独立性。

4）由理想模块构成的系统,容易使人理解,易于编程,易于测试,易于修改和维护。

下面根据人类解决问题的一般规律,描述上面所提出的结论。

定义函数 $C(x)$ 为问题 x 的复杂程度,函数 $E(x)$ 为解决问题 x 需要的工作量（时间）。对于问题 P1 和问题 P2,如

$$C(P1) > C(P2)$$

则有

$$E(P1) > E(P2)$$

因为由 P1 和 P2 两个问题组合而成一个问题的复杂程度大于分别考虑每个问题时的复杂程度之和,根据人类解决一般问题的经验,有

$$C(P1 + P2) > C(P1) + C(P2)$$

综上所述,可得到下面的不等式:

$$E(P1 + P2) > E(P1) + E(P2)$$

由此可知,把复杂的问题分解成许多容易解决的小问题,原来的问题也就容易解决了,这就是模块化提出的理论根据。

如果无限地分割软件,最后为了开发软件模块所需要的工作量也就小得可以忽略了,如图 3-1 所示。事实上,当模块数目增加时,每个模块的规模将减小,开发单个模块需要的成本确实减少了。然而,设计模块间接口所需要的成本将增加。综合这两个因素,得出了最适合的总成本曲线。每个程序都相应地有一个最适当的模块数目 M,使得系统的开发成本最小。

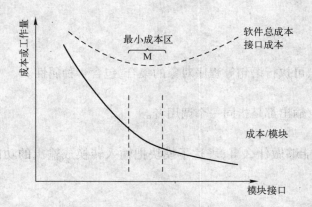

图 3-1 模块化和软件成本的关系

2. 抽象

抽象是一种思维方法,这种方法在认识事物时,忽略事物的细节,通过事物本质的共同特性来认识事物。例如,把男人、女人、老人、小孩的共同本质特性抽象出来之后,形成一个概念"人",这个概念就是抽象的结果。软件工程就是这样,在每个阶段中,抽象的层次逐步降低,在软件结构设计中的模块分层也是由抽象到具体地分析和构造出来的。

3. 信息隐蔽

信息隐蔽是指在设计和确定模块时,使得一个模块内包含的信息(过程或数据),对于不需要这些信息的其他模块来说是不能访问的,或者说是"不可见"的。在软件设计中,模块的划分也要采取措施使它实现信息隐蔽。

局部化的概念和信息隐蔽概念是密切相关的。所谓局部化是指把一些关系密切的软件元素物理地放得彼此靠近,在模块中使用局部数据元素是局部化的一个例子。

4. 模块独立性

模块独立性是软件系统中每个模块只涉及软件要求的具体子功能,而和软件系统中其他的模块接口是简单的。例如,如果一个模块只具有单一的功能,并且与其他的模块没有太多的

联系,则称此模块具有模块独立性。

模块独立的概念是模块化、抽象、信息隐蔽和局部化概念的直接结果。

模块的独立程度可由两个定性标准度量,这两个标准分别称为耦合和内聚。耦合衡量不同模块彼此间互相依赖(连接)的紧密程度;内聚衡量一个模块内部各个元素彼此结合的紧密程度。

5．模块的耦合

耦合是对一个软件结构内各个模块之间互连程度的度量。耦合强弱取决于模块间接口的复杂程度、调用模块的方式以及通过接口的信息。

在软件设计中应该尽可能采用松散耦合的系统。在这样的系统中可以研究、测试或维护任何一个模块,而不需要对系统的其他模块有很多了解和影响。此外,由于模块间联系简单,发生在一处的错误传播到整个系统的可能性就很小。因此,模块间的耦合程度强烈影响系统的可理解性、可测试性、可靠性和可维护性。

具体区分模块间耦合程度强弱的标准如下:

（1）非直接耦合

如果两个模块中的每一个都能独立地工作,而不需要另一个模块的存在,那么它们彼此完全独立,这表明模块间无任何连接,耦合程度最低。但是,在一个软件系统中不可能所有模块之间都没有任何连接,它们之间的联系完全通过对模块的控制和调用来实现。

（2）数据耦合

如果两个模块彼此间通过参数交换信息,而且交换的信息仅仅是数据,那么这种耦合称为数据耦合。数据耦合是低耦合,系统中必须存在这种耦合,因为只有当某些模块的输出数据作为另一些模块的输入数据时,系统才能完成有价值的功能。一般说来,一个系统内可以只包含数据耦合。

（3）控制耦合

如果传递的信息中有控制信息,则这种耦合称为控制耦合,如图3-2所示。控制信息可以看作是一个开关量,它传递了一个控制信息或状态的标志。控制信息不同于数据信息,数据信息一般通过处理过程处理数据,而控制信息则是控制处理过程中的某些参数。

控制耦合是中等程度的耦合,它增加了系统的复杂程度。控制耦合往往是多余的,在把模块适当分解之后,通常可以用数据耦合代替它。

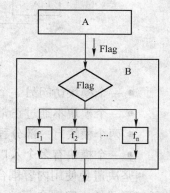

图3-2　控制耦合

（4）公共环境耦合

当两个或多个模块通过一个公共数据环境相互作用时,它们之间的耦合称为公共环境耦合。公共环境可以是全程变量、共享的通信区、内存的公共覆盖区、任何存储介质上的文件、物理设备等。

公共环境耦合的复杂程度随耦合的模块个数而变化,当耦合的模块个数增加时,复杂程度显著增加。如果只有两个模块有公共环境,那么这种耦合有下述两种可能,如图3-3所示。

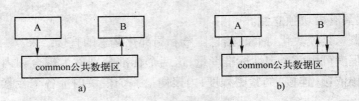

图 3-3 公共环境耦合

a）松散的公共耦合 b）紧密的公共耦合

- 一个模块往公共环境送数据，另一个模块从公共环境取数据。这是数据耦合的一种比较松散的耦合形式。
- 两个模块都既往公共环境送数据又从里面取数据，这种耦合比较紧密，介于数据耦合和控制耦合之间。

如果两个模块共享的数据很多，都通过参数传递可能很不方便，这时可以利用公共环境耦合。

公共环境耦合是一种不良的连接关系，它给模块的维护和修改带来困难。例如，公共数据要作修改，很难判定有多少模块应用了该公共数据，故在模块设计时，一般不允许有公共连接关系的模块存在。

（5）内容耦合

如果一个模块和另一个模块的内部属性（即运行程序和内部数据）有关，则称为内部耦合。

如果出现下列情况之一（见图3-4），两个模块间就发生了内容耦合。

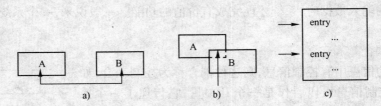

图 3-4 内容耦合

- 一个模块访问另一个模块的内部数据。
- 一个模块不通过正常入口而转到另一个模块的内部。
- 两个模块有一部分程序代码重叠（只可能出现在汇编程序中）。
- 一个模块有多个入口（这表明一个模块有几种功能）。

坚决避免使用内容耦合。事实上许多高级程序设计语言已经设计成不允许在程序中出现任何形式的内容耦合。

（6）标记耦合

如果一组模块通过参数表传递记录信息，也就是说，这组模块共享了这个记录，这就是标记耦合。在设计中应尽量避免这种耦合。

（7）外部耦合

一组模块都访问同一全局简单变量而不是同一全局数据结构，而且不是通过参数表传递该变量的信息，则称为外部耦合。

总之,耦合是影响软件复杂程度的一个重要因素。应该采取的原则是:尽量使用数据耦合,少用控制耦合,限制公共环境耦合的范围,完全不用内容耦合。7 种耦合类型的关系,如图 3-5 所示。

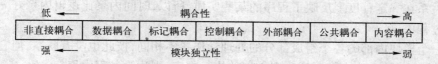

图 3-5　7 种耦合类型的关系

6. 模块的内聚

模块的内聚是标志一个模块内各个元素彼此结合的紧凑程度,其处理动作的组合强度,它是信息隐蔽和局部化概念的自然扩展。

设计时应该力求做到高内聚,通常中等程度也是可以采用的,而且效果和高内聚相差不多,但是低内聚不要使用。

内聚和耦合是密切相关的,模块内的高内聚往往意味着模块间的松耦合。内聚和耦合都是进行模块化设计的有力工具,但是实践表明内聚更重要,应该把更多注意力集中到提高模块的内聚程度上。

（1）偶然内聚

如果一个模块完成一组任务,各个任务之间没有实质性联系,即使这些任务彼此间有关系,其关系也是很松散的,就叫做偶然内聚,如图 3-6 所示。有时在写完一个程序之后,发现一组语句在两处或多处出现,于是把这些语句作为一个模块以节省内存,这样出现了偶然内聚的模块。

在偶然内聚的模块中各种元素之间没有实质性联系,很可能在一种应用场合需要修改这个模块,在另一种应用场合又不允许这种修改,从而陷入困境。事实上,偶然内聚的模块出现修改错误的概率比其他类型的模块高得多。

（2）逻辑内聚

一个逻辑内聚模块往往包括若干个逻辑相似的处理动作,使用时可以选用其中的一个或几个功能,如图 3-7 所示。例如,把编辑各种输入数据的功能放在一个模块中。

在逻辑内聚的模块中,不同功能的部分混在一起,合用部分程序代码,即使局部功能的修改有时也会影响全局。因此,这类模块的修改也比较困难。

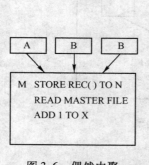

图 3-6　偶然内聚

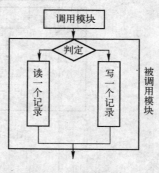

图 3-7　逻辑内聚

（3）时间内聚

如果一个模块内的各组成部分的处理动作和时间相关,则称为时间内聚。时间内聚模块的处理动作必须在特定的时间内完成。例如,程序设计中的初始化模块。

时间关系在一定程度上反映了程序的某些实质,所以,时间内聚比逻辑内聚好一些。

（4）过程内聚

如果一个模块内部的各个组成部分的处理动作各不相同,彼此也没有联系,但它们都受同一个控制流支配,并由这个控制流决定它们的执行次序,则称为过程内聚。

使用程序流程图作为工具设计软件时,常常通过研究流程图确定模块的划分,这样得到的往往是过程内聚的模块。如图3-8所示,通过循环体,计算两种累积数。

（5）通信内聚

如果模块中所有元素都使用同一个输入数据和(或)产生同一个输出数据,则称为通信内聚。图3-9所示的是通信内聚模块的示意图。例如要完成两个工作,这两个处理动作都使用相同的输入数据。

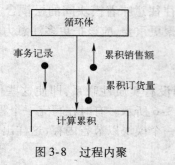

图 3-8　过程内聚

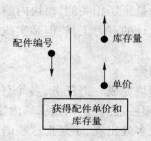

图 3-9　通信内聚模块

① 按"配件编号"查询数据存储,获得"单价"。

② 按"配件编号"查询数据存储,获得"库存量"。

（6）信息内聚

信息内聚模块具有多种功能,能完成多种任务。各个功能都在同一数据结构上操作,每一项功能只有一个唯一的入口点。例如,图3-10有4个功能,即这个模块将根据不同的要求,确定该执行哪一功能。但这个模块都基于同一数据结构,即符号表。

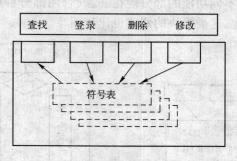

图 3-10　信息内聚

（7）功能内聚

如果一个模块内部的各组成部分的处理动作全都为执行同一个功能而存在,并且只执行一个功能,则称为功能内聚。功能内聚是最高程度的内聚。判断一个模块是不是功能内聚,只要看这个模块是"做什么",是完成一个具体的任务,还是完成多任务。

内聚的 7 种类型,如图 3-11 所示。

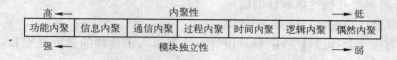

图 3-11　内聚的 7 种类型

事实上,没有必要精确确定内聚的级别。重要的是,设计时力争做到高内聚,并且能够辨认出低内聚的模块,努力通过修改设计提高模块的内聚程度,同时降低模块间的耦合程度,从而获得较高的模块独立性。

7. 软件复用

对于建立软件系统而言,所谓复用就是利用某些已开发的、对建立新系统有用的软件元素来生成新的软件系统。我们将具有一定集成度并可以重复使用的软件组成单元称为软构件。软件复用是直接使用已有的软构件通过组装或合理地修改生成新的系统。图 3-12 显示了利用软构件进行应用软件开发的过程。

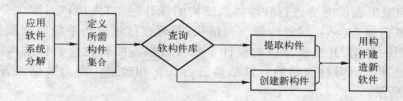

图 3-12　利用软构件进行应用软件开发过程

除此之外,设计模式也是一种复用,它通过为对象协作提供思想和范例来强调方法的复用,这些思想和范例是目前所知且被公认的一些最佳开发实践。

3.2.3　总体设计的启发规则

总体设计既是过程又是模型。设计过程是一系列迭代的步骤,它们使设计者能够描述要构造的软件系统的特征。总体设计与其他所有设计活动一样,是受创造性的技能、以往的设计经验和良好的设计灵感,以及对质量的深刻理解等一系列关键因素影响的。

总体设计模型和建筑师的房屋设计类似,它首先表示出要构造的事务整体。例如,先设计房屋的整体结构,然后再细化局部,提供构造每个细节的指南。同样,软件设计模型提供了软件元素的组织框架图。Davis 曾经提出了一系列软件设计的原则,这些设计原则可以作为软件设计人员设计软件的一个基本准则。

1）多样化设计。

2）设计对于分析模型应该是可跟踪的。

3）设计不应该从头做起。

4）软件设计应该尽可能缩短软件和现实世界的距离。

5）设计应该表现出一致性和规范性。

6）设计的易修改性。

7）容错性设计。

8）设计的粒度要适当。

9）在设计时就要开始评估软件的质量。

10）要复审设计,减少设计引入的错误。

目前已经有许多总体设计方法,每种设计方法都引入了独特的启发规则和符号体系。然而,这些方法具有一些共同的特征:

- 具有将分析模型转变为设计模型的机制。
- 具有描述软件功能性构件和接口的符号体系。
- 设计优化和结构求精的启发规则。
- 质量评价的指南。

不管使用什么设计方法,软件设计师都应该在数据、体系结构、接口和过程设计方面遵循上述的基本原则。另外,软件设计师要了解有哪些因素影响设计活动,并且在设计时尽量排除不良因素的影响。

3.2.4 面向数据流的设计方法

运用面向数据流的方法进行软件体系结构的设计时,首先应该对需求分析阶段得到的数据流图进行复查,必要时进行修改和精化;接着在仔细分析系统数据流图的基础上,确定数据流图的类型,并按照相应的设计步骤将数据流图转化为软件结构;最后还要根据体系结构设计的原则对得到的软件结构进行优化和改进。面向数据流方法的设计过程如图 3-13 所示。

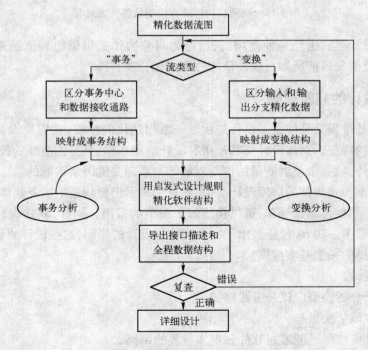

图 3-13 面向数据流方法的设计过程

1. 变换流

如图 3-14 所示,信息沿输入通路进入系统,同时由外部形式变换成内部形式,进入系统的信息通过变换中心,经过加工处理以后再沿输出通路变换成外部形式离开软件系统。当数据流具有这些特征时,这种信息流被称为变换流。

2. 事物流

数据沿输入通路到达一个处理 T,这个处理根据输入数据的类型在若干个动作序列中选出一个来执行。这种"以事务为中心的"的数据流,成为"事务流",如图 3-15 所示。

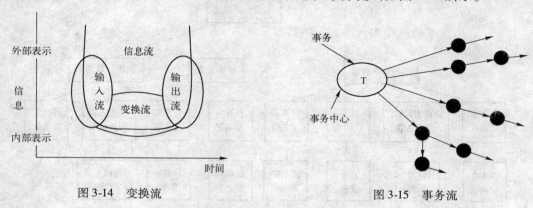

图 3-14　变换流　　　　　　　　　　　　　图 3-15　事务流

3. 变换分析

对于变换型的数据流图,应按照变换分析的方法建立系统的结构图。

(1)划分边界,区分系统的输入、变换中心和输出部分

变换中心在图中往往是多股数据流汇集的地方,经验丰富的设计人员通常可根据其特征直接确定系统的变换中心。另外,下述方法可帮助设计人员确定系统的输入和输出:从数据流图的物理输入端出发,沿着数据流方向逐步向系统内部移动,直至遇到不能被看作是系统输入的数据流为止,则此数据流之前的部分就是系统的输入;同理,由数据流图的物理输出端出发,逆着数据流方向逐步向系统内部移动,直至遇到不能被看作是系统输出的数据流为止,则该数据流之后的部分即为系统的输出。在输入和输出之间的部分就是系统的变换中心。

(2)完成第一级分解,设计系统的上层模块

变换型数据流图对应的软件结构的第一层一般由输入、变换和输出 3 种模块组成。系统中的每个逻辑输入对应一个输入模块,完成为主模块提供数据的功能;相应的每一个逻辑输出对应一个输出模块,完成为主模块输出数据的功能;变换中心对应一个变换模块,完成将系统的逻辑输入转换为逻辑输出的功能。例如,工资计算系统的一级分解结果如图 3-16 所示。

图 3-16　工资计算系统的一级分解

（3）完成第二级分解，设计输入、变换中心和输出部分的中、下层模块

通常，一个输入模块应包括用于接收数据和转换数据（将接收的数据转换成下级模块所需的形式）的两个下属模块；一个输出模块应包括用于转换数据（将上级模块的处理结果转换成输出所需的形式）和输出数据的两个下属模块。变换模块的分解没有固定的方法，一般根据变换中心的组成情况及模块分解的原则来确定下属模块。完成二级分解后，上述的工资计算系统的软件结构如图 3-17 所示，图中省略了模块调用传递的信息。

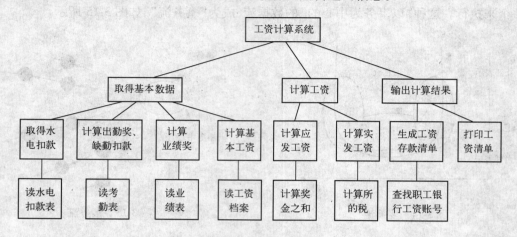

图 3-17　完成二级分解后的工资计算系统软件结构

4. 事务分析

事务分析设计方法也是从分析数据流图出发，通过自顶向下的逐步分解来建立系统软件结构。下面以图 3-18 所示的事务型数据流图为例，介绍事务分析设计方法生成软件结构的具体步骤。

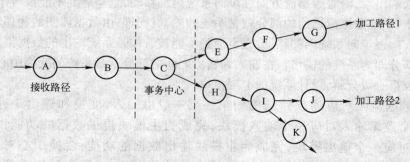

图 3-18　进行了边界划分的事务型数据流图

（1）划分边界，明确数据流图中的接收路径、事务中心和加工路径

事务中心在数据流图中位于多条加工路径的起点，经过事务中心的数据流被分解为多个发散的数据流，根据这个特征很容易在图中找到系统的事务中心。向事务中心提供数据的路径是系统的接收路径，而从事务中心引出的所有路径都是系统的加工路径，如图 3-18 所示对数据流图的划分。每条加工路径都具有自己的结构特征，可能为变换型，也可能为事务型。如图 3-18 所示，加工路径 1 为变换型，加工路径 2 为事务型。

（2）建立事务型结构的上层模块

事务型数据流图对应的软件结构的顶层只有一个由事务中心映射得到的总控模块：总控模块有两个下级模块，分别是由接收路径映射得到的接收模块和由全部加工路径映射得到的调度模块。接收模块负责接收系统处理所需的数据，调度模块负责控制下层的所有加工模块。两个模块共同构成了事务型软件结构的第一层。在图 3-18 中，事务型数据流图映射得到的上层软件结构，如图 3-19 所示。

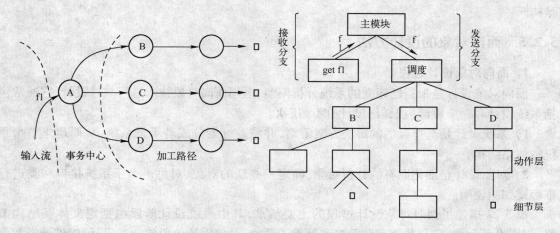

图 3-19　事务分析设计举例

（3）分解、细化接收路径和加工路径，得到事务型结构的下层模块

出于接收路径通常都具有变换型的特性，因此，对事务型结构接收模块的分解方法与对变换型结构输入模块的分解方法相同。对加工路径的分解应按照每一条路径本身的结构特征，分别采用变换分析或事务分析方法进行分解。图 3-20 为事务型系统的上层软件结构经过分解后得到的完整的事务型软件结构，如图 3-21 所示。

图 3-20　事务型系统的上层软件结构

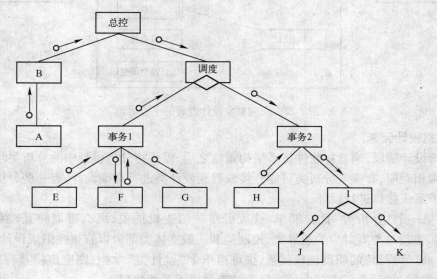

图 3-21　完整的事务型软件结构

77

5．软件模块结构的改进

为了使最终生成的软件系统具有良好的风格及较高的效率,应在软件的早期设计阶段尽量地对软件结构进行优化。因此,在建立软件结构后,软件设计人员需要按照体系结构设计的基本原则对其进行必要的改进和调整。软件结构的优化应该在保证模块划分合理的前提下,力求减少模块的数量、提高模块的内聚性及降低模块的耦合性,设计出具有良好特性的软件结构。

3.2.5　面向对象的设计方法

1．面向对象设计过程

面向对象设计是根据已建立的系统分析模型,运用面向对象技术进行软件设计,它通常包括系统设计和对象设计(或详细设计)两个层次。

1)系统设计是选择合适的解决方案策略,并将系统划分成若干子系统,从而建立整个系统的体系结构。

2)对象设计是细化原有的分析对象,确定一些新的对象、对每一个子系统接口和类进行准确详细地说明。

图3-22 描述了面向对象设计过程的主要活动,其中系统设计阶段包括定义体系结构策略、识别设计元素、定义数据存储策略和部署子系统;对象设计阶段包括类设计、组件选择和设计模型调整。设计过程结束后,形成设计规格说明书。

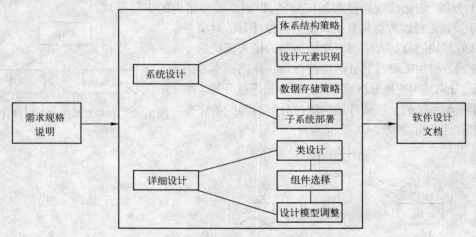

图3-22　面向对象设计过程的主要活动

2．识别设计元素

在系统设计阶段,当选择软件体系结构策略之后,需要将分析模型中的分析类与设计模型的设计元素相对应,有一些分析类可能直接映射到设计类进行详细设计,有一些分析类可能映射成一个子系统接口进行设计。

1)如果一个"分析类"比较简单,代表着单一的逻辑抽象,那么可以将其映射为"设计类"。通常,主动参与者对应的边界类、控制类和一般实体类都可以直接映射成设计类。

2)如果"分析类"的职责比较复杂,很难由单个"设计类"承担,则应该将其映射成"子系统接口"。通常,被动参与者对应的边界类被映射成子系统接口。

3）子系统的划分应该符合高内聚低耦合的原则。

在图书馆管理系统中,分析类 MailSystem 应该映射成一个子系统接口 IMailSystem,实现该系统与邮件系统的连接,其他分析类直接映射成设计类。

表 3-1 图书馆管理系统的设计类及设计元素

类 型	分 析 类	设 计 元 素
⊸◯	LoginForm	"设计类" LoginForm
	BrowseForm	"设计类" BrowseForm
	……	……
	MailSystem	"子系统接口" IMailSystem
◐◦	BrowseControl	"设计类" BrowseControl
	MakeReservationControl	"设计类" MakeReservationControl
	……	……
◯	BorrowerInfo	"设计类" BorrowerInfo
	Loan	"设计类" Loan
	……	……

3．数据存储策略

目前,常用的数据存储管理有 3 种方式。

1）数据文件:数据文件是由操作系统提供的存储形式,应用系统将数据按字节顺序存储,并定义如何以及何时检索数据。显然,文件形式给应用系统带来更多的灵活性,但是应用系统需要自己处理并发访问和数据恢复等问题。

2）关系数据库:在关系数据库中,数据是以表的形式存储在预先定义好的称为 Schema 的类型中。表的每一列表示一个属性,每一行将一个数据项表示成一个属性值的元组。关系数据库是一种成熟的技术,使用费用较高而且会产生性能上的瓶颈。

3）面向对象数据库:与关系数据库不同的是,面向对象数据库将对象和关系作为数据一起存储。它提供了继承和抽象数据类型,但其查询要比关系数据库慢。

4．部署子系统

UML 部署图反映了系统中软件和硬件的物理架构,表示系统运行时的处理节点以及节点中组件的配置。图 3-23 显示了图书馆管理系统的部署,其中用户在 PC 上通过 Web 浏览器访问某个应用服务器,应用服务器依次访问数据库服务器。

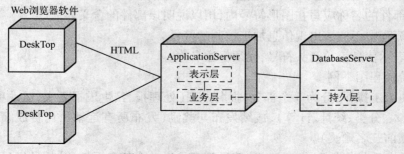

图 3-23 面向对象设计的部署

3.2.6 总体设计的工具

1. 系统流程图

（1）系统流程图的符号

系统流程图的图形元素比较简单，也较容易理解。一个图形符号代表一种物理部件，这些部件可以是程序、文件、数据库、表格、人工过程等。

系统流程图有下列几种（见表 3-2）。

表 3-2　系统流程图基本符号

符　号	名　称	说　明
▭	处理	加工、部件程序、处理机等
⏢	人工操作	人工完成的处理
▱	输入/输出	信息的输入/输出
⬠	文档	单个的文档
⬠	多文档	多个文档
◯	连接	一页内的连接
▭	辅助操作	使用设备进行的脱机操作
⬡	人工输入	人工输入数据的脱机处理，填写表格
▽	换页连接	不同页的连接
⬭	磁盘	磁盘存储器
⬡	显示	显示设备
←	信息流	信息的流向
⟋	通信链路	远程通信线路传送数据

在系统流程图的绘制过程中，要注意以下几个方面：

① 物理部件的名称应写在图形符号内，用以说明该部件的含义。

② 系统流程中不应该出现信息加工控制的符号。

③ 用以表示信息流的箭头符号，无须标注名称。

（2）系统流程图举例

该系统由人工操作，分为 3 个部分：报名处理（处理报名、生成报名表、运动项目册）、成绩处理（成绩录入、分类、统计、计算）、成绩发布与奖励（发布所有运动员比赛成绩、给破纪录运动员以及成绩前三名颁奖）。

根据运动会委员会的要求，建立计算机管理的运动会信息系统，分析员经过仔细研究，推荐了一个新的系统方案,该系统方案如图 3-24 所示。在系统流程图的每一个部件上标注了名称,部件之间用箭头线表示出信息流动的方向。

（3）分层

面对复杂的系统,一个比较好的方法是分层次地描绘这个系统。首先用一张高层次的系统流程图描绘系统总体概括,表明系统的关键功能。然后分别把每个关键功能扩展到适当的详细程度,画在单独的一页纸上。这种分层次的描绘方法便于阅读者按从抽象到具体的过程逐步深入地了解一个复杂的系统。

2. HIPO 图

HIPO（Hierarchy Plus Input/Processing/Output）图是美国 IBM 公司在 20 世纪 70 年代发展起来的表示软件系统结构的工具。它既可以描述软件总的模块层次结构——H 图（层次图）,又可以描述每个模块输入/输出数据、处理功能及模块调用的详细情况——IPO 图。HIPO 图是以模块分解的层次性以及模块内部输入、处理、输出三大基本部分为基础建立的。

它是表示软件系统结构的工具。HIPO 图是以模块分解的层次性以及模块内部输入、处理、输出三大基本部分为基础建立的。

（1）HIPO 图的 H 图

H 图用于描述软件的层次结构,矩形框表示一个模块,矩形框之间的直线表示模块之间的调用关系,同结构图一样未指明调用顺序。图 3-25 为销售管理系统的层次图。

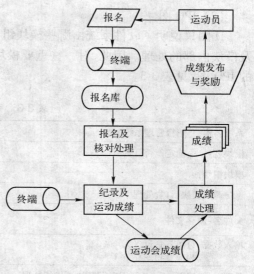

图 3-24　运动会系统流程图

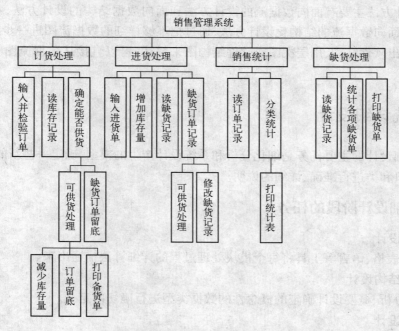

图 3-25　销售管理系统的 HIPO 图

（2）IPO 图

H 图只说明了软件系统由哪些模块组成及其控制层次结构,并未说明模块间的信息传递及模块内部的处理。因此,对一些重要模块还必须根据数据流图、数据字典及 H 图绘制具体的 IPO 图,见表3-3。

表3-3　系统流程图基本符号

系统名称：　销售管理系统	设计人：
模块名：　　确定能否订货	日期：
模块编号：	
上层调用模块:订货处理	
文件名:库存文件	下层被调用模块:可供货处理 　　　　　　　　缺货订单留底
输入数据:订单订货量 X 　　　　相应货物库存量 Y	输入数据：
处理：　　IF Y－X＞0 THEN（调用"可供货处理"） 　　　　ELSE（调用"缺货订单留底"） 　　　　ENDIF	
注释：	

3.2.7　模块结构设计

设计软件模块的结构就是要把软件模块组成良好的层次系统,描述各模块之间的关系。顶层模块调用它的下层模块以实现程序的完整功能,每个下层模块再调用更下层的模块,最下层的模块完成最具体的功能。

软件设计方法主要有面向数据流的设计方法和面向数据结构的设计方法,在总体设计阶段,主要采用面向数据流的结构化设计方法,通过把不够详细的数据流图进一步细化至适当层次,从而映射出软件结构,用层次图或软件结构图来描述,可以直接从数据流图中映射出软件结构。

3.3　系统详细设计

系统详细设计的主要任务是细化分析和系统设计产生的模型,确定一些新的对象、对每一个子系统接口和类进行准确、详细的说明。

3.3.1　详细设计阶段的任务

1. 算法设计
用图形、表格、语言等工具将每个模块处理过程的详细算法描述出来。

2. 数据结构设计
对需求分析、概要设计确定的概念性的数据类型进行确切的定义。

3. 物理设计
对数据库进行物理设计,即确定数据库的物理结构。

4. 其他设计

根据软件系统的类型，还可能要进行如下设计：

1）代码设计：为了提高数据的输入、分类、存储及检索等操作的效率，以及节约内存空间，对数据库中的某些数据项的值要进行代码设计。

2）输入/输出格式设计。

3）人机对话设计：对于一个实时系统，由于用户与计算机频繁对话，因此，要进行对话方式、内容及格式的具体设计。

5. 编写详细设计说明书

详细设计说明书有下列的主要内容：

1）引言：包括编写目的、背景、定义、参考资料。

2）程序系统的组织结构。

3）程序1（标识符）设计说明：包括功能、性能、输入、输出、算法、流程逻辑、接口。

4）程序2（标识符）设计说明。

5）程序 N（标识符）设计说明。

6. 评审

对处理过程的算法和数据库的物理结构都要进行评审。

3.3.2 详细设计的原则

为了确保能够得到高质量的软件系统，在面向对象程序的详细设计阶段必须遵循一些基本原则。

1. 可复用性

面向对象系统方法的一个主要目标就是要提高系统的可复用性。系统的可复用性有多个层次，在面向对象程序的详细设计阶段主要考虑编码时的代码复用问题。代码复用通常有两种形式：一种是本项目内代码的复用；另一种是新项目复用老项目中的代码。前者称为内部复用，后者称为外部复用。内部复用主要是应找出设计中的相同或相似的部分，然后应用继承机制复用这些相同或相似的部分。外部复用则更为复杂，需要有长远的目光，反复考虑、精心设计。

2. 可扩展性

可扩展性是软件质量的一个重要指标。面向对象技术的继承机制和多态性机制使得程序代码具有很好的可扩展性。在面向对象程序设计中，通常依据下面几个准则来增强代码的可扩展性。

（1）封装数据

通常类的内部数据对其他类是隐藏的，应该把这些数据封装起来。其他类只能通过读类的方法才能访问这些数据。

（2）封装方法内部的数据结构

方法内部的数据结构通常是为实现方法的算法而设计的。因此，不应该从方法外部获取这些数据结构，否则就失去了改变算法的灵活性。

（3）避免情况分支语句

情况分支语句可以用来测试对象内部的属性，但不能用来根据对象类型选择相应的行为。

因为如果这样做,在增加新类时将不得不修改原有的代码。因此,考虑到合理地利用多态性机制,应当根据对象当前的类型,自动决定应有的行为。

(4)区分公有方法和私有方法

公有方法是对象的对外接口,其他对象只能使用公有方法访问该对象。公有方法通常不应该修改和删除,否则会导致整个系统的全面修改。私有方法是对象内部的方法,通常用来辅助实现公有方法,对外是不可见的。区分公有方法和私有方法可以避免程序员卷入不必要的内部细节当中。

3.健壮性

健壮性是指程序在执行的过程中遇到错误的输入或错误的对象状态时,仍能保持方法不会出错的能力。过于考虑健壮性必然会影响执行效率,因此,需要对两者进行权衡。下面给出一些有关健壮性的设计准则。

(1)防止输入错误

程序编码时应该考虑用户输入可能出现的错误情况,在用户输入出错时不应该中断方法的执行。如果出现了非常致命的错误,也应该以对话框或其他友好的形式予以提示。

(2)把握优化代码的时机

有些程序员往往花费了大量的时间来提高某些代码的效率。但是,大量的性能测试表明,这种努力对效率提高并不明显。因此,程序员在编码时应该仔细研究,找出那些关键的并且是执行频率高的部分,然后再进行优化。

(3)选择适当的实现方法

如果有多种方法实现同一个算法,自然应该在内存消耗、执行速度、实现的难易程度等几个方面进行折衷考虑。

(4)检查参数的合法性

对于公有方法的参数,必须严格检查对参数的约束,因为外部用户可能不会遵守参数的合法性条件。但是,对于私有的内部方法,常常假定参数是合法的,这样可以提高执行效率。

4.协作性

随着系统的规模越来越大,程序设计也越来越复杂,因此,通常需要多个程序员协同工作以完成程序的编码。协同工作时候,首要考虑的是人和人之间的交流和通信。面向对象技术使这种通信尽可能地少,但是适当的交流还是不可缺少的。有关协作方面的考虑主要应该遵循以下准则:

- 在程序设计开始之前进行周密的考虑。
- 尽量使得代码容易理解。
- 在对象模型中使用相同的名称。
- 把类打包成模块。
- 对类进行详细的文档化。
- 公开公有的设计说明书。

3.3.3 详细设计工具

详细设计阶段的工具可分为图形、表格和语言3类,具体包括程序流程图、盒图、PAD、判定表、判定树、PDL等。

1.程序流程图

程序流程图又称为程序框图,是历史最悠久、使用最广泛的一种描述程序逻辑结构的工具。程序流程图常用符号及基本控制结构来描述,如图 3-26 和图 3-27 所示。可以看到,在程序流程图中有一些符号与系统流程图是相同或类似的。

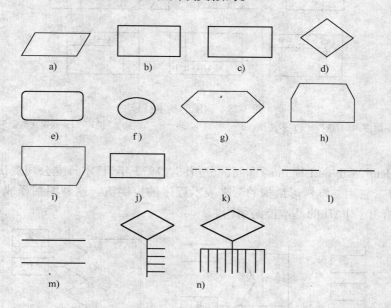

图 3-26　程序流程图的常用符号

a) 数据　b) 处理　c) 特殊处　d) 判断　e) 端点　f) 连续符　g) 准备　h) 循环
i) 循环下界　j) 注解符　k) 虚线　l) 省略　m) 并行方　n) 多分支

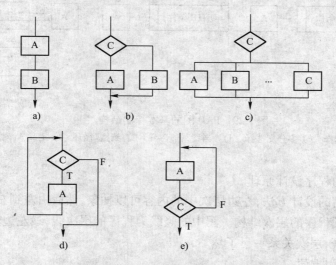

图 3-27　程序流程图的基本控制结构

a) 顺序　b) 选择　c) 多分支选择　d) "当型"循环　e) "直到型"循环
注:A 或 B 为①非转移语句(可以是空)　②3 种基本结构之一 C 为判定条件

2. 盒图(Nassi – Shneiderman 图)

盒图也称为 N – S 图,是由 Nassi 和 Shneiderman 按照结构化的程序设计要求提出的一种图形算法描述工具。盒图的基本符号如图 3-28 所示。

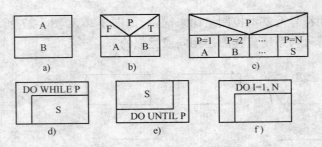

图 3-28　盒图的基本符号

a) 顺序　b) 选择　c) 多选择　d) "当型"循环　e) "直到型"循环　f) 固定次数循环

3. PAD

PAD(Problem Analysis Diagram) 即问题分析图。1973 年,日本日立公司提出以来,已得到一定程度的推广,它用二维树形结构的图来表示程序的控制流。这种图翻译成程序代码比较容易,图 3-29 给出了 PAD 的基本控制结构。

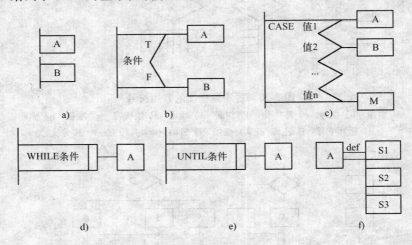

图 3-29　PAD 图的基本控制结构

a) 顺序　b) 选择　c) 多分支选择　d) "当型"循环　e) "直到型"循环　f) 定义 A(对 A 细化)

PAD 的优点如下:

1) 支持结构化的程序设计原理。

2) 支持逐步求精的设计方法,左边层次中的内容可以抽象,然后由左到右逐步细化。

3) 清晰地反映了程序的层次结构。图中的竖线为程序的层次线,最左边竖线是程序的主线,其后一层一层展开,层次关系一目了然。

4) 易读易写,使用方便。

5) 可自动生成程序。PAD 有对照 Fortran、Pascal、C 等高级语言的标准图式。

4. 判定表

当模块中包含复杂的条件组合,并要根据这些条件选择动作时,流程图、盒图都有一定的缺陷,只有判定表能清晰地表示出复杂的条件组合与各种动作之间的对应关系。

一张判定表由 4 个部分组成。左上部列出所有条件,左下部是所有可能做的动作,右上部是表示各种条件组合的一个矩阵,右下部是和每种条件组合相对应的动作。

判定表的每一列实质上是一条规则,规定了与特定的条件组合相对应的动作。

【举例】 航空行李托运费的算法。

按规定:重量不超过 30 kg 的行李可免费托运。重量超过 30 kg 时,对超运部分,头等舱国内乘客收 4 元/kg;其他舱位国内乘客收 6 元/ kg;外国乘客收费为国内乘客的 2 倍;残疾乘客的收费为正常乘客的 1/2。

图 3-30 为用判定表表示计算行李费的算法。

	Rule numbers	1	2	3	4	5	6	7	8	9
Condition rows	国内乘客		T	T	T	T	F	F	F	F
	头等舱		T	F	T	F	T	F	T	F
	残疾乘客		F	F	T	T	F	F	T	T
	行李重量W<30	T	F	F	F	F	F	F	F	F
Action rows	免费	×								
	(W−30)×2					×				
	(W−30)×3				×				×	
	(W−30)×4		×							×
	(W−30)×6			×						
	(W−30)×8						×			
	(W−30)×12							×		

图 3-30　用判定表表示计算行李费的算法

5. 判定树

判定树实质上是判定表的一种变形,它们只有形式上的差别,本质上是一样的。判定树的优点是形式简单、比较直观、易于掌握和使用;主要缺点是容易遗漏判断条件。这个缺点可以通过用判定表验证来克服。判定表的缺点是简洁性差于判定树,重复多。另外,在组合条件很复杂的情况下,判定树的节点会有较多的分支,从而使判定树的直观性和易读性有所下降。用户可根据自己的习惯选择使用判定表或判定树。判定表与判定树并不适合作为一种通用的设计工具,通常将之用于辅助测试。

图 3-31 为用判定树表示计算行李费的算法。

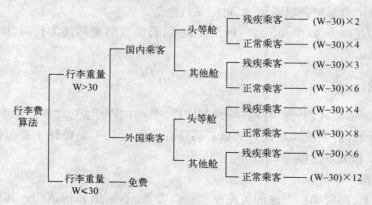

图 3-31　用判定树表示计算行李费的算法

87

6. PDL

过程设计语言(Process Design Language,PDL),也称为伪码,是一种用正文形式表示数据和处理过程的工具,用严格的关键字和外部语法来定义控制结构和数据结构。它包含了各种程序设计语言的控制结构和其他一些元素的速记符号,可以自由插入注释,并且可用常用词来替换表达式。一般来说,伪码的语法规则分为"外语法"和"内语法"。外语法应当符合一般程序设计语言常用语句的语法规则,而内语法是没有定义的,可以用英语(或汉语)中一些简洁的短语和通用的数学符号来描述程序应执行的功能。

PDL是详细设计工具中较为方便、应用较普遍的一种工具。已有完善的自动化工具支持它的设计过程,能自动向编码转换。

7. 详细设计工具的选择

衡量一个设计工具好坏的一般准则是看其所产生的过程描述是否易于理解、复审和维护,过程描述能否自然地转换为代码,并保证设计与代码完全一致。

按此准则要求设计工具具有下列属性。

- 模块化(Modularity):支持模块化软件的开发,并提供描述接口的机制(例如直接表示小程序和块结构)。
- 整体简洁性(Overall Simplicity):设计表示相对易学、易用、易读。
- 便于编辑(Ease of Editing):支持后续设计、测试乃至维护阶段对设计进行的修改。
- 机器可读性(Machine Readability):计算机辅助软件工程(CASE)环境已被广泛接受,一种设计表示法,若能直接输入并被CASE工具识别将带来极大便利。
- 可维护性(Maintainability):过程设计表示应支持各种软件配置项的维护。
- 强制结构化(Structure Enforcement):过程设计工具应能强制设计人员采用结构化构件,有助于产生好的设计。
- 自动产生报告(Automatic Processing):设计人员通过分析详细设计的结果往往能突发灵感,改进设计。若存在自动处理器,能产生有关设计的分析报告,必将增强设计人员在这方面的能力。
- 数据表示(Data Representation):详细设计应具备表示局部与全局数据的能力。
- 逻辑验证(Logic Verification):能自动验证设计逻辑的正确性是软件测试追求的最高目标,设计表示愈易于逻辑验证,其可测试性愈强。
- 可编码能力(Code to Ability):一种设计表示,若能自然地转换为代码,则能减少开发费用,降低出错率。

3.3.4 代码设计

为了提高数据的输入、分类、存储、检索等操作,节约内存空间,对数据库中的某些数据项的值要进行代码设计。系统详细设计的核心活动在于类设计。类设计主要包括方法建模、属性建模、状态建模和关系建模等。

(1)方法建模

在设计类图上,需要确定方法的可见性、名称、参数、返回值和构造型。其中,方法也称为操作或成员函数。方法的可见性是指外部对象对该方法的访问级别。

在 UML 语言中,方法的可见性有 3 种级别。

- 公开的(Public):可以被任何其他对象或类的方法调用,用符号"+"表示。
- 保护的(Protected):只在类层次内部被调用而不能由外部调用,用符号"#"表示。
- 私有的(Private):只在定义它的类中被调用,用符号"−"表示。

（2）属性建模

与方法建模类似,类的属性建模也要进行命名和设置可见性。一般情况下,为了降低类之间的耦合度,属性建模包括以下原则:

- 将所有属性的可见性设置为 Private。
- 仅通过 set 方法更新属性。
- 仅通过 get 方法访问属性。
- 在属性的 set 方法中,实现简单的有效性验证,而在独立的验证方法中实现复杂的逻辑验证。

（3）状态建模

状态建模是一种动态建模技术,主要用于确定系统的行为。在对象设计时,状态建模一般只发生在依赖状态展示不同行为的类上。在状态建模中,状态通过对象属性的值来表示,转移是方法调用的结果,经常会反映业务规则。

（4）关系建模

在分析阶段,我们使用关联关系笼统地表示所有的对象之间的连接,但在实际系统中,对象之间的连接可以有几种不同的情况,在对象设计时需要进一步明确这些关系。

在面向对象软件中,不同对象之间存在 4 种可能的连接。

- 全局(Global):某个对象可以在全局范围内直接被其他对象"引用"。
- 参数(Parameter):某个对象作为另一个对象的某个操作参数或者返回值。
- 局部(Local):某个对象在另一个对象的某个操作中充当临时变量。
- 域(Field):某个对象作为另一个对象的数据成员。

前 3 种类型连接的可见度具有暂时性,两个对象之间的连接关系仅在执行某个操作的过程中被建立,操作执行完成后即解除,我们将这种连接建模为两个类之间的依赖关系;第 4 种类型连接的可见度具有稳定性,我们将这种连接建模为两个类之间的关联关系及其强化形式（聚合或组合关系）。

3.3.5 数据库设计

1. 数据库的设计

数据库的设计是指数据存储文件的设计,主要进行以下几方面设计:

1）概念设计:在数据分析的基础上,采用自底向上的方法从用户角度进行视图设计,一般用 ER 模型来表示数据模型,这是一个概念模型。

2）逻辑设计:ER 模型或 IDEFlx 模型是独立于数据库管理系统(DBMS)的,要结合具体的 DBMS 特征来建立数据库的逻辑结构。对于关系型的 DBMS 来说,将概念结构转换为数据模式、子模式并进行规范,要给出数据结构的定义,即定义所含的数据项、类型、长度及它们之间的层次或相互关系的表格等。

3）物理设计:对于不同的 DBMS,物理环境不同,提供的存储结构与存取方法各不相同。物理设计就是设计数据模式的一些物理细节，如数据项存储要求、存取方式、索引的建立。

2. 关系数据库的基本概念

关系数据库在整个数据库领域中占据主导地位，目前比较流行的关系数据库包括 Oracle、SQL Server、DB2 等产品。

（1）表与键

关系数据库模型建立在代数集合和谓词逻辑基础之上。

表是一个代数集合，它包括一定数量的列和可变数量的行（或记录）。

一个键用于唯一标识关系表中的一行，它在关系表中可以有不同的使用方式：

- 主键是表设计时的一个预定义键，用 < pk > 表示。
- 次键是一种访问表中某行的候选方式，用 < sk > 表示。
- 外键是一个列的集合，它的值与另一个表中主键的值相对应，用 < fk > 表示。

在这里，主键不允许空值，使用外键可以将一个表中的记录与另一个表中的记录连接起来。

（2）实体关系图

实体关系图是最常用的概念数据库建模技术，它在较高的抽象层次上描述数据实体及其之间的关系，而与具体的数据库技术无关。关于实体关系图，我们已经在 2.5.3 节进行过介绍，在此不再详述。

（3）存储过程与索引

存储过程是一个存储在数据库中的程序，并且可以从数据库中被调用。

在许多情况下，需要在数据库服务器中使用存储过程编写数据库的应用逻辑。

索引（Index）是一种数据结构，它与存储表记录的数据页相分离，并且包含一个由索引节点组成的层次树。

关系数据库不支持记录之间基于指针的导航路径，通过在数据库中使用索引，可以提高广泛搜索的性能。然而在数据发生变化时，数据库管理系统将自动进行索引重建，因此，对一个具有大量索引的数据库进行频繁修改，可能会降低应用程序的反应时间。

3. 将对象映射到关系数据库

在面向对象设计模型中，通常实体类是需要持久存储的。面向对象的许多概念（诸如类继承、接口、聚合等）并不是关系数据模型的一部分，因此，需要使用适当的方法将面向对象设计中的类映射到关系数据库中的表。

（1）属性与类的映射

- 类的一个属性可以映射到关系数据库中零列或多列。
- 如果属性是简单的且持久的，那么可以将其映射成一列。
- 如果属性不是持久的，如某个类的属性值是计算产生的，那么不需要映射到数据库中。
- 如果属性是复杂的且持久的，如属性自己也是对象，那么可能会映射成多列，也可能将该属性自己映射成表。
- 类可以映射成表，但不会是从类到表的一对一映射。
- 一个类可以映射到一个或多个表中。
- 多个类可以映射到一个表中。

（2）继承的映射

将继承映射到关系数据库中有不同的解决方法，每一种方法都有其优点和缺点，需要根据实际情况进行权衡选择。在这里，为了便于讨论，我们以图 3-32 为例进行说明。

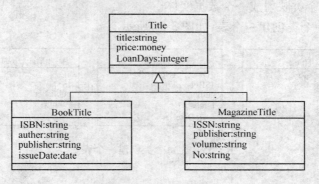

图 3-32　继承类

1）方法 1：将整个类层次映射成一个数据实体。

这种方法将整个类层次映射成一个数据实体，所有类的属性都存储在其中，如图 3-33 所示。

优点：

具有简单性，所有数据都可以在一个表中找到。

缺点：

● 增加了类层次之间的耦合性，一个属性值出现错误可能会影响到整个层次的所有类。

● 潜在地浪费数据库的大量空间。

● 在某些情况下，例如一个人既是教师又是学生，将会出现错误。

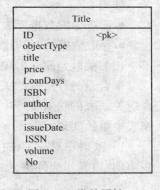

图 3-33　类的属性

2）方法 2：将每个具体类映射成一个数据实体。

在这种方法中，每个数据实体既包含属性，也包含所代表的类的继承属性，如图 3-34 所示。

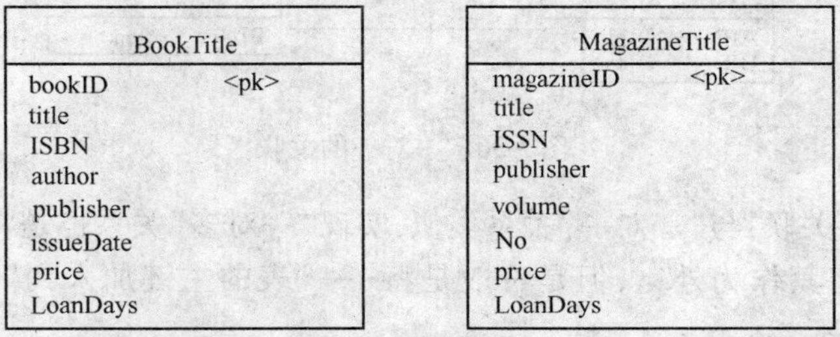

图 3-34　类的继承属性

优点：

具有简单性，每个类的所有数据都存放在一个表中。

91

缺点：

● 修改父类时,需要修改每一个子类对应的表,增加了工作量。

● 在某些情况下,例如一个人既是教师又是学生,维护数据的完整性比较困难。

3）方法 3:将每个类映射成一个数据实体。

这种方法为每一个类创建一个表,如图 3-35 所示。

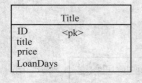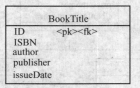

图 3-35　为每个类创建一个表

优点：

● 符合面向对象的思想,较好地支持多态。

● 修改子类和增加新的子类比较容易。

缺点：

● 所产生的数据库表比较多。

● 存取数据的时间比较长。

（3）关联与聚合的映射

聚合是一种特殊的关联,二者的唯一区别在于对象之间紧密绑定的程度不同。关联和聚合向关系表的映射将产生相似或相同的结果,聚合语义会在映射过程中丢失,它需要在数据库逻辑中单独实现。

1）映射一对一关联:实现"一对一"关系十分简单,只需要将一个表中的主键加入另一个表中,并将其作为外键,如图 3-36 所示。

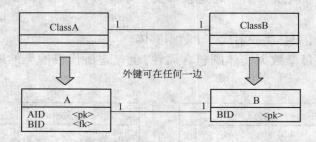

图 3-36　一对一的关联

2）映射一对多关联:与"一对一"关系类似,实现"一对多"关系也是将一个表中的主键加入另一个表中,并将其作为外键,但是一般是将"一"表的主键加入到"多"表中,如图 3-37 所示。

3）映射多对多关联:实现"多对多"关系需要引入一个关联表,它是一个数据实体,其目的在于维护关系数据库中多个表之间的关联。在关系数据库中,关联表的属性通常是与之相关的两个表中键的组合,如图 3-38 所示。

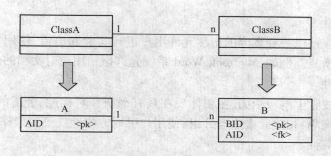

图 3-37 一对多关联

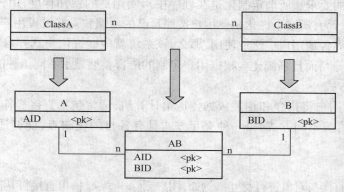

图 3-38 多对多关联

3.3.6 用户界面设计

在面向对象分析过程中,已经对用户界面需求作了初步分析。在面向对象设计过程中,则应该对系统的人机交互接口进行详细设计,以确定人机交互的细节,其中包括指定窗口和报表的形式、设计命令层次等项内容。

1. 用户界面设计原则

用户界面设计对于一个系统的成功是至关重要的,一个设计得很差的用户界面可能导致用户很容易产生错误,甚至让用户拒绝使用该系统。

用户界面设计是一项复杂的任务,它必须遵循一些"良好设计"的指导原则,以下介绍一些关键的用户界面设计原则。

(1)用户控制

用户应当感觉系统运行在自己的控制之下。在图形界面或基于 Web 的界面中,用户指导程序的每一步执行,即使在程序进行某些处理或用户等待输出结果时,用户同样保持对控制的敏感度。例如,当程序进行某些需要占用较长时间的处理时,需要为用户提供及时的反馈信息,诸如一个沙漏、一个等待的指示器或其他类似的东西。

(2)界面一致性

一致性要求用户界面遵循标准和常规的方式,让用户处在一个熟悉的和可预见的环境之中,这主要体现在命名、编码、缩写、布局以及菜单、按钮和键盘功能在内的控制使用等。例如,设计一个在 Windows 平台上运行的三维几何造型系统,其界面应当采用 Windows 图形窗口的"外观和感觉",与 Office 类型软件保持一致的界面风格和操作方式。

（3）界面容错性

一个好的界面应该以一种宽容的态度允许用户进行实验和出错，使用户在出现错误时能够方便地从错误中恢复。例如，Microsoft Word 系统允许撤销用户对文档的许多最近操作。

（4）界面美观性

界面美观性是视觉上的吸引力，主要体现在具有平衡和对称性、合适的色彩、各元素具有合理的对齐方式和间隔、相关元素适当分组、使用户可以方便地找到要操作的元素等。

（5）界面可适应性

界面可适应性是指用户界面应该根据用户的个性要求及其对界面的熟知程度而改变，即满足定制化和个性化的要求。所谓定制化是在程序中声明用户的熟知程度，用户界面可以根据熟知程度改变外观和行为；所谓个性化是使用户按照自己的习惯和爱好设置用户界面元素。例如，如果一个系统被世界各地用户广泛地使用，那么，该系统就应允许用户选择自己的语言类型（中文、英文、意大利文等），而且系统还会根据用户定制的语言类型显示不同语种的用户界面。

2. 用户交互方式

用户交互是指用户将指令和相关数据传送给计算机，通常包括直接操作、菜单选择、命令、表格填写、自然语言等不同方式，每一种交互方式具有各自的优缺点，能够适应不同的应用类型和用户要求。

（1）直接操作

用户在屏幕上直接与对象进行交互。例如，用户删除一个文件，可直接将其拖入回收站中。

（2）菜单选择

用户从菜单列表中选择一个命令执行，通常一个屏幕对象被同时选中，命令作用于该对象。例如，用户选定一个文件，再从菜单中选择"删除"命令。

（3）命令

用户输入指定命令和相关参数，系统执行该命令。例如，用户输入命令行"delete a. doc"，系统将删除文件 a. doc。

（4）表格填写

屏幕上显示空白的表格输入项，用户直接填写信息，同时屏幕上可能有操作按钮。

（5）自然语言

用户使用自然语言发出命令，系统识别语言命令并执行。

3. 信息显示

通常，系统中的信息需要用不同的形式呈现给用户。在典型的 MVC 结构中，系统的业务信息被封装在模型对象中，每个模型对象可以有多个视图对象与之关联，每个视图都是模型的一种显示表示方式。

开发人员进行用户界面设计时，应该选择最佳的方式来表示信息。一般情况下，信息的表示方式主要包括文本方式和图形方式，其中文本方式占据较少的屏幕空间，而图形方式所显示的内容比较直观。

【例】 某系统需要监控一个设备的压力和温度，应该选择哪一种方式表示信息？

分析：该设备的压力和温度是动态变化的，不断变化的数字显示容易引起混乱，使用连续的图形模拟显示使人观察起来更加直观。图 3-39 为压力和温度的动态变化的连续图形模拟。

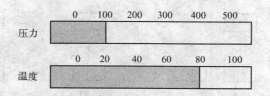

图 3-39　压力和温度的动态变化的连续图形模拟

4．用户支持

用户界面应该提供清晰的系统提示和反馈信息，并提供某种形式的在线帮助。这些信息的描述需要认真地进行设计，应当考虑到上下文环境、用户的经验和水平、信息显示风格以及产品所在国家的语言文化等。

（1）错误信息

没有经验的新用户在使用系统时很可能会产生错误，系统应该给出明确易懂的错误提示。因此，开发人员设计错误信息时，应该预见到用户的背景和经验，而且错误信息描述应当是简洁的、礼貌的、一致的和建设性的。表 3-4 给出了一些有问题的错误信息以及改正后的结果。

表 3-4　错误信息及改正后的结果

有问题的错误信息	改正后的结果
输入无效。	拥护 ID 号应该是 5 位数字
语法错误。	左括号不匹配
输入中有字母，重输！	输入项必须是数字，请重新输入
年份无效。	年份必须在 1975～1995 之间

（2）帮助系统

用户在使用系统遇到问题时，可以求助于帮助系统以获得更多的支持。一般来说，帮助系统具有复杂的网络结构，从其中的每一个帮助页面都可以访问其他的信息页面。需要说明的是，帮助系统不应该是用户手册的简单复制，其文本内容、格式和风格都需要仔细地设计，以保证可以在任何大小的窗口中都是易读的。

3.3.7　Jackson 程序设计方法

Jackson 方法是面向数据结构的设计方法，简称 JSP 方法。JSP 方法是以数据结构为驱动的，适合于小规模的项目。

由于该方法面向数据结构设计，所以提供了自己的工具——Jackson 结构图。Jackson 指出，无论数据结构还是程序结构，都限于 3 种基本结构及它们的组合，因此，他给出了 3 种基本结构的表示，如图 3-40 所示。

1）顺序结构。

2）选择结构。

3）重复结构。

JSP 方法一般通过以下 5 个步骤来完成设计：

1）分析并确定输入数据和输出数据的逻辑结构，并用 Jackson 结构图来表示这些数据结构。

2）找出输入数据结构和输出数据结构中有对应关系的数据单元。

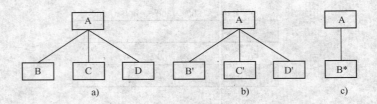

图 3-40　3 种基本数据结构

a）顺序结构　b）选择结构　c）重复结构

3）按一定的规则由输入、输出的数据结构导出程序结构。

4）列出基本操作与条件，并把它们分配到程序结构图的适当位置。

5）用伪码写出程序。

Jackson 方法以数据结构为基础来决定程序结构，使用时以结构化程序设计的概念作为基本考虑方法。其基本过程是在充分理解输入、输出数据的基础上，将数据用一些基本结构表示为层次关系的数据结构，然后按照一定的原则来细化软件层次，最后给出过程性的描述。

3.3.8　Warnier 程序设计方法

Warnier 程序设计方法是由法国人 J. D. Warnier 提出的另一种面向数据结构的程序设计方法，又称为逻辑构造程序的方法，这种方法直接从数据结构导出程序设计。

Warnier 程序设计方法的目标是导出对程序处理过程的详细描述，主要依据输入数据结构导出程序结构。

1. Warnier 方法的基本思想

Warnier 程序设计方法另一种面向数据结构的设计方法，又称为逻辑地构造程序的方法，简称 LCP（Logical Construction of Programs）方法。Warnier 方法的原理和 Jackson 方法类似，也是从数据结构出发设计程序，但是这种方法的逻辑更严格。Warnier 图是在 Warnier 方法中使用的一种专用表达工具。

2. Warnier 方法的设计技术

Warnier 设计方法基本由以下几个步骤组成的。

1）分析和确定输入数据和输出数据的逻辑结构，并用 Warnier 图描绘这些数据结构。

2）依据输入数据结构导出程序结构，并用 Warnier 图描绘程序的处理层次。

3）画出程序流程图，并自上而下地依次给每个处理框编排序号。

4）分类写出伪码指令。

Warnier 定义了下列 3 类指令：

● 输入和输出准备。

● 分支和分支准备。

● 计算。

3. Warnier 图

单向花括号"{"来区分数据结构的层次，其中的所有名字都属于同一类信息。

异或符号"⊕"表示这些信息不能同时出现。

名字后面的圆括号"（　）"中的数字表明这类信息在此数据结构中可以重复出现及出现的

次数。

例如,图 3-41 为软件分类的 Warnier 图的表示。

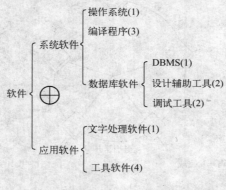

图 3-41　Warnier 图

3.3.9　基于组件的设计方法

基于组件的设计是使用可重用的组件或商业组件建立复杂的软件系统,即在确定需求描述的基础上,开发人员首先进行组件分析和选择,然后设计或者选用已有的体系结构框架,复用所选择的组件,最后将所有的组件集成在一起,并完成系统测试,如图 3-42 所示。

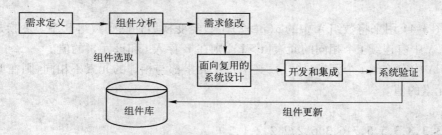

图 3-42　基于组件的设计方法

微软公司的软件开发过程模型由规划、设计、开发、稳定和发布等 5 个主要阶段组成,而且每个阶段都是由里程碑驱动的。

1）规划阶段:开展市场调查研究,结合公司战略形成产品的远景目标,创建产品的市场机会文档和市场需求文档 。

2）设计阶段:根据产品的远景目标,完成软件的功能规格说明和总体设计,并确定产品开发的主要进度。

3）开发阶段:根据产品功能或特性规格说明书,完成软件的开发工作。整个开发任务划分成若干个递进的阶段,并设置成 M1、M2、……、Mn 等内部里程碑,在每个里程碑都提交阶段性的工作成果。

4）稳定阶段:根据产品规格说明书,对开发人员提交的软件产品进行功能测试和性能测试,此时产品经过测试已达到稳定状态,最终形成可发布的 RTM 版本。

5）发布阶段:在确认产品质量符合发布标准之后,发布产品及其相关的消息。

图 3-43 为微软公司的软件开发过程模型。

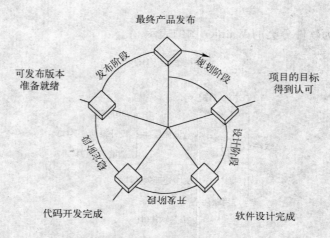

最终产品发布

发布阶段　　　　　规划阶段

可发布版本
准备就绪

项目的目标
得到认可

设计阶段

代码开发完成

软件设计完成

图 3-43　微软公司的软件开发过程模型

3.4　经典例题讲解

例题 1(1994 年软件设计师试题)

阅读下列说明和流程图,如图 3-44 所示,回答问题 1 和问题 2。

说明:

流程图 3-44 用来将数组 A 中的 $n(n \geq 2)$ 个数经变换后存储到数组 B 中。变换规则如下:

1)若 A 中有连续 t 个相同的元素($t > 1$),则在 B 存入 t 和该元素的值。

2)若 A 中有连续 t 个元素($t \geq 1$),其中每个元素都与相邻的元素不相同,则在 B 中存入 t 和这 t 个元素的值。

例如:

A = {3,3,3,3,5,5,7,6,3,6,2,2,2,2,1,2}

则变换后

B = {4,3,2,5, -4,7,6,3,6,4,2, -2,1,2}

流程图中,逻辑变量 C 用来区分正在进行连续相同元素的计数还是连续不等元素的计数,Ki 用来记录数组 B 存放 t 或 -t 的元素的下标。

【问题 1】

填充流程图中的①~⑤,使之成为完整的流程图。

【问题 2】

如果删除流程图中的判断框 t:1,那么,当数组 A = {5,5,4,4}时,经改变后的流程图的变换,数组 B 将会有什么样的元素值?

分析:首先应仔细地阅读说明部分,了解程序实现什么样的功能。程序实际上是完成一个数组的变换。

例如:

A = {3,3,3,3,5,5,7,6,3,6,2,2,2,2,1,2}

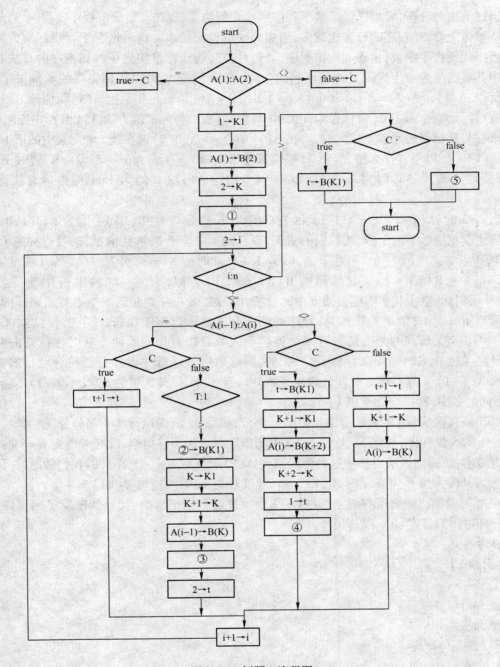

图 3-44　例题 1 流程图

则变换后，

B = {4,3,2,5, -4,7,6,3,6,4,2, -2,1,2}

也就是说，A 中有 4 个"3"，所以在 B 中写入"3"的个数 t(即 4)，再写入该元素值(即 3)，A 中接下来是两个"5"，所以在 B 中添加数据"2,5"；再下来是 4 个相邻但不同的数"7,6,3, 6"，所以在 B 中写入 -t(即 -4)，再写入 t 个元素值(即 7,6,3,6)，后面的依次类推。

通过上面的分析,我们已经了解了程序要实现的功能,现在开始分析程序流程。

从整体上看,此程序的分支比较多,用到的变量也比较多。这种情况下,最好是自己手动地把数据代到程序中去,手动地模拟程序运行。这样,能让你最快地了解到程序的算法结构。题目中其实已经为考生提供了相当便利的条件,有一个实例,可以就用提供的实例来手动运算。所以,$A(1) = A(2) = 3$ $C = 'true'$ $K1 = 1$ $B(2) = A(1)$,这一句是把 $A(1)$ 赋值给 $B(2)$,当 A 的前 t 个元素相等时,$B(1)$ 保存 t 的值,$B(2)$ 保存该元素,元素值为 $A(1)$;当 A 中连续 $t(t1)$ 个元素都与其相邻的元素不相同时,则在 $B(1)$ 中存入 $-t$,$B(2)$ 保存该 t 个元素中的第 1 个元素即 $A(1)$。所以不管什么情况,$B(2)$ 都应该等于 $A(1)$。接着看下一步,$2 \to K$,暂时不管空①,继续往下看,$2 \to i$,因为 $i \leqslant n$,所以,$A(i-1) = A(i)$(C 值为 $'true'$),再接着执行 $t = t+1, i = i+1 \cdots\cdots$

当 $i = 5$ 时,$A(i-1) <> A(i)$,又因为 C 值为 $'true'$,所以 $t \to B(K1)$。因为 $K1 = 1$,$B(K1)$ 是存储连续相同数字的个数,按我们的实例,现在的 t 应等于 4,再往前推算,可以知道 t 应有初值 1,所以空①应填 $1 \to t$。再往下走,$K1 = K+1$,此时的 $K1 = 3$,为下一次记录 t 或是 $-t$ 作准备,$A(i) \to B(K1+1)$。与前面的 $B(2) = A(1)$ 类似,为下一轮的解析作准备。$K = K+2 = 1$,到此,空④其实不用去搞复杂的分析和推敲,细心一点儿就能一下写出来。因为这里必须填 $'true' \to C$,如果不填这句,程序的两大分支将永远不能执行。同理可得,空③应填 $'false' \to C$。空②所在的分支是当有 n 个连续不等数后接有相同的两个数时才执行的分支。前面已经说过 $B(K1)$ 是用来存储 t 或 $-t$ 的,但这里应该注意一点,t 是否符合题目的要求。当判断 $A(i-1) = A(i)$ 成立时,t 计数到了第 $i-1$ 个元素,但按题目的要求,$A(i-1)$ 不能计入 n 个不同的数中,所以空②应填 $1-t$。

空⑤是直接从 $i: n$ 的判断分支出去的一部分,如果 $i > n$,则执行那一部分分支。其实可以不看底下的大段程序,只要 $n = 1$(当然,这个题出题时考虑不够周全,没有考虑到 $n = 1$ 时会产生数组溢出,正确的做法应是把这种情况归到 $A(1) <> A(2)$ 这个分支,但我们做题时可以这么考虑),又因为当 C 为 $'true'$ 时,$B(K1) = t$,所以 C 为 $'false'$ 时应填 $B(K1) = -t$。

问题 2,前面已经把所有的空都填好了,所以此题只需把数组,代入到删除了的程序中手动运行即可得到答案:$B = \{2,5,0,2,4\}$。

参考答案:

【问题 1】

① $1 - > t$

② $1 - t$

③ $'true' - > c$

④ $'false' - > c$

⑤ $-t - > B(K1)$

【问题 2】

$B = \{2,5,0,2,4\}$

例题 2(1993 年软件设计师试题)

阅读下列说明和流程图,如图 3-45 所示,回答问题 1 至问题 3。

说明:本流程图的功能是对预处理后的正文文件进行排版输出。

假定预处理后的正文文件存放在字符串 S 中,S 由连续的单词组成,单词由连续的英文字母组成。在预处理过程已产生以下信息:变量 NW 存放正文中单词的个数,数组元素 SL(I) 存放正文中第 I 个单词在 S 中的字符位置,SL(1) 存放正文中第 1 个单词的长度。规定 S 中的字符位置从 1 开始计数,每个字符占一个位置。字符串 S 中的某个单词可用如下的子串形式来存取:

　　S(单词起始位置:单词终止位置)

　　并规定在对字符串(或子串)赋值时,赋值号两端的字符串(或子串)长度必须相等。

　　排版输出的要求如下:

　　1)每行输出 80 个字符。

　　2)一个单词不能输出在两行中。

　　3)除最后一行外,所有输出行既要左对齐又要右对齐,即每行的第一个字符必须是某个单词的第一个字母,最后一个字符必须是某个单词的最后一个字母。

　　4)单词之间必须有一个或一个以上的空格。

　　5)最后一行只须左对齐,且单词之间均只有一个空格。

　　6)使空格尽可能地均匀分布在单词之间,即同一行中相邻的单词的空格数量最多相差 1。

　　假定正文中至少有两个以上的单词,每个单词的长度均小于 40。此外,流程图中省略了数据的输入部分。图中[W]表示不超过 W 的最大整数。

【问题1】

　　填充流程图中的①~⑥,使之成为完整的流程图。

【问题2】

　　图 3-45 中的"输出末行"框未经细化,如果将如图 3-45 所示的虚线部分复制到"打出末行"框上,那么复制部分应做怎样的修改?可用图中所示的 a,b,...,j 来回答,例如 a 改成 1→i,删除 b。

【问题3】

　　如将图 3-45 中开始部分的 SN(1)→LN,改成 SN(2)→LN,则修改后的流程图是否正确?

　　分析:其实做过一些流程图试题的读者已经能在解题过程中总结出一些经验了,其中的一条就是找程序中没有赋初值的变量,这些变量一定是要在你要填的空里赋初值的。这样能够缩小目标,加快解题速度,而且想像程序流程图题,一旦前一两空填出来了,你对程序结构的了解就能很快地更进一步,后面就势如破竹了。

　　此题正好可以运用这一点,在第二个判断框中有 LN1:80,但在前面没有对 LN1 赋初值,所以我们可以马上就可以知道空①已经给 LN1 赋初值。那么具体应该赋什么值呢?

　　我们可以看到,当 LN1 小于等于 80 时,程序执行到②→i = i + 1,再到比较条件 i:NW - > ①。结合题目中的"每行输出 80 个字符"、"SN(1) 存放正文中第 1 个单词的长度",我们很容易能分析出 LN1 应是当前行的长度,这个长度应该包括单词的长度和中间的空格。又因为前面 SN(1)→LN,所以空①应填 LN + SN(1)→LN1,1 是空格的长度,LN 原来行的长度,S(I) 是当前单词的长度。接下来的空②很明显填 LN1 - > LN,这是为下一轮的运算作准备。

　　现在我们开始分析主循环体内的语句:80 - LN - > N,算出一行结尾还有多少个空格。因为题目要求不能把空格全放在行的结尾,要散布在单词中间。[N/(I - L - 1)]→LNW 这个操作是把多余空格除以本行的单词的间隔数再取整。MOD(N,I - J - 1)→LNB,这个操作是把多余空格除以本行单词的间隔数在取余。也就是说,如果一行有 5 个单词第 5 个单词后还有 7 个空格,但无法放下第 6 个单词了,我们把数据代入到式子里,得[7/(6 - 1 - 1)]→LNW,此时的 LNW = 1，LNB = 3，也就是说，这 7 个空格应这样来分配，5 个单词有 4 个间隔，首先每个空格加 LNW 个空格（即一个空格），再把前 LNB 个间隔处加 1 个空格。接下来 1→K，J:I。

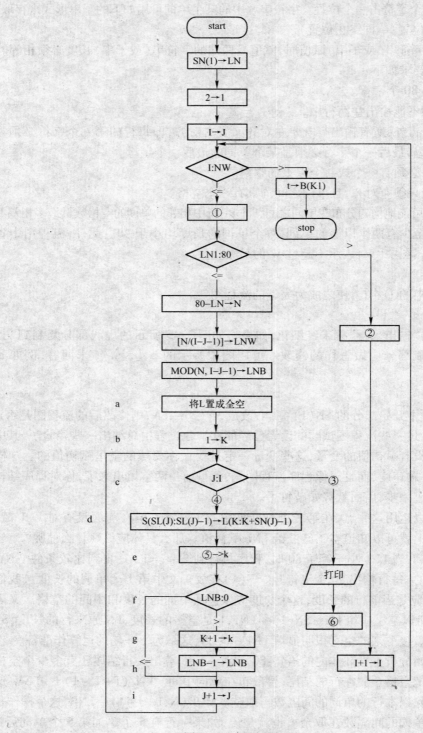

图 3-45　例题 2 流程图

$S(SL(J):SL(J)+SN(J)-I)\to L(K:K+SN(J)-1)$ 把单词插入到输出行的标准位置,⑤$->K$,通过上面的分析再结合下面的几条语句,我们可以发现 LNW 还未被使用,LNW 应是加在每个间隔处的空格数,且 K 正好是确定输出行当前位置的变量(这一点可以从 $L(K:K+SN(J)-1)$ 看出),所以空⑤应填 $K+SN(J)+1+LNW$。这个里面分为 4 个部分:$K,SN(J),1,LNW$。K:单词 J 写入到 L 的起始位置;$SN(J)$:单词 J 的长度;1:正常空格长度(题目要求"单词之间必须有一个或一个以上的空格");LNW:行尾多余空格平均分配到每个间隔的空格长度。

接下来我们来看空⑥,是在"打印 L"处理后的,也就是当处理完一行并打印后,就要执行⑥,这样⑥应该是为新的一行处理作准备的。也就是说,⑥应是对某个变量的赋值。我们现在可以逐一考查,循环里用到的哪些变量在新起一行时,要重新赋值。从"$LN+SN(I+1)\to LN1$"可以看出,这个变量就是 LN,因为 LN 存的是当前行的字符总数,当一行打印完后,LN 的值应重新算,所以空⑥应填 $SN(I)\to LN$。

问题 2:由于题目对末行输出的要求是:"最后一个行只须左对齐,且单词之间均只有一个空格",所以我们不必考虑把尾部空格散布到单词间隔中,所以与 LNB、LNW 有关的语句得删除或修改。e 中应该去掉 LNW,改为 $K+SN(J)+1$,f、g、h 可以删除。

问题 3:前面我们已经把所有空都填补完整,所以现在只需把改动的地方代入到程序里,手动模拟程序执行一段就能知道是否可行了。当执行到时 $LN+SN(I)+1\to LN1$,我们已经能够看出问题了,如果第一个单词加了一个空格位,那么此行一定会多出一个空格,所以这种改法是不行的。

参考答案:
【问题 1】
① $LN+1+SN(1)\to LN1$
② $LN1\to LN$
③ $\geq$
④ $<$
⑤ $K+1+LNW+SN(j)$
⑥ $SN(1)\to LN$
【问题 2】
删去 f、g、h 框,将 e 改成 $K+1+LNW+WN(J)\to K$。
【问题 3】
不能。
例题 3(2003 年软件设计师试题)
阅读下列算法说明和流程图,如图 3-46 所示,回答问题 1 至问题 3。
说明:
某旅馆共有 N 见房间,每间客房的房间号、房间等级、床位数及占用状态分别存放在数组 ROOM、RANK、NBED 和 STATUS 中。房间等级值分为 1、2 或 3。房间的状态值为 0(空闲)或 1(占用)。客房是以房间(不是床位)为单位出租的。

本算法根据几个散客的要求预定一间空房。程序的输入为:人数 M,房间等级要求 R(R=0 表示任意等级都可以)。程序的输出为:所有可选择的房间号。

流程图如图 3-46 所示,描述了该算法。

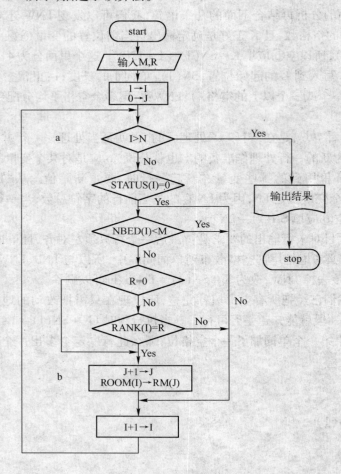

图 3-46　例题 3 流程图

【问题 1】
假设当前该旅馆各个房间的情况,见表 3-5。

表 3-5　旅馆房间情况表

序　号	ROOM	RANK	NBED	STATUS
1	101	3	4	0
2	102	3	4	1
3	201	2	3	0
4	202	2	4	1
5	301	1	6	0

【问题1】

当输入时,该算法的输出是什么?

【问题2】

等级为 R 的房间每人每天的住宿费为 RATE(R),RATE 为数组。为使该算法在输出每个候选的房间号 RM(J)后,再输出这批散客每天所需的总住宿费 DAYRENT(J),如图 3-46 所示的流程图的所指框中的最后处理处应增加什么处理?

【问题3】

如果限制该算法最多输出 K 个可供选择的房间号,则在如图 3-46 所示的流程图所指的判断框应改成什么处理?

分析:

【问题1】

结合题干可知:M = 4,R = 0 的意思是有 4 个人想订一间任意等级的房间。在上表查找符合条件的房间,102、202 号房已经订出,不符合要求,201 号房只能住 3 个人,不符合条件,所以可选房间为 101 和 301,算法输出为 101,301。

【问题2】

应试 RATE(BANK(I)) * M→DAYRENT(J)。

BANK(I)用于取出房间等级数。RATE(BANK(I))按房间等级算出每人每天的住宿费,M 是散客的人数。

【问题3】

为 I > N OR J = K,其中,I > N 也可以写成 I = N + 1;J = K 也可以写成 J > = K。

也就是说,只要是已经有 K 个满足条件的房间,不管后面的房间是不是满足条件就直接退出程序。

参考答案:

【问题1】算法输出为 101,301。

【问题2】RATE(BANK(I)) * M→DAYRENT(J)

【问题3】为 I > N OR J = K,其中,I > N 也可以写成 I = N + 1;J = K 也可以写成 J > = K。

例题4 (2000 年软件设计师试题)

阅读下列说明和数据流图,如图 3-47 所示,回答问题 1 至问题 4。

说明:

本流程图(如图 3-47 所示)是将中缀表示算术表达式转换成后缀表示,如中缀表达式(A － (B * C + D) * E/(F + G))的后缀表示为 ABC * D + E * － FG +/。

为了方便,假定变量名为单个英文字母,运算符只有" + "、" － "、" × "和" / "(均为双目运算符,左结合),并假定所提供的算术表达式非空且语法是正确的。另外,中缀表示形式中无空格符,但整个算术表达式以空格符结束。流程图中使用的符号的意义如下:

● 数组 IN[ ]存储中缀表达式。

● 数组 POLISH[ ]存储其后缀表示。

● 数组 S[ ]是一个后进先出栈。

函数 PRIOR(CHAR)返回符号 CHAR 的优先级,各符号的优先级见表 3-6。

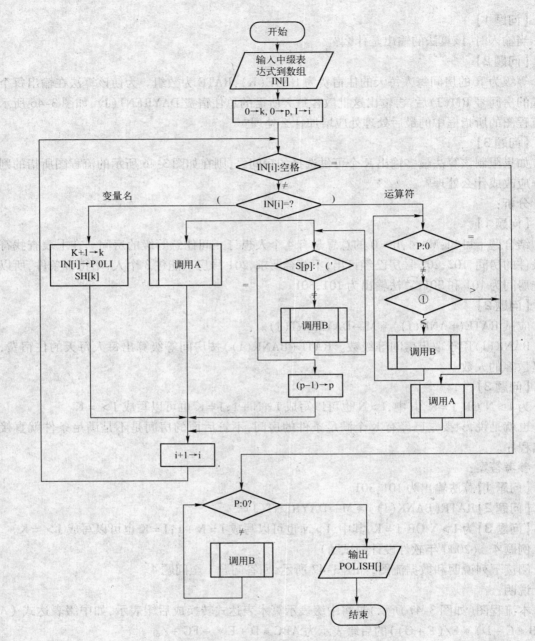

图 3-47　例题 4 流程图

表 3-6　各符号的优先级

CHAR	PRIOR(CHAR)
*、√	4
+、-	3
(	2
)	1

【问题1】

填充流程图中1的判断条件。

【问题2】

写出子程序 A 的功能,并顺序写出实现该功能的操作。

【问题3】

写出子程序 B 的功能,并顺序写出实现该功能的操作。

【问题4】

中缀表达式 $(A+B-C*D)*(E-F)/G$ 经该流程图处理后的输出是什么?

分析:根据流程图中的符号得定义知道,数组 IN[ ] 与 POLISH[ ] 是对输入与输出的存储;而 PRIOR 是一个提取算术运算符优先值的函数,语句没有多少可以发挥的地方;对数组 S[ ] 的定义是一个先进后出的栈。在数据结构中,对于栈的定义了 3 种常用操作。如果采用数组来实现栈,需要定义一个栈顶指针 p,其值为数组下标,其操作解释如下。

- 入栈:$p+1 \to p$;入栈元素 $\to S[p]$。
- 出栈:$S[p] \to$ 栈元素变量;$p-1 \to p$。
- 栈是否为空:$p=? \ 0$。

如果考生了解堆栈的常用操作,就可以分析流程图,并给出正确的答案。

根据流程图可以得到如下提示。

- 3 个变量:k,p,I。
- 根据第一个条件判断,可以知道:i 是数组 IN[ ] 的下标。

从整个流程图的结构来看,该流程是一个循环处理,循环退出条件是 IN[i] = 空格,也就是中缀表达式输入完成,循环增量条件是 $i+i$,循环体是从左到右依次输入处理中缀表达式。

对每次输入的中缀表达式的元素分 4 种情况分别进行处理。

1)如果是变量,则将变量保存到输入数组中。

2)如果是“(”,则进行 A 处理,A 处理未知。

3)如果是“)”,则进行一个循环处理,循环退出条件是栈顶 IN[p] = '(',循环体是 B,B 处理未知,且 B 处理在整个流程图中出现 3 次。

但从循环退出条件可以分析出:

A 处理一定要将“(”进行入栈操作,因为“(”与“)”必须成对出现,而在处理“)”时,IN 栈已经有“(”,所以 A 处理一定包含“(”元素的入栈操作。

因循环判断条件是 IN[p] = '(',所以可以分析该条件要随着循环的进行而变化,否则有可能进入死循环。而栈的常用操作是入栈、出栈操作,这里很明显应该是出栈操作,所以只可能是 p 值的改变,也就是 B 处理中需要栈顶的值的改变。另外,栈顶的值又怎样处理,这里需要结合流程中的其他任务进一步分析。

在退出循环后,直接丢掉栈顶的“)”值,再取下一输入值。

那么目前输入的“)”要进行怎样的处理呢? 这里根据考题给定的例题,可以知道,将一个中缀表达式转换成后缀表达式后,“(”、“)”均不出现在后缀表达式中,因此可以判断,输入的“)”在处理过程中是要找到匹配的“(”,对中缀表达式“(”、“)”之间的符号进行处理,而对“)”不进行任何处理。

4)如果输入的是运算符“ * ”、“ / ”、“ + ”、“ - ”,则可能出现两个分支。

第一个分支:p 是否为 0,也就是栈是否为空。如果为空,则进行 A 处理;如不为空,则进入第二个分支判断处理。

第二个分支:分支条件待确定,根据所给定的信息,可以确定是两个值比较大小,如果是大于,则进行 A 处理;如果是小于等于,则进行 B 处理,然后转入分支 1 的顶部,进入循环处理。

通过对循环体的分析可以得出如下的信息。

A 处理:含有入栈操作。

B 处理:含有出栈操作,栈顶值是丢弃还是进行其他处理待定。

判断条件①:为两个值大小的判断,如果是小于等于,则进行出栈;如果大于等于,则进行入栈。

再分析循环退出后的处理流程。

再次进入一个循环,循环条件为栈顶是否为空,如果不为空,则进行 B 处理,也就是出栈操作,将栈中的元素按照后进先出的顺序进行退栈处理,从这里也很难确定 B 的其他信息。

流程分析完成后,再次分析题目给定的信息。在考题给定的信息中,还有一个优先表在流程中没有使用到,那么这个优先表只可能在流程图中的 A、B 处理或判断条件①中使用。优先表中的优先关系是运算符的优先关系,且用数值表示,而判断条件①已经分析出是两个值比较大小,因此可以假设判断条件①为判断两个运算符号的优先值。

情况一:中缀表达式的当前元素与后继元素的比较。这种情况的可能性比较小,在流程图中后续元素影响出栈是不合乎逻辑的。

情况二:后缀表达式的当前元素与后续元素的比较。这种情况的可能性比较小,因为当前元素影响写入的情况也不合乎逻辑。

情况三:中缀表达式的当前元素与栈顶元素比较。这种情况的可能性比较大。

情况四:后缀表达式的当前元素与栈顶元素比较。这种情况的可能性也比较大。

情况五:栈顶元素与其下面在栈元素的比较。这种情况的可能性比较小,比栈内其他元素比较以决定是否出栈是不合乎逻辑的。

根据上面的分析,结合考题给出的例题再次分析,确定假设。

参考答案:

【问题 1】

PRIOR(IN[i]);PRIOR(S[p])

【问题 2】

功能:将当前符号 IN[i]入栈。

操作:p + 1→p

IN[i] →S[p]

【问题 3】

功能:出栈(将栈顶元素送往数组 POLISH[ ])。

操作:k + 1→k

S[p] →POLISH[k]

p − 1→p

【问题 4】

AB + CD * − EF − * G/

3.5 应用 Visio 进行数据库建模

Microsoft Visio 提供了强大的数据库工具,可以将关系型或对象导向的数据库,建立成概念上、逻辑上及实体上的模型图,如图 3-48 所示。

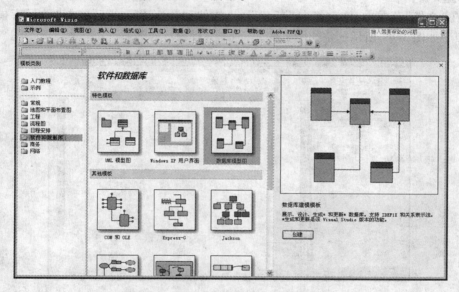

图 3-48 Visio 绘制工具中的软件和数据库

利用 Visio 构建数据库模型图(又称为"实体关系图")可以帮助我们只需使用图形就可设计出完整、高效的数据库,并显示出对象间的关系、主键及错误信息。

此外,在 Visio 的数据库解决方案中,还提供了反向工程工具,可以从现有数据库中提取架构,生成完整的数据库一览表,其中包括触发器、函数、库存程序、查询语句和其他平台特有的类型,极大地方便了对数据库系统的维护。

接下来,我们将学习如何利用 Visio 构建数据库模型图,以及对一个 Access 类型的数据库执行反向工程。

3.5.1 实验目的

熟练掌握利用 Visio 工具设计数据库实体关系图的方法;熟练掌握通过"数据库反向工程"提出数据库架构的方法。

3.5.2 实验案例

(1)创建简单的数据模型

下面我们为一个假定的销售系统构建一个简单数据库模型。该数据模型由 4 个表组成:Customer 表、Order 表、OrderItem 表和 Product 表。Customer 表用于存储顾客信息;Order 表用于存储订单信息;OrderItem 表用于存储每个订单所包含的信息;Product 表用于存储产品信息。

这 4 个表及其内容的列表如下:

Customer——CustomerID、Name、Address、Phone。

Order——OrderID、CustomerID、OrderDate、Amount。

OrderItem——OrderItemID、OrderID、ProductID、Price。

Product——ProductID、Name、Price。

【实验步骤】

1）在"文件"菜单中,依次指向"新建"→"软件和数据库",然后单击"数据库模型图"。得到类似于如图 3-49 所示的空绘图页面。

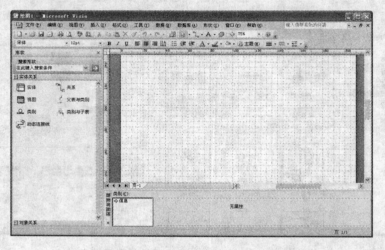

图 3-49　用 Visio 打开的空绘图页面

2）在打开窗口的左侧所显示的模具中有两个主要形状——实体(Entity)和关系(Relationship)。"实体"形状表示表。要创建一个新表,可将"实体"形状拖动到绘图页面上。(注意:默认情况下,Visio 将显示该新表并利用表信息填充停靠在绘图页面下方的"数据库属性"窗口。如果不能看到靠近 Visio 窗体底部的"数据库属性"窗口,可右击刚刚创建的"实体"形状并选择"数据库属性"命令。此时,应该看到类似于如图 3-50 所示的窗体。)

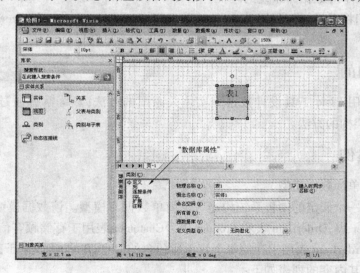

图 3-50　Visio 绘制工具中的窗体

3）接下来我们先将该表命名为"Customer"，在"数据库属性"窗口中的"物理名称"文本框中输入"Customer"，此时会发现"概念名称"文本框中的信息与"物理名称"文本框保持一致，如图3-51所示。如果要进行区别，可单击取消"键入时同步名称"复选框。

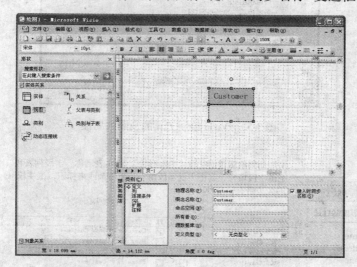

图3-51　Visio绘制工具的命名及属性选择

注：物理名称——表示在数据库中的表名。

概念名称——表示在概念建模中的表名。

4）单击"类别"列表框中的"列"这一行，将看到"数据库属性"窗口发生了变化，右侧变为网格，如图3-52所示。

图3-52　Visio绘制工具的数据库属性窗体

5）添加字段，可以直接将字段添加到第一行中的网格中，或者通过"添加"按钮添加。添加一个名为"CustomerID"的新字段，使它成为所需字段，并将其类型设置为char。默认大小为10，现在刚好符合我们的目的。如果想更改大小或该字段的其他特征，则可单击"编辑"按钮，打开一个对话框，如图3-53所示。要更改某字段的大小和数据类型，可单击该对话框中的"数据类型"标签进行设置。

6）重复步骤5）操作，最终得到一个类似于图3-54的结果。

7）重复步骤2）~5）操作，将Order表、Product表、OrderItem表创建到绘图页面中，如图3-55所示。

8）在完成利用Visio对数据库中的各个表进行定义后，接下来的任务就是要把表关联起来。在Visio中，最常见的是使用"关联"形状来表示实际的数据库关系——一对一、一对多和多对多关系。

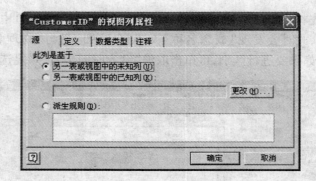

图 3-53 Visio 绘制工具的视图列属性

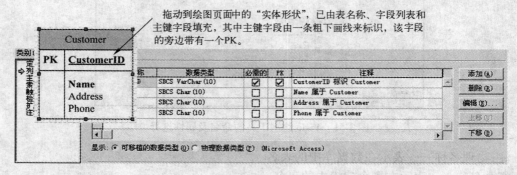

拖动到绘图页面中的"实体形状",已由表名称、字段列表和主键字段填充,其中主键字段由一条粗下画线来标识,该字段的旁边带有一个PK。

图 3-54 Visio 绘制工具的视图列属性的选择

9）下面我们首先绘制 Customer 表和 Order 表之间的关系。通过定义,Customer 表可以具有许多订单,但是一条 Order 表中的记录只可以属于一位 Customer。因此,Customer 表和 Order 表之间是一对多的关系。单击"关系"连接线并将它拖动到绘图页面上,然后将连接线带有箭头的一端拖动到 Customer 表的中间。该表应醒目显示为红色以表示连接线已将"实体"形状连接起来。单击并将该连接线的另一端拖动到 Order 表的中间,同样该"实体"形状应醒目显示为红色。结果如图 3-56 所示。

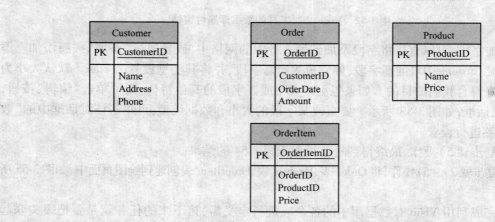

图 3-55 在 Visio 绘图页面中创建 Order 表、Product 表、OrderItem 表

Order表的CustomerID字段前面的FK1，表明CustomerID字段是
返回到Customer表的外键。该关系告诉我们特殊订单属于哪位客户。

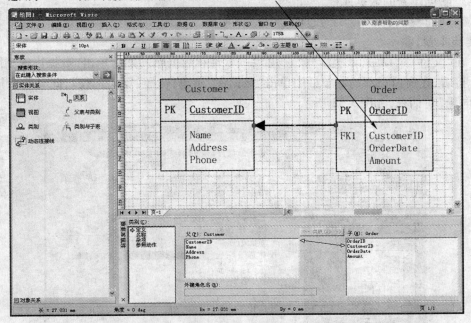

图 3-56　在 Visio 绘图页面中绘制 Customer 和 Order 之间的关系

10）对其他表重复步骤 10）操作，最终将得到一组表和关系，这些表和关系如图 3-57
所示。

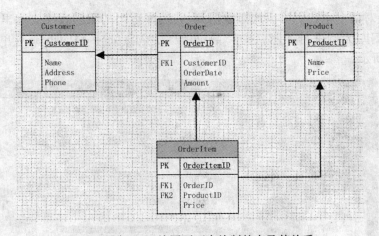

图 3-57　在 Visio 绘图页面中绘制的表及其关系

（2）反向工程（Reverse Engineer）

试想如果我们想要把一套旧的数据库系统移转到新的数据库系统时，光是了解旧有数据
库系统中的数据结构便是一个极大的挑战，尤其当我们必须使用其他 DBMS 平台上的早期数
据库时，就是更加的难上加难。

通过 Visio 的"反向工程"工具可以大大帮助我们减少以上工作的复杂度，用户可以从指

定的数据库中提取出全部或部分数据库架构,生成 ER 模型或 ORM 模型,然后在此基础上进行修改,重新创建新的数据库模型。

接着,我们看一下 Visio 的"反向工程"怎么使用。

【实验步骤】

1)在"文件"菜单中,依次指向"新建"→"软件和数据库",然后单击"数据库模型图"。

2)接着,在窗口顶部的菜单栏中单击"数据库"菜单,选择"反向工程",此时便会打开"反向工程向导"对话框,如图 3-58 所示。

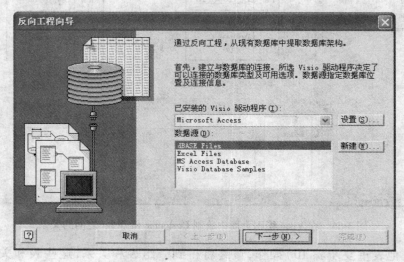

图 3-58　反向工程的选择

3)在以上对话框中我们可以选择数据源,并选择适当的驱动程序。这里我们以一个 access 类型的数据库为例进行演示,选择"数据源"为"MS Access Database",单击"下一步"按钮,如图 3-59 所示。

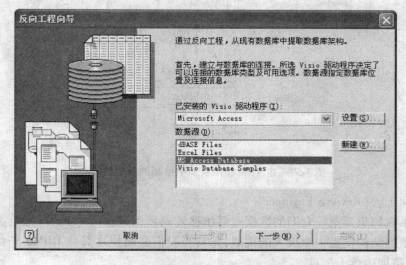

图 3-59　数据源的选择

4）接着出现"连接数据源"对话框,由于笔者所建立的数据库并没有设置管理员以及密码,因此,直接单击"确定"按钮即可。

5）在弹出的"选择数据库"对话框的目录列表中,找到"ToyWorkshop. mdb"文件,如图3-60所示。设置完毕后,单击"确定"按钮。

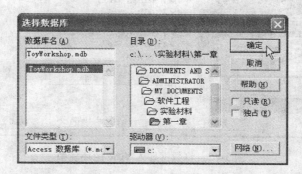

图 3-60　在数据库对话框中选择"ToyWorkshop. mdb"文件

6）接下来,系统会询问我们要执行反向工程的对象类型为哪些,一般而言,我们是无需更改的,直接单击"下一步"按钮,如图3-61所示。

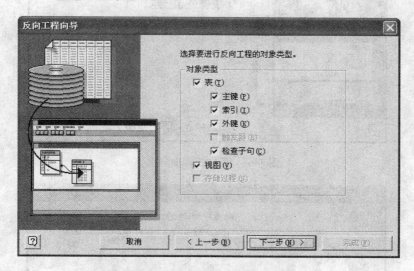

图 3-61　反向工程中对象类型的选择

7）选择哪些表或是查询数据要导入到 Visio 的环境中,(注意:其中有英文"T"的为表;有英文"V"的为查询)。在此我们选择"全选"按钮,单击"下一步"按钮,如图3-62 所示。

8）在如图3-62 所示的对话框中选择是否希望把制作好的反向工程项目的形状添加到目前的页面中还是以后再添加,这里我们不作变化,直接单击"下一步"按钮,如图3-63 所示。

9）最后检查所做的选择,确保提取的信息是所需的,然后单击"完成"按钮,如图3-64 所示。

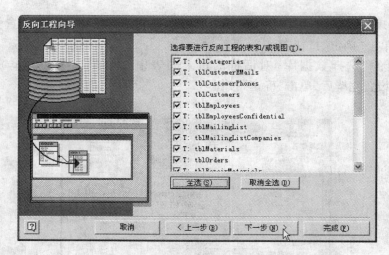

图 3-62 将数据导入 Visio 的环境中

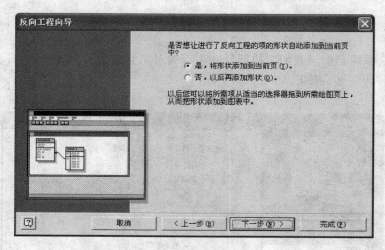

图 3-63 反向工程向导窗体

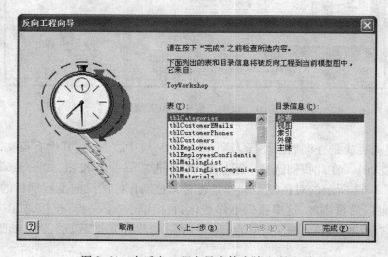

图 3-64 在反向工程向导窗体中检查所选项

10）随后，反向工程向导将提取所选的信息，并在"输出"窗口显示有关提取过程的注释，如图 3-65 所示。

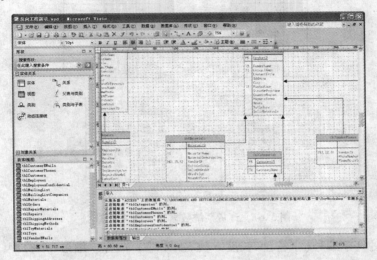

图 3-65　反向工程演示

如果要查看进行反向工程后的数据库的相关结构，如查看 ToyWorkshop. mdb 数据库中 tblOrders 表的属性，只需选择放置在页面中的 tblOrders 表，单击鼠标右键，在弹出的快捷菜单中选择"数据库属性"命令，此时便会出现"数据库属性"窗口。通过这个窗口就可以了解到此表的相关属性，包含字段名称、数据型态、是否有主键、主键为哪个数据域名称等，如图 3-66 所示。

图 3-66　查看 ToyWorkshop. mdb 数据库中 tblOrders 表的属性

3.5.3　实验内容

设计一个订货系统，绘制如图 3-67 所示的数据库实体关系图。

该订货系统需要如下 4 个表。

产品表：包括产品编号（字符型，长度 6 位，主关键字）、产品名称（字符型，长度 20）、生产商（字符型，长度 30）、生产日期（日期型）、市场价格（数值型，小数保留 2 位）、库存记录（整形），折扣价（数值型，小数保留 2 位）。

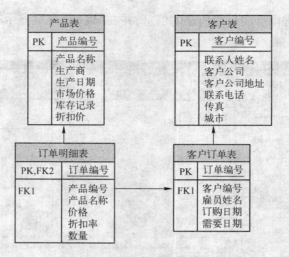

图 3-67　订货系统数据库实体关系图

客户订单表:订单编号(字符型,长度 6 位,主关键字)、客户编号(字符型,长度 6 位)、雇员姓名(字符型,长度 8 位)、订购日期(日期型)、需要日期(日期型)。

订单明细表:订单编号(字符型,长度 6 位,主关键字)、产品编号(字符型,长度 6 位)、产品名称(字符型,长度 20)、价格(数值型,小数保留 2 位)、折扣率(数值型,小数保留 4 位)、数量(整型)。

客户表:客户编号(字符型,长度 6 位,主关键字)、联系人姓名(字符型,长度 8 位)、客户公司(字符型,长度 30 位)、客户公司地址(字符型,长度 40 位)、联系电话(字符型,长度 8 位)、传真(字符型,长度 8 位)、城市(字符型,长度 20 位)。

产品表通过产品编号主关键字与订单明细表建立联系;订单明细表通过订单编号主关键字与客户订单编号表建立联系;客户订单表通过客户编号主关键字与客户表建立联系。

3.6　应用 Visio 进行软件界面设计

在进行基于 Windows 环境下的软件界面设计时,我们可以利用 Visio 2007 中的"Windows XP 用户界面"模板通过其所含的已经设计好的形状创建类似 WindowsXP 风格的用户界面的模型。这些形状包括界面中常用的元素,例如,用作应用程序窗口基础的空白窗体、向导页面、工具栏和菜单形状,以及控件形状等。

3.6.1　实验目的

掌握如何运用 Visio 软件进行用户界面设计。

3.6.2　实验案例

在这里我们以 Windows XP 附件中的"写字板"应用程序为例,如图3-68 所示。学习如何使用 Visio 软件设计软件界面。

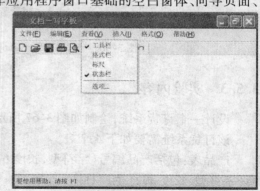

图 3-68　Visio 软件设计软件界面

【实验步骤】

1）在"文件"菜单中，依次指向"新建"→"软件和数据库"，然后单击"Windows XP 用户界面"。从窗口左侧的"窗口和对话框"模具中，将"空白窗体"形状拖到绘图页面上。选择该形状后，键入应用程序窗口的标题。

2）将"窗口和对话框"模具中的"Windows 按钮"形状拖到标题栏的右端并选择按钮类型。通常有 3 种按钮："最小化"按钮、"最大化"或"还原"按钮以及"关闭"按钮，按从左到右的顺序排列。

3）从"工具栏和菜单"模具中，将"菜单栏"形状拖到"空白窗体"形状上，将其粘附到标题栏的底部，然后添加菜单项，如图 3-69 所示。

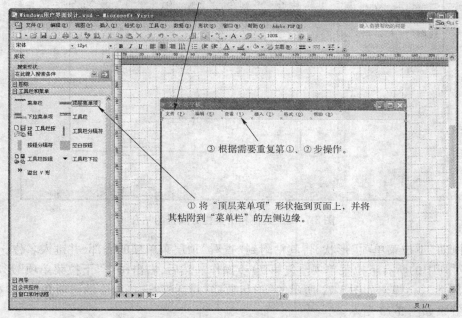

图 3-69　Windows 用户界面设计

4）从"工具栏和菜单"模具中，将"工具栏"形状拖到"空白窗体"形状上，将其粘附到菜单栏的底部，然后添加工具栏按钮。

5）将其中一个"工具栏按钮"形状拖到页面上，然后将其粘附到"工具栏"形状的左侧边缘，这时会自动弹出如图 3-70 所示的"形状数据"对话框。

图 3-70　形状数据

6）在"自定义属性"对话框中,选择所需的按钮类型,如选择"新建"并单击"确定"按钮后,"新建"按钮的图标 将在绘图页面中生成。如果用户以后要更改该按钮,则右击该形状并单击"设置按钮类型",以重新打开"自定义属性"对话框。

7）根据需要,重复步骤4）～6）操作,将更多的"工具栏按钮"形状拖入到绘图页面中,并将"工具栏和菜单"模具中的"工具栏分隔符"形状拖入到绘图页面上,将它们彼此粘附在一起,效果如图3-71所示。

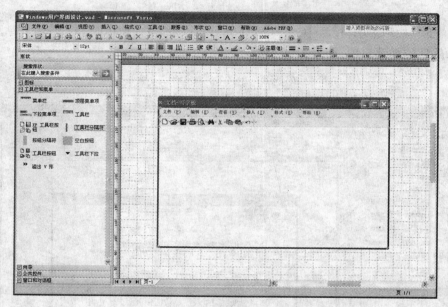

图3-71　工具栏和工具栏分隔符的粘合

8）拖动"下拉菜单项"形状,将其粘附到"查看"顶层菜单项的底部,并键入名称。

9）对列中的所有下拉菜单项重复第7）步操作。然后,右击每个"下拉菜单项"形状,单击"菜单项属性",会弹出如图3-72所示的"形状数据"对话框,选择相应的选项并单击"确定"按钮,最后效果如图3-73所示。

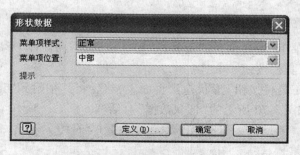

图3-72　菜单项属性的选择

10）从"窗口和对话框"模具中,依次将"状态栏"形状、"状态栏分隔线"形状以及"窗口大小调整"形状加入应用程序窗口的下边缘,并相应设置格式。

11）如果要隐藏连接单击图图标,请在窗口顶部的"视图"菜单上,单击"连接点"菜单项,得到的最终效果,如图3-74所示。

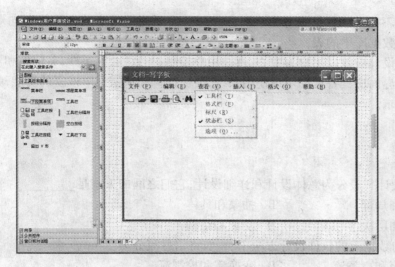

图 3-73　菜单项属性

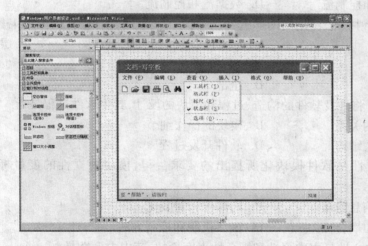

图 3-74　隐藏连接点

通过以上操作步骤,一个类似 Windows XP 附件中的"写字板"应用程序的软件界面就设计出来了。

3.7　小结

软件设计包括分而治之、高内聚低耦合、软件复用等基本原则。面向对象设计是根据已建立的系统分析模型,运用面向对象技术进行软件设计,通常包括系统设计和对象设计(或详细设计)两个层次。

系统设计是选择合适的解决方案策略,并将系统划分成若干子系统,从而建立整个系统的体系结构;对象设计是细化原有的分析对象,确定一些新的对象、对每一个子系统接口和类进行准确详细的说明。

关系数据库在整个数据库领域中占据主导地位,面向对象的许多概念(诸如类继承、接口、聚合等)并不是关系数据模型的一部分,因此,需要使用适当的方法将面向对象设计中的类映射到关系数据库中的表。

用户界面设计应该以用户为中心,遵循用户控制、一致性、容错性、美观性和可适应性等一般原则。用户界面应具备帮助用户使用系统、便捷操作和从错误中恢复的功能,并支持用户定制和个性化要求。

3.8 习题

1. 软件设计一般分为总体设计和详细设计,它们之间的关系是_____。

A. 全局和局部   B. 抽象和具体

C. 总体和层次   D. 功能和结构

2. 在面向数据流的软件设计方法中,一般将信息流分为_____。

A. 变换流和事务流   B. 变换流和控制流

C. 事务流和控制流   D. 数据流和控制流

3. 软件设计中一般将用到图形工具,下列_____可用作设计的图形工具。

a. 结构图   b. 实体联系图   c. IPO 图   d. 层次图

A. a 和 b   B. c 和 d

C. a、c、d   D. 全部

4. 软件设计将涉及软件的构造、过程和模块的设计,其中软件过程是指_____。

A. 模块间的关系   B. 模块的操作细节

C. 软件层次结构   D. 软件开发过程

5. 模块独立性是软件模块化所提出的要求,衡量模块独立性的度量标准则是模块的_____。

A. 抽象和信息隐蔽   B. 局部化和封装化

C. 内聚性和耦合性   D. 激活机制和控制方法

6. 模块的独立性是由内聚性和耦合性来度量的,其中内聚性是_____。

A. 模块间的联系程度   B. 模块的功能强度

C. 信息隐蔽程度   D. 接口的复杂程度

7. 软件结构是软件模块间关系的表示,下列术语中_____不属于对模块间关系的描述。

A. 调用关系   B. 从属关系

C. 嵌套关系   D. 主次关系

8. 软件设计中划分模块的一个准则是____(1)____。两个模块之间的耦合方式中,____(2)____耦合的耦合度最高,____(3)____耦合的耦合度最低。一个模块内部的内聚种类中____(4)____内聚的内聚度最高,____(5)____内聚的内聚度最低。

(1) A. 低内聚低耦合   B. 低内聚高耦合

       C. 高内聚低耦合   D. 高内聚高耦合

(2) A. 数据   B. 非直接

       C. 控制   D. 内容

（3）A. 数据　　　　　　　B. 非直接
　　　C. 控制　　　　　　　D. 内容
（4）A. 偶然　　　　　　　B. 逻辑
　　　C. 功能　　　　　　　D. 过程
（5）A. 偶然　　　　　　　B. 逻辑
　　　C. 功能　　　　　　　D. 过程

9. 20 世纪 60 年代后期，由 Dijkstra 提出的，用来增加程序设计的效率和质量的方法是
_____。

A. 模块化程序设计　　　　B. 并行化程序设计
C. 标准化程序设计　　　　D. 结构化程序设计

10. PAD 图的控制执行流程为_____。

A. 自下而上、从左到右　　B. 自上而下、循环执行
C. 自上而下、从左到右　　D. 都不对

11. 一个程序如果把它作为一个整体，它也是只有一个入口、一个出口的单个顺序结构，
这是一种_____。

A. 结构程序　　　　　　　B. 组合的过程
C. 自顶向下设计　　　　　D. 分解过程

12. 软件详细设计主要采用的方法是_____。

A. 结构程序设计　　　　　B. 模型设计
C. 结构化设计　　　　　　D. 流程图设计

13. 指出 PDL 是下列_____语言。

A. 高级程序设计语言　　　B. 伪码式
C. 中级程序设计语言　　　D. 低级程序设计语言

14. 在下述情况下，从供选择的答案中，选出合适的_____描述工具。当算法中需要用
一个模块去计算多种条件的复杂组合，并根据这些条件完成适当的功能。

A. 程序流程图形　　　　　B. NS 图
C. PDA 图或 PDL　　　　　D. 判定表

15. 面向数据流的设计方法把_____映射成软件结构。

A. 数据流　　　　　　　　B. 模块化
C. 控制结构　　　　　　　D. 信息流

16. Jackson 方法根据_____来导出程序结构。

A. 数据结构　　　　　　　B. 数据间的控制结构
C. 数据流图　　　　　　　D. IPO 图

17. Jackson 方法主要适用于规模适中的_____系统的开发。

A. 数据处理　　　　　　　B. 文字处理
C. 实时控制　　　　　　　D. 科学计算

18. 详细设计常用的 3 种工具是_____。

A. 文档、表格、流程　　　B. 图形、表格、语言
C. 数据库、语言、图形　　D. 文档、图形、表格

第4章 系统实施

本章要点

- 系统实施概述
- 程序设计风格
- 程序设计语言的选择
- 程序的复杂度及度量

4.1 系统实施概述

1. 系统实施的目的和任务

系统实施是系统开发工作的最后一个阶段。所谓实施是指将系统设计阶段的结果在计算机上实现,将原来纸面上的,类似于设计图式的系统方案转换成可执行的应用软件系统。系统实施阶段的主要任务是:

- 按总体设计方案购置和安装计算机网络系统。硬件准备包括计算机主机、输入/输出设备、存储设备、辅助设备(稳压电源、空调设备等)、通信设备等。购置、安装和调试这些设备要花费大量的人力、物力,并且持续相当长的时间。
- 软件准备。软件准备包括系统软件、数据库管理系统以及一些应用程序。这些软件有些需要购买,有些需要组织人力编写。编写程序是系统实施阶段的重要任务之一。
- 人员培训。人员培训主要是指用户的培训,包括主管人员和业务人员。这些人多数来自现行系统,精通业务,但往往缺乏计算机知识。为了保证系统调试和运行顺利进行,应该根据他们的基础,提前进行培训,使他们适应、逐步熟悉新的操作方法。
- 数据准备。数据的收集、整理、录入是一项既繁重、劳动量又大的工作。而没有一定基础数据的准备,系统调试就不可能很好地进行。一般来说,确定数据库模型之后,就应进行数据的收集、整理和录入。这样既分散了工作量,又可以为系统调试提供真实的数据。
- 投入切换和试运行。在系统实施过程中,还有若干非技术因素的影响。信息系统的最终受益人是企业的最高领导层,信息系统建设涉及到企业机构、权限的重组,只有具备进行变革权利的人才能真正地推进企业信息化。

2. 系统实施的步骤

系统开发工作沿着信息系统的生命周期逐渐推进,经过详细设计阶段后,便进入系统实施阶段,下面对工作步骤进行介绍。

1) 按总体设计方案购置和安装计算机网络系统。购置和安装硬件是比较简单的事情,只需要按总体设计的要求和可行性报告中财力资源的分析,选择好价格性能比高的设备,通知供货并安装即可。

2) 建立数据库系统。如果前面数据与数据流程分析以及数据库设计工作进行得比较规范,而且开发者又对数据库技术比较熟悉的话,按照数据库设计的要求只需要 1～2 个人一天即可建立起一个大型数据库结构。

3)程序设计。

4)收集有关数据并进行录入工作,然后进行系统测试。

5)人员培训、系统转换和试运行。

4.2 程序设计风格

软件实现是软件产品由概念到实体的一个关键过程,它将详细设计的结果翻译成用某种程序设计语言编写的,并且最终可以运行的程序代码。虽然软件的质量取决于软件设计,但是规范的程序设计风格将会对后期的软件维护带来不可忽视的影响。

1. 编码规范要求

在软件工程实践中,人们总结出一些常用程序设计语言的编码规范,采用规范编写程序可以增强代码的可读性和可移植性,减少不必要的程序错误。

(1)基本要求

① 程序结构清晰且简单易懂,单个函数的行数一般不要超过 100 行(特殊情况例外)。

② 算法设计应该简单且直截了当,代码要精简,避免出现垃圾程序。

③ 尽量使用标准库函数(类方法)和公共函数(类方法)。

④ 最好使用括号以避免二义性。

(2)可读性要求

随着软件系统的规模越来越大,在测试和维护过程中阅读代码成为一件十分困难的事情。如今,人们不再过度地强调编码的技巧性,而是将代码可读性作为影响软件质量的一个重要因素,经常是"可读性第一,效率第二"。

① 源程序文件应有文件头说明,函数应有函数头说明。

② 主要变量(结构、联合、类或对象)定义或引用时,注释要能够反映其含义。

③ 常量定义有相应说明。

④ 处理过程的每个阶段都有相关注释说明。

⑤ 在典型算法前都有注释。

⑥ 一目了然的语句不加注释。

⑦ 应保持注释与代码完全一致。

⑧ 利用缩进来显示程序的逻辑结构,缩进量统一为 4 个字节,不得使用 Tab 键的方式。

⑨ 对于嵌套的循环和分支程序,层次不要超过 5 层。

(3)正确性与容错性要求

① 程序首先是正确,其次是考虑优美和效率。

② 对所有的用户输入,必须进行合法性和有效性检查。

③ 所有变量在调用前必须被初始化。

④ 改一个错误时可能产生新的错误,因此,在修改前首先考虑对其他程序的影响。

⑤ 单元测试也是编程的一部分,提交联调测试的程序必须通过单元测试。

⑥ 单元测试时,必须针对类里的每一个 Public 方法进行测试,测试其正确的输入,是否得

到正确的输出;错误的输入是否得到相应的容错处理(如异常捕捉处理,返回错误提示等)。

（4）可重用与可移植性要求

① 重复使用的且完成相对独立功能的算法或接口,应该考虑封装成公共的控件或类,如时间、日期处理,字符串格式处理,数据库连接,文件读写等,以提高个人是系统中程序的复用或协同开发过程中程序的可重用。

② 相对固定和独立的程序实现方式和过程,应考虑做成程序模板,增强对程序实现方式的复用,如对符合一定规范的 XML 数据的解析等过程。

③ 对于 Java 程序来说,应当尽量使用标准的 JDK 提供的类,避免使用第三方提供的接口,以确保程序不受具体的运行环境影响,而且和平台无关,具备良好的可移植性。

④ 对数据库的操作,使用符合 Java 语言规范的标准的接口类(例如 JDBC),避免使用第三方提供的产品,除非程序是运行于特定的环境下,并且有很高的性能优化方面的要求。

⑤ 程序中涉及到的数据库定义和操纵语句,尽量使用标准 SQL 数据类型和 SQL 语句,避免使用第三方的专用数据库所提供的扩展 SQL 语句或 SQL 函数,除非此扩展部分已成为一种事实上的标准。

2．程序文档化

1) 标识符应按意取名。

2) 程序应加注释。注释是程序员与日后读者之间通信的重要工具,用自然语言或伪码描述。它说明了程序的功能,特别在维护阶段,对理解程序提供了明确指导。注释分序言性注释和功能性注释。

序言性注释应置于每个模块的起始部分,主要内容包括以下几个方面。

① 说明每个模块的用途、功能。

② 说明模块的接口:调用形式、参数描述及从属模块的清单。

③ 数据描述:重要数据的名称、用途、限制、约束及其他信息。

④ 开发历史:设计者、审阅者姓名及日期,修改说明及日期。

功能性注释嵌入在源程序内部,说明程序段或语句的功能以及数据的状态。注意以下几点:

① 注释用来说明程序段,而不是每一行程序都要加注释。

② 使用空行或缩格或括号,以便很容易区分注释和程序。

③ 修改程序也应修改注释。

3．数据说明

为了使数据定义更易于理解和维护,有以下指导原则:

1) 数据说明顺序应规范,使数据的属性更易于查找,从而有利于测试、纠错与维护。例如按以下顺序:常量寿命、类型说明、全程量说明、局部量说明。

2) 一个语句说明多个变量时,各变量名按字典顺序排列。

3) 对于复杂的数据结构,要加注释,说明在程序实现时的特点。

4．语句构造

语句构造的原则是:简单直接,不能为了追求效率而使代码复杂化。为了便于阅读和理解,不要一行多个语句。不同层次的语句采用缩进形式,使程序的逻辑结构和功能特征更加清晰。要避免复杂的判定条件,避免多重的循环嵌套。表达式中使用括号以提高运算次序的清晰度等。

5. 输入和输出

在编写输入和输出程序时考虑以下原则：

1）输入操作步骤和输入格式尽量简单。

2）应检查输入数据的合法性、有效性，报告必要的输入状态信息及错误信息。

3）输入一批数据时，使用数据或文件结束标志，而不要用计数来控制。

4）交互式输入时，提供可用的选择和边界值。

5）当程序设计语言有严格的格式要求时，应保持输入格式的一致性。

6）输出数据表格化、图形化。

输入、输出风格还受其他因素的影响，如输入、输出设备，用户经验及通信环境等。

6. 效率

效率是指处理机时间和存储空间的使用，对效率的追求明确以下几点：

1）效率是一个性能要求，目标在需求分析给出。

2）追求效率建立在不损害程序可读性或可靠性基础上，要先使程序正确，再提高程序效率，先使程序清晰，再提高程序效率。

3）提高程序效率的根本途径在于选择良好的设计方法、良好的数据结构算法，而不是靠编程时对程序语句作调整。

4.3 程序设计语言的选择

1. 程序设计语言特性

程序设计语言是人机通信的工具之一，使用这类语言"指挥"计算机干什么，是人类特定的活动。我们从以下 3 个方面介绍语言的特性。

1）心理特性：包括歧义性、简洁性、局部性和顺序性、传统性等。

2）工程特性：包括可移植性、开发工具的可利用性、软件的可重用性、可维护性等。

3）技术特性：支持结构化构造的语言有利于减少程序环路的复杂性，使程序易测试、易维护。

2. 程序设计语言的选择

（1）项目的应用领域

1）科学工程计算：需要大量的标准库函数，以便处理复杂的数值计算，可供选用的语言有 Fortran 语言、C 语言等。

2）数据处理与数据库应用：SQL 为 IBM 公司开发的数据库查询语言，还有 4GL，即第 4 代语言。

3）实时处理：实时处理软件一般对性能的要求很高，可选用的语言有汇编语言、Ada 语言等。

4）系统软件：如果编写操作系统、编译系统等系统软件时，可选用汇编语言、C 语言、Pascal 语言和 Ada 语言。

5）人工智能：如果要完成知识库系统、专家系统、决策支持系统、推理工程、语言识别、模式识别等人工智能领域内的系统，应选择 Prolog、Lisp 语言。

（2）软件开发的方法

有时编程语言的选择依赖于开发的方法，如果要用快速原型模型来开发，要求能快速实现原型，因此宜采用4GL。如果是面向对象方法，宜采用面向对象的语言编程。

（3）软件执行的环境

良好的编程环境不但有效提高软件生产率，同时能减少错误，有效提高软件质量。

（4）算法和数据结构的复杂性

科学计算、实时处理和人工智能领域中的问题算法较复杂，而数据处理、数据库应用、系统软件领域内的问题，数据结构比较复杂，因此，选择语言时可考虑是否有完成算法或数据结构的复杂性计算。

（5）软件开发人员的知识

编写语言的选择与软件开发人员的知识水平及心理因素有关，开发人员应仔细地分析软件项目的类型，敢于学习新知识，掌握新技术。

4.4 程序的复杂性及度量

4.4.1 代码行度量法

度量程序的复杂性，最简单的方法就是统计程序的源代码行数。此方法的基本考虑是统计一个程序的源代码行数，并以源代码行数作为程序复杂性的质量。

软件是高度知识密集型的产品。开发过程中，几乎没有原材料或者能源消耗，设备折旧所占比例很小。因此，软件生产的成本主要是劳动力成本。软件生产率是软件成本估计的基础。常用的软件成本估计计量单位有：

（1）源代码行

交付的可运行软件中有效的源程序代码行数。

（2）工作量

工作量是指完成一项任务所需的程序员平均工作时间，其单位可以是人月（PM）、人年（PY）或者人日（PD）。

（3）软件生产率

开发全过程中单位劳动量能够完成的平均软件数量。

软件生产率不仅可以用于成本估计，也可以用于软件计划的进度估算。行代码估算方法是比较简单的定量估算方法。通常根据经验和历史数据估计系统实现后的各功能的源代码行数，然后用每行代码的平均成本相乘即得软件功能成本估计。每行代码的平均成本取决于软件复杂程度和开发人员的工资水平。如果用软件生产率相乘，则得预期开发期，进行功能或者任务分解，则可以估计开发进度。

对每个功能的行代码估计值通常是3个根据历史资料或者直觉得到的数据：最乐观估计值 N，最可能估计值 M，最坏估计值 B。然后加权平均

$$L_e = (N + 4 \times M + B)/6$$

4.4.2 McCabe 度量法

McCabe 度量法是由 Thomas McCabe 提出的一种基于程序控制流的复杂性度量方法。McCabe 复杂性度量又称为环路度量。它认为程序的复杂性很大程度上取决于程序的复杂性。单一的顺序结构最为简单,循环和选择所构成的环路越多,程序就越复杂。这种方法以图论为工具,先画出程序图,然后用该图的环路数作为程序复杂性的度量值。程序图是退化的程序流程图。也就是说,把程序流程图的每一个处理符号都退化成一个结点,原来连接不同处理符号的流线变成连接不同结点的有向弧,这样得到的有向图就叫做程序图。

程序图仅描述程序内部的控制流程,完全不表现对数据的具体操作分支和循环的具体条件。因此,它往往把一个简单的 IF 语句与循环语句的复杂性看成是一样的,把嵌套的 IF 语句与 CASE 的复杂性看成是一样的。下面给出计算环路复杂性的方法,如图 4-1 所示。

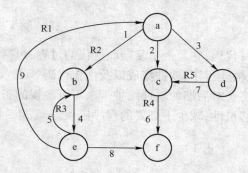

图 4-1　程序的复杂性

根据图论,在一个强连通的有向图 G 中,环的个数 V(G)由以下公式给出:

$$V(G) = m - n + 2p$$

式中,V(G)是有向图 G 中环路数,m 是图 G 中弧数,n 是图 G 中结点数,p 是图 G 中强连通分量个数。在一个程序中,从程序图的入口点总能到达图中任何一个结点,因此,程序总是连通的,但不是强连通的。为了使图成为强连通图,从图的入口点到出口点加一条用虚线表示的有向边,使图成为强连通图。这样就可以使用上式计算环路复杂性了。

以图 4-1 所给出的例子示范,其中,结点数 n = 6,弧数 m = 9,p = 1,则有

$$V(G) = m - n + 2p = 9 - 6 + 2 = 5$$

即 McCabe 环复杂度度量值为 5。这里选择的 5 个线形无关环路为(abefa),(beb),(abea),(acfa),(abcfa),其他任何环路都是这 5 个环路的线形组合。

当分支或循环的数目增加时,程序中的环路也随之增加,因此,McCabe 环复杂度度量值实际上是为软件测试的难易程度提供一个定量度量的方法,同时也间接表示了软件的可靠性。实验表明,源程序中存在的错误数以及为了诊断和纠正这些错误所需的时间与 McCabe 环复杂度度量值有明显的关系。

利用 McCabe 环复杂度度量值时,有几点说明。

1) 环路复杂度取决于程序控制结构的复杂度。当程序的分支数目或循环数目时,其复杂度也增加。环路复杂度与程序中覆盖的路径条数有关。

2) 环路复杂度是可增加的。例如,模块 A 的复杂度为 3,模块 B 的复杂度为 4,则模块 A

与模块 B 的复杂度是 7。

3）McCabe 建议,对于复杂度超过 10 的程序,应分成几个小程序,以减少程序中的错误。

4）这种度量的缺点是:

① 对于不同种类的控制流的复杂度不能区分。

② 简单 IF 语句与循环语句的复杂性同等看待。

③ 嵌套 IF 语句与简单 CASE 的复杂性是一样的。

④ 模块间接口当成一个简单分支一样处理。

⑤ 一个具有 1000 行的顺序程序与一行语句的复杂性相同。

尽管 McCabe 复杂度度量法有许多缺点,但它容易使用,而且在选择方案和估计排错费用等方面都是很有效的。

4.5　小结

软件编码不仅仅是编写代码,它是一个复杂而迭代的过程,包括理解模型、编写代码、归档代码、检查代码、调试代码、构建程序、软件集成以及优化代码等。

规范的程序设计风格将会对后期的软件维护带来不可忽视的影响。采用规范编写程序可以增强代码的可读性和可移植性,减少不必要的程序错误。

4.6　习题

1. 常用的软件成本估计计量单位有_____。

A. 源代码行　　　　　　　　　　B. 工作量

C. 软件生产率　　　　　　　　　D. 进度估算

2. McCabe 度量法是由 Thomas McCabe 提出的一种基于程序控制流的复杂性度量方法。McCabe 复杂性度量又称_____。

A. 环路度量　　　　　　　　　　B. 路径度量

C. 循环度量　　　　　　　　　　D. 周期度量

3. 程序语言的特性包括_____。

A. 心理特性　　　　　　　　　　B. 工程特性

C. 算法特性　　　　　　　　　　D. 技术特性

4. 软件实现是软件产品由概念到实体的一个关键过程,它将_____的结果翻译成用某种程序设计语言编写的并且最终可以运行的程序代码。虽然软件的质量取决于软件设计,但是规范的程序设计风格将会对后期的软件维护带来不可忽视的影响。

A. 总体设计　　　　　　　　　　B. 详细设计

C. 代码设计　　　　　　　　　　D. 软件设计

5. 系统实施是新系统开发工作的最后一个阶段。所谓实施指的是将_____阶段的结果在计算机上实现,将原来纸面上的,类似于设计图式的新系统方案转换成可执行的应用软件系统。

A. 总体设计　　　　　　　　　　B. 详细设计

C. 系统设计　　　　　　　　　　D. 代码设计

6. 请选择有关高级语言和低级语言特点和能力的描述。

（1）程序设计语言一般来说,可划分为低级语言和高级语言两大类,与高级语言相比,用低级语言开发的程序,具有如下哪种特点?

A. 运行效率低,开发效率低　　B. 运行效率低,开发效率高

C. 运行效率高,开发效率低　　D. 运行效率高,开发效率高

（2）尽管高级语言比低级语言更容易理解,并且易于对高级语言编写的程序进行维护和升级,但在_____的场合,还经常全部或部分地使用低级语言。

A. 对时间和空间有严格要求　　B. 并行处理

C. 事件驱动　　　　　　　　　　D. 电子商务

7. 请回答下面有关程序设计的问题。

人们在使用高级程序设计语言编程时,首先可通过编译程序发现源程序中的全部____（1）____及部分____（2）____,然后可采用____（3）____来发现程序中的运行错误和采用____（4）____来确定错误的位置,____（5）____是泛指用户在验收中发现的结果与需求不符的错误。

（1）（2）（5）的可选答案:

A. 符号错误　　　　　　　　　　B. 逻辑错误

C. 语法错误　　　　　　　　　　D. 通路错误

E. 语义错误　　　　　　　　　　F. 溢出错误

G. 设计错误

（3）（4）的可选答案:

A. 诊断　　　　　　　　　　　　B. 测试

C. 校验　　　　　　　　　　　　D. 排错

E. 普查　　　　　　　　　　　　F. 试探

（1）_____　　　　（2）_____　　　　　　　（3）_____

（4）_____　　　　（5）_____

8. 下面的叙述哪些是正确的?

① 在软件开发过程中,编程作业的代价最高。

② 良好的程序设计风格应以缩小程序占用的存储空间和提高程序的运行速度为原则。

③ 为了提高程序的运行速度,有时采用以存储空间换取运行速度的方法。

④ 对同一算法,用高级语言编写的程序比用低级语言编写的程序运行速度快。

A. ①③　　　　　　　　　　　　B. ②③④

C. ③　　　　　　　　　　　　　D. ④

9. 在高级语言中,子程序调用语句中的____（1）____在个数、类型、顺序方面都要与子程序说明中给出的____（2）____相一致。用高级语言编写的程序经编译后产生的程序叫____（3）____。用不同语言编写的程序产生____（3）____后,可用____（4）____连接在一起生成机器可执行的程序。在机器里真正执行的是____（5）____。

供选择的答案:

（1）（2）的选择答案:

A. 实际参数　　　　　　　　B. 条件参数
C. 形式参数　　　　　　　　D. 局部参数
E. 全局参数
(3)(4)(5)的选择答案：
A. 源程序幕　　　　　　　　B. 目标程序
C. 函数　　　　　　　　　　D. 过程
E. 机器指令代码　　　　　　F. 模块
G. 连接程序　　　　　　　　H. 程序库
(1) _____　　　　(2) _____　　　　(3) _____
(4) _____　　　　(5) _____

第5章 系统测试

本章要点

- 软件测试原则
- 软件测试策略
- 软件测试技术
- 面向对象的测试

5.1 系统测试的任务和目标

从广义上讲,测试是指软件产品生存周期内所有的检查、评审和确认活动,如设计评审、系统测试。从狭义上讲,测试是对软件产品质量的检验和评价,它一方面检查软件产品质量中存在的质量问题,同时对产品质量进行客观的评价。

关于软件测试,IEEE 给出如下的定义:

测试是使用人工和自动方法来运行或检测某个系统的过程,其目的在于检验系统是否满足规定的需求或弄清预期结果与实际结果之间的差别。

除此之外,由 Glen Myers 给出的定义曾被许多人所接受:

测试是为了发现错误而执行一个程序或系统的过程。

Glen Myers 对软件测试提出了以下观点:

1)测试是一个程序的执行过程,其目的在于发现错误。

2)一个好的测试用例很可能是发现至今尚未察觉的错误。

3)一个成功的测试用例是发现至今尚未察觉的错误的测试。

总体来说,软件测试的目标在于以最少的时间和人力,系统地找出软件中潜在的各种错误和缺陷。

图 5-1 显示了整个生命周期不同阶段可能的测试活动和测试技术。

需求阶段	设计阶段	实现阶段	测试阶段	验收阶段
• 用例情景 • 原型走查 • 模型走查 • 需求评审	• 模型走查 • 原型走查 • 设计评审	• 代码走查 • 借口分析 • 文档评估		
• 制定测试计划	• 制定测试计划 • 测试设计	• 编写测试用例 • 制定测试过程 • 单元测试	• 制定测试过程 • 集成测试 • 系统测试	• α 测试 • β 测试 • 验收测试
回归测试,质量保证				

图 5-1 不同阶段的测试活动和测试技术

1. 系统测试的目标

系统测试的目标有如下 3 点：

1）系统测试是为了发现错误而执行程序的过程。

2）一个好的测试用例能够发现至今尚未发现的错误。

3）一个成功的测试是发现了至今尚未发现的错误的测试。

因此，测试阶段的基本任务应该是根据软件开发各阶段的文档资料和程序的内部结构，精心设计一组"高产"的测试用例，利用这些实例执行程序，找出软件中潜在的各种错误和缺陷。

2. 系统测试的原则

1）测试用例应由输入数据和预期的输出数据两部分组成。这样便于对照检查，做到"有的放矢"。

2）测试用例不仅选用合理的输入数据，还要选择不合理的输入数据。这样能更多地发现错误，提高程序地可靠性。对于不合理地输入数据，程序应拒绝接受，并给出相应提示。

3）除了检查程序是否做了它应该做的事，还应该检查程序是否做了它不应该做的事。例如，程序正确打印出用户所需信息的同时还打印出用户并不需要的多余信息。

4）应制定测试计划并严格执行，排除随意性。

5）长期保留测试用例。测试用例的设计耗费很大的工作量，必须作为文档保存。因为修改后的程序可能有新的错误，需要进行回归测试。同时，为以后的维护提供方便。

6）对发现错误较多的程序段，应进行更深入的测试。有统计数字表明，一段程序中所发现的错误数越多，其中存在的错误概率也越大。因为发现错误数多的程序段，其质量较差。同时在修改错误过程中又容易引入新的错误。

7）程序员避免测试自己的程序。测试是一种"挑剔性"的行为，心理状态是测试自己程序的障碍。另外，对需求规格说明的理解而引入的错误则更难发现。因此，应由他人或另外的机构来测试程序员编写的程序会更客观、更有效。

5.2 系统测试方法

系统测试方法一般分为两大类：动态测试方法与静态测试方法，而动态测试方法中又根据测试用例的设计方法不同，分为黑盒测试与白盒测试两类。另外，有的时候也可以把测试方法分为人工测试和机器测试两种，机器测试又可分为黑盒测试和白盒测试两类。

（1）静态测试

静态测试是指被测试程序不在机器上运行，而是采用人工检测和计算机辅助静态分析的手段对程序进行检测。

① 人工检测。人工检测是不依靠计算机，而是靠人工审查程序或评审软件。

② 计算机辅助静态分析。利用静态分析工具对被测试程序进行特性分析，从程序中提取一些信息，以便检查程序逻辑的各种缺陷和可疑的程序构造。

（2）动态测试

一般意义上的测试大多是指动态测试。代表性的方法有黑盒测试法和白盒测试法等。

5.2.1 黑盒测试

黑盒测试又称为功能测试或数据驱动测试,它将测试对象看作一个黑盒子,完全不考虑程序内部的逻辑结构和内部特性,只在软件的接口处进行测试,依据需求规格说明书,检查程序是否满足功能要求。黑盒测试方法主要有等价类划分、边界值分析、因果图、错误推测等,主要用于功能测试。

通过黑盒测试主要发现以下错误:

1)是否有不正确或遗漏了的功能。

2)在接口上,能否正确地接受输入数据,能否产生正确的输出信息。

3)访问外部信息是否有错。

4)性能上是否满足要求等。

5.2.2 白盒测试

白盒测试又称为结构测试,它把测试对象看作一个透明的盒子。测试人员须了解程序的内部结构和处理过程,以检查处理过程的细节为基础,对程序中尽可能多的逻辑路径进行测试,检查内部控制结构和数据结构是否有错,实际的运行状态与预期的状态是否一致。白盒测试的主要方法有逻辑驱动、基本路径测试等,经常常用于单元测试。

黑盒法和白盒法都不能使测试达到彻底。为了用有限的测试发现更多的错误,需精心设计测试用例。

5.2.3 灰盒测试

灰盒测试定义为将根据需求规格说明语言(RSL)产生的基于测试用例的要求(RBTC),用测试单元的接口参数加到受测单元,检验软件在测试执行环境控制下的执行情况。灰盒测试法的目的是验证软件满足外部指标要求以及对软件的所有通道都进行检验。通过该程序的所有路径都进行了检验和验证后,就得到了全面的验证。

灰盒测试法的步骤见表 5-1。

表 5-1 灰盒测试步骤

步　　骤	说　　明
1	确定程序的所有输入和输出
*2	确定程序所有状态
3	确定程序主路径
4	确定程序的功能
5	产生试验子功能 X 的输入。这里 X 为许多子功能之一
6	制定验证子功能的 X 的输出
7	执行测试用例 X 的软件
8	检验测试用例 X 结果的正确性
9	对其余子功能。重复步骤 7 和 8
10	重复步骤 4~8,然后再进行第 9 步,进行回归测试

灰盒测试,确实是介于白盒测试和黑盒测试二者之间的,可以这样理解,灰盒测试关注输出对于输入的正确性,同时也关注内部表现,但这种关注不像白盒测试那样详细、完整,只是通过一些表征性的现象、事件、标志来判断内部的运行状态。有时候输出是正确的,但内部其实已经错误了,这种情况非常多,如果每次都通过白盒测试来操作,效率会很低,因此,需要采取这种灰盒的方法。

灰盒测试由方法和工具组成,这些方法和工具取材于应用程序的内部知识和与之交互的环境,能够用于黑盒测试以增强测试效率、错误发现和错误分析的效率。

灰盒测试涉及输入和输出,但使用关于代码和程序操作等通常在测试人员视野之外的信息设计测试。

5.2.4　面向对象的测试

（1）测试策略与方法

在面向对象的软件系统中,类是基本的组成单位,同时封装、继承、多态等主要特性使得传统的集成测试方法不再适用,因此,面向对象的测试需要新的策略和方法,以反映面向对象的本质特性。

（2）类测试

在面向对象的测试中,类测试用于代替传统测试方法中的单元测试,它是为了验证类的实现与类的规约是否一致的活动。

完整类的测试应该包括:类属性的测试、类操作的测试、可能状态下的对象测试。如同前面提到的,继承使得类测试变得困难,必须注意"孤立"的类测试是不可行的,一定要与前面介绍过的其他测试方法结合在一起进行测试。

（3）类集成测试

在面向对象测试中,类集成测试用于代替传统测试方法中的集成测试。类集成测试是将一组关联的类进行联合测试,以确定它们能否在一起共同工作。

类集成测试的方法有:基于场景的测试、线程测试、对象交互测试等。

1）基于场景的测试:基于场景的测试可以根据场景描述或者顺序图,将支持该场景的相关类集成在一起,找出需要测试的操作,并设计有关的测试用例。在选择场景设计测试用例时,应保证每个类的每个方法至少执行一次,先测试最平常的场景,再测试异常的场景。

2）线程测试:线程测试根据系统对特别输入或一组输入事件的响应来进行。

3）对象交互测试:对象交互测试根据对象交互序列,找出一个相关的结构,称为"原子系统功能",通过对每个原子系统功能的输入事件响应来进行测试。

5.2.5　人工测试

人工测试是指采用人工方式进行测试,目的是通过对程序静态结构的检查,找出编译时不能发现的错误。经验表明,组织良好的人工测试可以发现程序中30%～70%的编码和逻辑设计错误。

人工测试又称为代码审查,其内容包括检查代码和设计是否一致,检查代码逻辑表达是否正确和完整,检查代码结构是否合理等。其主要有3种方法。

1）个人复查:是指程序员本人对程序进行检查。由于心理上的原因和思维惯性的影响,对自己的错误一般不容易发现,对功能理解的错误更不可能纠正。因此,这种方法主要针对小规模程序,效率不高。

2)抽查:通常由3~5人组成测试小组,测试人员应是没有参加该项目开发的有经验的程序设计人员。在抽查之前,应先阅读相关的软件资料和源程序,然后测试人员扮演计算机的角色,将一批带有代表性的测试数据沿程序的逻辑运行一遍,监视程序的执行情况,人工检测程序很慢,只能选择少量简单的例子。

3)会审:测试人员的构成与抽查类似。在会审之前,测试人员应该充分阅读相关资料,比如系统分析说明书、系统设计说明书、源程序等。有经验的测试人员列出尽可能多的典型错误。在会审时,由编程人员发现自己以前没有意识到的错误,使问题暴露。会审后,要将发现的问题登记、分析、归类。

代码审查应该在被测软件编译成功之后,编译都没通过的软件当然谈不上复审;在复审期间,应保证有足够的时间,让测试小组对问题进行充分的讨论,这样才能有效提高测试效率,避免出错。

5.2.6 机器测试

机器测试是把设计好的测试用例用于被测程序,比较测试结果和预期结果是否一致,如果不一致,就说明可能存在错误。机器测试只能发现错误的症状,但无法对问题进行定位。

5.3 测试步骤

1. 软件全生命周期的测试活动

软件开发从获取需求、分析设计到编码实现,是一个自顶向下、逐步精化的过程。而软件测试过程却是自底向上,从局部到整体,逐步集成的过程。在开发的不同阶段,会出现不同类型的缺陷和错误,需要不同的测试技术和方法来发现这些缺陷。

在软件测试的 V 模型(见图 5-2)中,非常明确地划分了软件测试过程的不同级别,并阐述了软件测试阶段和开发过程各阶段的对应关系。在开发过程中,从需求分析开始,而后将这些需求不断地转换到系统的概要设计和详细设计中去,最后编码实现,完成整个软件系统。与之对应,在测试过程中,先从单元测试开始,然后是集成测试、系统测试和验收测试,其中低一级的测试是高一级测试的准备和条件。

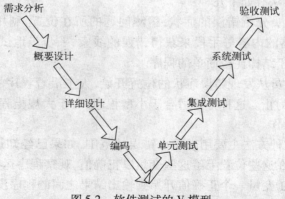

图 5-2　软件测试的 V 模型

软件产品测试时,需要以下 3 类信息。

1)软件配置:是指需求规格说明书、设计说明书、源程序等。

2)测试配置:是指测试方案、测试用例、测试驱动程序等。

3)测试工具:是指计算机辅助测试的有关工具。

软件产品的测试一般包括单元测试、集成测试、确认测试、系统测试和验收测试 5 个步骤,具体步骤如图 5-3 所示。

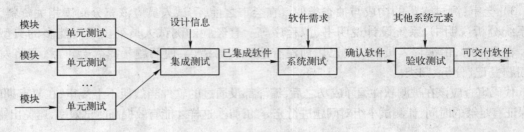

图 5-3   测试步骤

单元测试主要是基于代码的测试,即对源程序中每一个程序单元进行的测试,检查并修正各个模块在编码中或算法中的错误,从而检查软件的功能与性能是否与需求规格说明书中确定的指标相符合,即进行确认测试。

各模块经过单元测试、确认测试之后,再组装起来进行集成测试。集成测试是针对详细设计中所定义的各个单元之间的接口进行的检查。

在所有单元测试和集成测试完成后,系统测试开始以客户环境模拟系统的运行,以验证系统是否达到了在概要设计中所定义的功能和性能。

当技术部门完成了所有测试工作后,由业务专家或用户进行验收测试,以确保产品能真正符合用户业务上的需要。

2. 进行软件调试

软件测试的目的是尽可能多地发现程序中的错误,而调试的目的是确定错误的原因和位置,并改正错误。因此,调试总是和测试交错进行的。

调式的任务是根据测试时所发现的错误,找出原因和具体的位置,进行改正。调试工作主要由程序开发人员来进行,谁开发的程序就由谁来进行调试。

目前常用的调试方法有如下几种:

1)试探法:调试人员分析错误的症状,猜测问题的所在位置,利用在程序中设置输出语句,分析寄存器、存储器的内容等手段来获得错误的线索,一步步地试探和分析出错误所在。这种方法效率低,适合于结构比较简单的程序。

2)回溯法:调试人员从发现错误症状的位置开始,人工沿着程序的控制流程往回跟踪代码,直到找出错误根源为止。这种方法适合于小型程序,对于大规模程序,由于其需要回溯的路径太多而变得不可操作。

3)对分查找法:这种方法主要用来缩小错误的范围,如果已经知道程序中的变量在若干位置的正确取值,可以在这些位置上给这些变量以正确值,观察程序运行输出结果。如果没有发现问题,则说明从赋予变量一个正确值开始到输出结果之间的程序没有出错,问题可能在除此之外的程序中,否则错误就在所考察的这部分程序中,对含有错误的程序段再使用这种方法,直到把故障范围缩小到比较容易诊断为止。

4）归纳法:归纳法是从测试所暴露问题的地方出发,收集所有正确或不正确的数据,分析它们之间的关系,提出假象的错误原因,用这些数据来证明或反驳,从而查出错误所在。

5）演绎法:根据错误结果,列出所有可能的错误原因。分析已有的数据,排除不可能和彼此矛盾的原因。对余下的原因,选择可能性最大的,利用已有的数据完善该假设,使假设更具体。用假设来解释所有的原始测试结果,如果能解释这一切,则假设得以证实,也就找出错误;否则,要么是假设不完备或不成立,要么有多个错误同时存在,需要重新分析,提出新的假设,直到发现错误为止。

3. 编写软件测试文档

软件测试是一个很复杂的过程,也会涉及软件开发其他一些阶段的工作,对于保证软件的质量及其运行有着重要意义,因此,有必要把软件测试的要求、过程及测试结果以正式的文档形式写出来。

编写测试文档是测试工作规范化的一个组成部分,该文档应该描述要执行的软件测试及测试的结果,主要包括以下部分:

1）测试计划:测试计划是测试工作的指导性文档,它规定测试活动的范围、方法、资源和进度,明确正在测试的项目、要测试的特性、要执行的测试任务、每个任务的负责人,以及与计划相关的风险。其主要内容包括测试目标、测试方法、测试范围、测试资源、测试环境和工具、测试体系结构、测试进度表等。

2）测试用例:测试用例是由数据输入和期望结果组成,其中"输入"是对被测软件接收外界数据的描述,"期望结果"是对于相应输入软件应该出现的输出结果的描述。测试用例还应明确指出使用具体测试案例产生的测试程序的任何限制。测试用例可以被组织成一个测试系列,即为实现某个特定的测试目的而设计的一组测试用例。

3）缺陷报告:缺陷报告是编写在需要调查研究的测试过程期间发生的任何事件,即记录软件缺陷。其主要内容包括缺陷编号、题目、状态、提出、解决、所属项目、测试环境、缺陷报告执行步骤、期待结果、附件等。在报告缺陷时,一般要讲明缺陷的严重性和优先级。其中严重性表示软件的恶劣程度,反映其对产品和用户的影响;优先级表示修复缺陷的重要程度和应该何时修复。

4）测试总结报告:该文档列出测试中发现的和需要调查的所有失败情况。从测试总结报告中,开发人员对每次失效进行分析并区分优先次序,进而为系统和模型中的变化进行设计。

5.3.1 单元测试

1. 测试的内容

单元测试的任务是测试构造软件系统的模块,即对象和子系统。一般来说,单元测试主要侧重于测试各个模型的以下部分:

1）模块接口:主要检查数据能否正确通过模块;属性及对应关系是否一致。

2）局部数据结构:说明不正确或不一致;初始化或缺省值错误;变量名未定义或拼写错误;数据类型不相容;上溢、下溢或地址错误等。

3）重要的执行路径:重要模块要进行基本路径测试,仔细地选择测试路径是单元测试的一项基本任务。

4）错误处理：主要测试程序对错误处理的能力，应检查是否不能正确处理外部输入错误或内部处理引起的错误；对发生的错误不能正确描述内容，难以理解；在错误处理之前，系统已进行干预等。

5）边界条件：程序最容易在边界上出错，如输入/输出数据的等价类边界，选择条件和循环条件的边界，复杂数据结构的边界等都应进行测试。

2. 测试的方法

由于被测试的模块往往不是独立的程序，它处于整个软件结构的某一层位置上，被其他模块调用或调用其他模块，其本身不能进行单独运行，因此，在单元测试时，应为测试模块开发一个驱动模块（Driver）和（或）若干个桩模块（Stub）。图 5-4 显示了一般单元测试的环境。

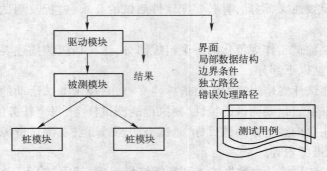

图 5-4　单元测试环境

驱动模块的作用是用来模拟被测模块的上级调用模块，功能要比真正的上级模块简单得多，它只完成接受测试数据，以上级模块调用被测模块的格式驱动被测模块，接收被测模块的测试结果并输出。

桩模块用来代替被测试模块所调用的模块。它的作用是返回被测模块所需的信息。

5.3.2　集成测试

单元测试集中考虑单个模块，纠正每个模块中的错误，单个模块正常工作并不意味着所有模块集成在一起就可以正常工作，其原因在于模块相互调用时接口会引入许多新问题，而单元测试是无法找出这类错误的。

集成测试是组装软件的系统测试技术。它按照设计要求，把通过单元测试的各个模块组装在一起之后，进行综合测试以便发现与接口有关的各种错误，故也称为组装测试或联合测试。

集成测试的方法有两类：非渐增式测试和渐增式测试。

（1）非渐增式测试

首先对每个模块分别进行单元测试，然后把所有的模块按设计要求组装在一起，再进行整体测试，也称为一次性组装测试。

这种方法的优点在于不需要任何附加的驱动模块和桩模块，但容易出现混乱，很难确定导致故障的错误位置，也很难区分是接口故障还是组件内部故障。

（2）渐增式测试

逐个把未经过测试的模块组装到已经测试过的模块上去，进行集成测试。每加入一个新模块进行一次集成测试，重复此过程直至程序组装完毕。

渐增式测试有以下两种不同的组装模块的方法：

1）自顶向下集成。自顶向下集成是构造程序结构的一种增量式方式。它从主控模块开始，按照软件的控制层次结构，以深度优先或广度优先的策略，逐步把各个模块集成在一起。该方法不需要编写驱动模块，只需编写桩模块。

自顶向下集成测试的步骤如下：

① 以主控模块作为测试驱动模块，把对主控模块进行单元测试时引入的所有桩模块用实际模块替代。

② 依据所选的集成策略（深度优先或广度优先），每次只替代一个桩模块。

③ 每集成一个模块立即测试一遍。

④ 只有每组测试完成后，才着手替换下一个桩模块。

⑤ 循环执行上述步骤②～④，直至整个程序构造完毕。

自顶向下集成的优点是能尽早地对程序的主要控制和决策机制进行检验，因此能较早地发现错误。缺点是在测试较高层模块时，低层处理采用桩模块替代，不能反映真实情况，重要数据不能及时回送到上层模块，因此，测试并不充分。

2）自底向上集成。自底向上集成是从软件结构最低层的模块开始组装测试，因测试到较高层模块时，所需的下层模块功能均已具备，所以该方法仅需编写驱动模块，不需编写桩模块。

自底向上集成测试的步骤如下：

① 把低层模块组织成实现某个子功能的模块群（Cluster）。

② 开发一个测试驱动模块，控制测试数据的输入和测试结果的输出。

③对每个模块群进行测试。

④ 删除测试用的驱动模块，用较高层模块把模块群组织成为完成更大功能的新模块群。

⑤ 循环执行上述各步骤，直至整个程序构造完毕。

自底向上集成方法不用桩模块，测试用例的设计亦相对简单，但缺点是程序最后一个模块加入时才具有整体形象，它与自顶向综合测试方法的优缺点正好相反。

5.3.3　确认测试

确认测试又称为有效测试。它的任务是检查软件的功能与性能是否与需求规格说明书中确定的指标相符合。

确认测试阶段有两项工作：进行确认测试与软件配置审查。

（1）进行确认测试

确认测试一般在模拟环境下运用黑盒测试方法，由专门测试人员和用户参加的测试。确认测试需要需求规格说明书、用户手册等文档，要制定测试计划（详细见书中附录11），确定测试的项目，说明测试内容，描述具体的测试用例。测试用例应该选用实际运用的数据。测试结束后，应写出测试分析报告。

（2）软件配置审查

软件配置审查的任务是检查软件的所有文档资料的完整性、正确性，如发生遗漏和错误，应补充和改正。同时要编排好目录,为以后的软件维护工作奠定基础。

5.3.4 系统测试

系统测试确保整个系统与系统的功能需求和非功能需求保持一致。

(1)功能测试

功能测试是系统测试中最基本的测试,它不管软件内部的实现逻辑,主要根据软件需求规格说明和测试需求列表,验证产品的功能实现是否符合需求规格。

功能测试主要发现这些错误:是否有不正确或遗漏的功能;功能实现是否满足用户需求和系统设计的隐藏需求;能否正确地接受输入;能否正确地输出结果等。

(2)性能测试

对于那些实时和嵌入式系统,软件部分即使满足功能要求,也未必能够满足性能要求,虽然从单元测试起,每一测试步骤都包含性能测试,但只有当系统真正集成之后,在真实环境中才能全面、可靠地测试运行性能系统。性能测试有时与强度测试相结合,经常需要其他软硬件的配套支持。

(3)压力测试

压力测试是检查系统在资源超负荷情况下的表现,特别是对系统的处理时间有什么影响。

(4)安全性测试

安全测试检查系统对非法入侵的防范能力。安全测试期间,测试人员假扮非法入侵者,采用各种办法试图突破防线。

(5)恢复测试

恢复测试是检验系统从软件或者硬件失败中恢复的能力,即采用各种人工干预方式使软件出错,而不能正常工作,从而检验系统的恢复能力。

(6)安装测试

系统验收之后,需要在目标环境中进行安装。安装测试的目的是保证应用程序能够被成功地安装。

它重点考虑这几方面:应用程序是否可以成功地安装在以前从未安装过的环境中;应用程序是否可以成功地安装在以前已有的环境中;配置信息定义是否正确;是否考虑到以前的配置信息;在线文档安装是否正确;安装应用程序是否会影响其他的应用程序;对于该应用程序来说,计算机资源是否充足;安装程序是否可以检测到资源的情况并作出适当的反应等。

5.3.5 验收测试

验收测试是用户根据验收标准(通常来自项目协议),在开发环境或模拟真实环境中执行的可用性、功能和性能测试。

验收测试可以是非正式的测试,也可以有计划、有系统的测试。有时,验收测试长达数周甚至数月,不断暴露错误,导致开发延期。一个拥有众多用户的软件产品,不可能由每个用户进行验收测试,此时多采用称为 α、β 测试的过程,以便发现那些似乎只有最终用户才能发现的问题。

α 测试是指软件开发公司组织内部人员模拟各类用户对即将面市软件产品(称为 α 版本)进行测试,试图发现错误并修正。α 测试的关键在于尽可能逼真地模拟实际运行环境和用户对软件产品的操作,并尽最大努力涵盖所有可能的用户操作方式。经过 α 测试调整的软件产品称为 β 版本。紧随其后的 β 测试是指软件开发公司组织各方面的典型用户在日常工作中实际使用 β 版本,要求用户报告异常情况并提出批评意见,然后软件开发公司再对 β 版本进行改错和完善。

5.4 面向对象软件测试

5.4.1 面向对象测试模型

面向对象的开发模型突破了传统的瀑布模型,将开发分为面向对象分析(OOA)、面向对象设计(OOD)和面向对象编程(OOP)3 个阶段。针对这种开发模型,结合传统的测试步骤的划分,把面向对象的软件测试分为:面向对象分析的测试、面向对象设计的测试、面向对象编程的测试、面向对象的单元测试、面向对象的集成测试和面向对象的系统测试。

5.4.2 面向对象分析的测试

传统的面向过程分析是一个功能分解的过程,是把一个系统看成可以分解的功能的集合。这种传统的功能分解分析法的着眼点在于一个系统需要什么样的信息处理方法和过程,以过程的抽象来对待系统的需要。而 OOA 是"把 ER 图和语义网络模型,即信息造型中的概念,与面向对象程序设计语言中的重要概念结合在一起而形成的分析方法",最后通常是得到问题空间的图表的形式描述。OOA 直接映射问题空间,全面地将问题空间中实现功能的现实抽象化。将问题空间中的实例抽象为对象,用对象的结构反映问题空间的复杂实例和复杂关系,用属性和操作表示实例的特性和行为。对一个系统而言,与传统分析方法产生的结果相反,行为是相对稳定的,结构是相对不稳定的,这更充分反映了现实的特性。

5.4.3 面向对象设计的测试

通常结构化的设计方法用的是面向作业的设计方法,它把系统分解以后,提出一组作业,这些作业是以过程实现系统的基础构造,把问题域的分析转化为求解域的设计,分析的结果是设计阶段的输入。而 OOD 采用"造型的观点",以 OOA 为基础归纳出类,并建立类结构或进一步构造成类库,实现分析结果对问题空间的抽象。由此可见,OOD 不是在 OOA 上的另一思维方式的大动干戈,而是 OOA 的进一步细化和更高层的抽象。所以,OOD 与 OOA 的界限通常是难以严格区分的。OOD 确定类和类结构不仅是满足当前需求分析的要求,更重要的是通过重新组合或加以适当的补充,能方便实现功能的重用和扩增,以不断适应用户的要求。

5.4.4 面向对象编程的测试

典型的面向对象程序具有继承、封装和多态的新特性,这使得传统的测试策略必须有所改变。封装是对数据的隐藏,外界只能通过被提供的操作来访问或修改数据,这样降低了数据被任意修改和读写的可能性,降低了传统程序中对数据非法操作的测试。继承是面向对象程序的重要特点,继承使得代码的重用率提高,同时也使错误传播的概率提高。多态使得面向对象程序对外呈现出强大的处理能力,但同时却使得程序内"同一"函数的行为复杂化,测试时不得不考虑不同类型具体执行的代码和产生的行为。

面向对象程序是把功能的实现分布在类中，能正确实现功能的类，通过消息传递来协同实现设计要求的功能。因此，在OOP阶段，忽略类功能实现的细则，将测试的目光集中在类功能的实现和相应的面向对象程序风格。

5.4.5 面向对象的单元测试

传统的单元测试的对象是软件设计的最小单位——模块。单元测试的依据是详细设计地描述，单元测试应对模块内所有重要的控制路径设计测试用例，以便发现模块内部的错误。单元测试多采用白盒测试技术，系统内多个模块可以并行地进行测试。

当考虑面向对象软件时，单元的概念发生了变化。封装驱动了类和对象的定义，这意味着每个类和类的实例（对象）包装了属性（数据）和操纵这些数据的操作，而不是个体的模块。最小的可测试单位是封装的类或对象，类包含一组不同的操作，并且某特殊操作可能作为一组不同类的一部分存在，因此，单元测试的意义发生了较大变化，不再孤立地测试单个操作，而是将操作作为类的一部分。

5.4.6 面向对象的集成测试

传统的集成测试是通过自底向上或自顶向下集成完成功能模块的集成测试，一般可以在部分程序编译完成以后进行。但对于面向对象程序，相互调用的功能是分布在程序的不同类中，类通过消息相互作用申请并提供服务。类相互依赖极其紧密，根本无法在编译不完全的程序上对类进行测试。所以，面向对象的集成测试通常需要在整个程序完成编译以后进行。此外，面向对象的集成测试需要进行两级集成：一是将成员函数集成到完整类中，二是将类与其他类集成。

5.4.7 面向对象的系统测试

通过单元测试和集成测试，仅能保证软件开发的功能得以实现，但不能确认在实际运行时，它是否满足用户的需要。为此，对完成开发的软件必须经过规范的系统测试。系统测试应该尽量搭建与用户实际使用环境相同的测试平台，应该保证被测系统的完整性。对临时没有的系统设备部件，也应有相应的模拟手段。系统测试时，应该参考OOA分析的结果，对应描述的对象、属性和各种服务，检测软件是否能够完全"再现"问题空间。系统测试不仅是检测软件的整体行为表现，从另一个方面来看，也是对软件开发设计的再确认。

面向对象测试的整体目标——以最小的工作量发现最多的错误——和传统软件测试的目标是一致的，但是OO测试的策略和战术有很大不同。测试的视角扩大到包括复审分析和设计模型。此外，测试的焦点从过程构件（模块）移向了类。

5.5 测试设计和管理

5.5.1 错误曲线

在软件开发的过程中，利用测试的统计数据，估算软件的可靠性，以控制软件的质量是至关重要的。

估算错误产生频度的一种方法是估算平均失效等待时间(Mean Time To Failure,MTTF)。MTTF 估算公式(Shooman 模型)是 $MTTF = \dfrac{1}{K(E_Y/I_Y - E_C(t)/I_Y)}$。其中,K 是一个经验常数,美国一些统计数字表明,K 的典型值是 200;E_Y 是测试之前程序中原有的故障总数;I_Y 是程序长度(机器指令条数或简单汇编语句条数);t 是测试(包括排错)的时间;$E_C(t)$ 是在 $0 \sim t$ 期间内检出并排除的故障总数。

公式的基本假定是:①单位(程序)长度中的故障数 E_Y/I_Y 近似为常数,它不因测试与排错而改变。统计数字表明,通常 E_Y/I_Y 值的变化范围在 $0.5 \times 10^{-2} \sim 2 \times 10^{-2}$ 之间。②故障检出率正比于程序中残留故障数,而 MTTF 与程序中残留故障数成正比。③故障不可能完全检出,但一经检出立即得到改正。

下面对此问题作一分析:

设 $E_C(t)$ 是 $0 \sim t$ 时间内检出并排除的故障总数,t 是测试时间(月),则在同一段时间 $0 \sim t$ 内的单条指令累积规范化排除故障数曲线 $\varepsilon c(t)$ 为:$\varepsilon c(t) = E_C(t)/IT$。这条曲线在开始呈递增趋势,然后逐渐和缓,最后趋近于一水平的渐近线 E_Y/I_Y。利用公式的基本假定:故障检出率(排错率)正比于程序中残留故障数及残留故障数必须大于零,经过推导得:$\varepsilon_C(t) = \dfrac{E_Y}{I_Y}(1 - e^{-K_1 t})$ 这就是故障累积的 S 型曲线模型,如图 5-5 所示。

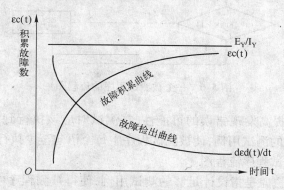

图 5-5　故障累积曲线与故障检出曲线

5.5.2　测试用例设计

测试用例可以写得很简单,也可以写得很复杂。最简单的测试用例是测试的纲要,仅仅指出要测试的内容,如探索性测试(Exploratory Testing)中的测试设计,仅会指出需要测试产品的哪些要素、需要达到的质量目标、需要使用的测试方法等。而最复杂的测试用例就像飞机维修人员使用的工作指令卡一样,会指定输入的每项数据,期待的结果及检验的方法,具体到界面元素的操作步骤,指定测试的方法和工具等。

测试用例写得过于复杂或过于详细,会带来两个问题:一个是效率问题,一个是维护成本问题。另外,测试用例设计得过于详细,留给测试执行人员的思考空间就比较少,容易限制测试人员的思维。

测试用例写得过于简单,则可能失去了测试用例的意义。过于简单的测试用例设计其实并没有进行"设计",只是把需要测试的功能模块记录下来而已,它的作用仅仅是在测试过程中作为一个简单的测试计划,提醒测试人员测试的主要功能包括哪些而已。测试用例的设计的本质应该是在设计的过程中理解需求,检验需求,并把对软件系统的测试方法的思路记录下来,以便指导将来的测试。

大多数测试团队编写的测试用例的粒度介于两者之间。而如何把握好粒度是测试用例设计的关键,也将影响测试用例设计的效率和效果。我们应该根据项目的实际情况、测试资源情况来决定设计出怎样粒度的测试用例。

1. 白盒技术

白盒测试是结构测试,所以被测对象基本上是源程序,以程序的内部逻辑为基础设计测试用例。

（1）逻辑覆盖

程序内部的逻辑覆盖程度,当程序中有循环时,覆盖每条路径是不可能的,要设计使覆盖程度较高的或覆盖最有代表性的路径的测试用例。下面根据如图 5-6 所示的程序,分别讲解几种常用的覆盖技术。

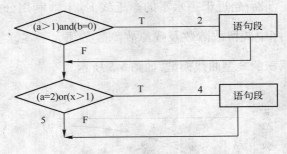

图 5-6　一个被测试程序的流程图

① 语句覆盖:为了提高发现错误的可能性,在测试时应该执行到程序中的每一个语句。语句覆盖是指设计足够的测试用例,使被测试程序中每个语句至少执行一次。

图 5-6 是一个被测试程序流程图。

② 判定覆盖:判定覆盖是指设计足够的测试用例,使得被测程序中每个判定表达式至少获得一次"真"值和"假"值,从而使程序的每一个分支至少都通过一次,因此,判定覆盖也称为分支覆盖。

③ 条件覆盖:条件覆盖是指设计足够的测试用例,使得判定表达式中每个条件的各种可能的值至少出现一次。

④ 判定/条件覆盖:该覆盖标准是指设计足够的测试用例,使得判定表达式的每个条件的所有可能取值至少出现一次,并使每个判定表达式所有可能的结果也至少出现一次。

⑤ 条件组合覆盖:条件组合覆盖是比较强的覆盖标准,它是指设计足够的测试用例,使得每个判定表达式中条件的各种可能的值的组合都至少出现一次。

⑥ 路径覆盖:路径覆盖是指设计足够的测试用例,覆盖被测程序中所有可能的路径。

在实际的逻辑覆盖测试中,一般以条件组合覆盖为主设计测试用例,然后再补充部分用例,以达到路径覆盖测试标准。

⑦ 循环覆盖:这个度量报告用户是否执行了每个循环体零次、只有一次还是多余一次(连续地)。对于 do-while 循环,循环覆盖报告用户是否执行了每个循环体只有一次还是多余一次

（连续地）。这个度量的有价值的方面是确定是否对于 while 循环和 for 循环执行了多于一次，这个信息在其他的覆盖率报告中是没有的。

（2）基本路径测试

路径测试是确定组件实现中错误的白盒测试技术，它假设通过至少一次代码的所有可能路径，大多数错误将引起故障。路径测试是在程序控制流图的基础上，分析控制构造的环路复杂性，导出基本可执行路径集合，由此设计测试用例，并保证在测试中程序的每一个可执行语句至少要执行一次。

【例1】 下面是选择排序的程序，其中 datalist 是数据表，它有两个数据成员：一是元素类型为 Element 的数组 v，另一个是数组大小 n。算法中用到两个操作，一是取某数组元素 V[i] 的关键码操作 getKey（），一是交换两数组元素内容的操作 Swap()。

```
Void Selectsort( datalist & list) {
    for ( int i = 0; i < list. n − 1; i + + ) {
        int k = I;
        for ( int j = i + 1; j < list. n; j + + )
            if ( list. v[ j]. getkey () < list. v[ k]. getkey ()) k = j;
        if( k! = i) Swap(list. v[ i],list. v[ k]);
    }
}
```

设计测试用例流程图，如图 5-7 所示。

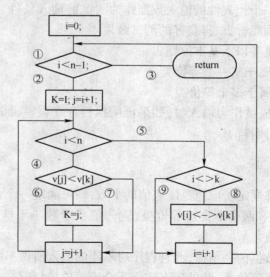

图 5-7 程序流程图

首先画出该程序的流程图，再找出图中的所有独立路径。所谓独立路径是指包括一组以前没有处理的语句或条件的一条路径。

显然，该图有 5 条独立路径：

path1：1 − 3

path2：1 − 2 − 5 − 8 − ……

path3:1 – 2 – 5 – 9 – ……

path4:1 – 2 – 4 – 6 – ……

path5:1 – 2 – 4 – 7 – ……

表 5-2 为上述每个路径设计测试用例。

表 5-2 　上述每个路径设计测试用例

序　号	输　入	期　望　输　出	说　明
1	n = 1	v 保持值不变	path1
2	n = 2	路径 5 – 8 – 3 不可到达	path2:路径 1 – 2 – 5 – 8 – 3
3	n = 2	路径 5 – 9 – 3 不可到达	path3:路径 1 – 2 – 5 – 9 – 3
4	n = 2,v[0] = 2,v[1] = 1	k = 1,v[0] = 1,v[1] = 2	路径 1 – 2 – 4 – 6 – 5 – 8 – 3
5	n = 2,v[0] = 2,v[1] = 1	k = 1,路径 9 – 3 不可到达	路径 1 – 2 – 4 – 6 – 5 – 9 – 3
6	n = 2,v[0] = 2,v[1] = 1	k = 0,路径 8 – 3 不可到达	路径 1 – 2 – 4 – 7 – 5 – 8 – 3
7	n = 2,v[0] = 2,v[1] = 1	k = 0,v[0] = 1,v[1] = 2	路径 1 – 2 – 4 – 7 – 5 – 9 – 3

2. 黑盒技术

（1）等价类划分

等价类划分是一种典型的黑盒测试方法。等价类是指测试相同目标或者暴露相同错误的一组测试用例,等价类划分是将数量巨大的输入数据（有效的和无效的）划分成若干等价类,在每一个等价类中选取一个代表性的输入数据作为测试的输入条件,通过这些少量代表性测试数据覆盖整个输入数据集合,取得良好的测试效果。

等价类划分方法应具备以下基本原则:

① 每个可能的输入属于某一个等价类。

② 任何输入都不会属于多个等价类。

③ 用等价类的某个成员作为输入时,如果证明执行存在误差,那么用该类的任何其他成员作为输入,也能检查到同样的误差。

具体实现方法如下:

① 划分等价类。

- 如果某个输入条件规定了取值范围或值的个数,则可确定一个合理的等价类（输入值或个数在此范围内）和两个不合理等价类（输入值或个数小于这个范围的最小值或大于这个范围的最大值）。
- 如果规定了输入数据的一组值,而且程序对不同的输入值做不同的处理,则每个允许的输入值是一个合理等价类,此处还有一个不合理等价类（任何一个不允许的输入值）。
- 如果规定了输入数据必须遵循的规则,可确定一个合理等价类（符合规则）和若干个不合理等价类（从各种不同角度违反规则）。
- 如果已划分的等价类中各元素在程序中的处理方式不同,则应将此等价类进一步划分为更小的等价类。

② 确定测试用例。

- 为每一个等价类编号。

- 设计一个测试用例,使其尽可能多地覆盖尚未被覆盖过的合理等价类。重复这步,直到所有合理等价类被测试用例覆盖。
- 设计一个测试用例,使其只覆盖一个不合理等价类。

(2)边界值分析

边界值分析是等价类测试的特例,主要是考虑等价类的边界条件,在等价类的"边缘"处选择元素。它将测试边界情况作为重点目标,选取正好等于、刚刚大于或刚刚小于边界值的测试数据。前面提到,软件错误一般不是发生在正常的输入范围内,却常常发生在输入或输出的边界上。因此,各种边界情况的测试是十分重要的。

使用边界值分析方法设计测试用例时,首先要确定边界情况,一定要选择临近边界的合法数据,即最后一个可能合法的数据,以及刚刚超过边界的非法数据。

- 如果输入条件规定了值的范围,可以选择正好等于边界值的数据作为合理的测试用例,同时还要选择刚好越过边界值的数据作为不合理的测试用例。例如,输入值的范围是[1,100],可取 0,1,100,101 等值作为测试数据。
- 如果输入条件指出了输入数据的个数,则按最大个数、最小个数、比最小个数少 1、比最大个数多 1 等情况分别设计测试用例。例如,一个输入文件可包括 1~255 个记录,则分别设计有 1 个记录、255 个记录,以及 0 个记录的输入文件的测试用例。
- 对每个输出条件分别按照以上原则(1)或(2)确定输出值的边界情况。例如,一个学生成绩管理系统规定,只能查询 95 级~98 级大学生的各科成绩,可以设计测试用例,使得查询范围内的某一届或四届学生的学生成绩,还需设计查询 94 级、99 级学生成绩的测试用例(不合理输出等价类)。

由于输出值的边界不与输入值的边界相对应,所以要检查输出值的边界不一定可能,要产生超出输出值之外的结果也不一定能做到,但必要时还需试一试。

- 如果程序的规格说明给出的输入或输出域是个有序集合(如顺序文件、线形表、链表等),则应选取集合的第一个元素和最后一个元素作为测试用例如图 5-8 所示。

【例2】 请使用等价类划分和边界值分析的方法,设计 Date 类 decrease( )方法的测试用例,如图 5-8 所示。

Date
dd:Day mm:Month yy:Year
Date(pDay:Integer,pMonth:Integer,pYear:Integer) increment() printDate()

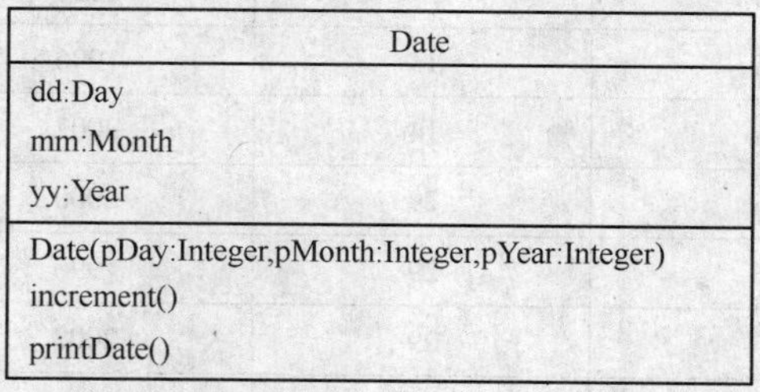

图 5-8　类图

设计测试用例:

从等价类划分考虑,"年份"存在闰年和非闰年,"月份"存在 31 天月、30 天月和 2 月;从边界值考虑,一个月的最后一天和 12 月 31 日。

综合上述考虑,我们可以选择一种等价类划分:

D1 = {1 ≤ date < 本月最后一天}

D2 = {本月最后一天}

D3 = {12 月 31 日}

M1 = {30 天月}

M2 = {31 天月}

M3 = {2 月}

Y1 = {2000}

Y2 = {闰年}

Y3 = {非闰年}

考虑有效等价类、无效等价类和边界值的情况，我们可以得到表 5-3 所示的测试用例。

表 5-3　测试用例

序　号	输　入			期　望　输　出
	mm	dd	yy	
1	2	14	2000	2000 年 2 月 15 日
2	2	14	1996	1996 年 2 月 15 日
3	2	14	2002	2002 年 2 月 15 日
4	2	28	2000	2000 年 2 月 29 日
5	2	28	1996	1996 年 2 月 29 日
6	2	28	2002	2002 年 3 月 1 日
7	2	29	2000	2000 年 3 月 1 日
8	2	29	1996	1996 年 3 月 1 日
9	2	29	2002	无效的输入日期
10	2	30	2000	无效的输入日期
11	2	30	1996	无效的输入日期
12	2	30	2002	无效的输入日期
13	6	14	2000	2000 年 6 月 15 日
14	6	14	1996	1996 年 6 月 15 日
15	6	14	2002	2002 年 6 月 15 日
16	6	29	2000	2000 年 6 月 30 日
17	6	29	1996	1996 年 6 月 30 日
18	6	29	2002	2002 年 6 月 30 日
19	6	30	2000	2000 年 7 月 1 日
20	6	30	1996	1996 年 7 月 1 日
21	6	30	2002	2002 年 7 月 1 日
22	6	31	2000	无效的输入日期
23	6	31	1996	无效的输入日期
24	6	31	2002	无效的输入日期

序 号	输 入			期 望 输 出
	mm	dd	yy	
25	8	14	2000	2000 年 8 月 15 日
26	8	14	1996	1996 年 8 月 15 日
27	8	14	2002	2002 年 8 月 15 日
28	8	29	2000	2000 年 8 月 30 日
29	8	29	1996	1996 年 8 月 30 日
30	8	29	2002	2002 年 8 月 30 日
31	8	30	2000	2000 年 8 月 31 日
32	8	30	1996	1996 年 8 月 31 日
33	8	30	2002	2002 年 8 月 31 日
34	8	31	2000	2000 年 9 月 1 日
35	8	31	1996	1996 年 9 月 1 日
36	8	31	2002	2002 年 9 月 1 日
37	12	31	2000	2001 年 1 月 1 日
38	12	31	1996	1997 年 1 月 1 日
39	12	31	2002	2003 年 1 月 1 日
40	13	14	2000	无效的输入日期
41	13	30	1996	无效的输入日期
42	13	31	2002	无效的输入日期
43	3	0	2000	无效的输入日期
44	3	32	1996	无效的输入日期
45	9	14	0	无效的输入日期
46	0	0	0	无效的输入日期
47	−1	14	2000	无效的输入日期
48	11	−1	2002	无效的输入日期

（3）错误推测

在测试程序时，人们可能根据经验或直觉推测程序中可能存在的各种错误，从而有针对性地编写检查这些错误的测试用例，这就是错误推测法。

（4）因果图

等价类划分和边界值分析方法都只是孤立地考虑各个输入数据的测试功能，而没有考虑多个输入数据的组合引起的错误。

（5）综合策略

每种方法都能设计出一组有用例子，用这组例子容易发现某种类型的错误，但可能不易发现另一类型的错误。因此，在实际测试中，联合使用各种测试方法，形成综合策略，通常先用黑盒技术设计基本的测试用例，再用白盒技术补充一些必要的测试用例。

3. 灰盒测试

（1）测试用例

测试用例可根据系统工程算法、详细设计、软件要求或实际代码生成。这些资源的任何结合都可生成功能上或结构上的测试用例。

（2）产生基于测试用例的要求

灰盒测试法是专门为嵌入式软件研制的。嵌入式软件的关键算法通常是系统工程组制定的。在需求分析阶段，分配给软件的要求和算法，通常作为输入提供给软件工程组。系统要求算法常常是用 Fortran、C 语言作为编码语言在系统的软件模拟中制定和检验的，得到的软件要求在多数情况下是算法语句，即 Fortran、C 语言的系统的软件模拟中制定和检验的。总之，不管要求是用可执行的需求规范语言说明还是嵌入在现行系统模拟中，这些需求信息总是可用来产生基于测试用例的要求。

（3）测试执行环境

产生基于测试用例的要求后，必须将被测试软件放在模拟测试软件的环境中，提取实际的结果。灰盒测试工具具有足够的智能，生成要求的驱动器和插头。最后，得到的实际结果要根据基于测试用例产生的要求得到的期望结果进行检验。

被测试软件必须在不同层次上进行检验。第一层是单元级，将被测试软件放在能够提取模块规范，并能产生调用被测试单元的驱动器的环境中。被测试模块调用的所有模块，如果不存在，就会自动地被打桩。灰盒测试法支持桩数据通过 MTIF 文件返回。灰盒测试法支持所有测试软件的自动代码生成（驱动器、桩模块、结果检验）。

（4）灰盒测试工具

美国 Cleanscape 公司在 2002 年研制出了灰盒测试软件工具，可进行白盒测试、黑盒测试、回归测试、判定测试和变异测试，方法非常简单。灰盒扫描源代码，自动生成输入表、输入值及期望的结果。然后，测试器将列表值和期望的结果存储起来。然后进行灰盒测试，将实际结果与期望的结果进行比较，给出结果。具体步骤如图 5-9 所示。

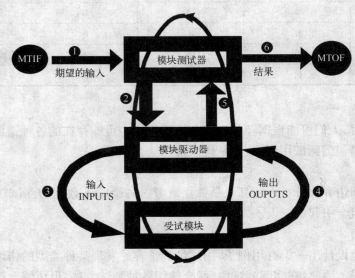

图 5-9　灰盒测试步骤

① 模块测试器从模块测试输入文件(MTIF)读出输入参数和期望值。

② 模块测试器将输入参数送给模块驱动器,执行测试用例。

③ 模块驱动器调入被测试模块(MUT),并传送输入值。

④ 被测试模块用提供的输入值完成其任务,产生结果。

⑤ 模块驱动器将获得的输出送到模块测试器。

⑥ 模块测试器将执行被测试模块的实际结果与 MTIF 中规定的期望结果进行比较,将比较的结果存入模块测试输出文档(MTOF)中。

4. 基于状态的测试

基于状态的测试主要考虑面向对象系统,它根据系统的特定状态选择大量的测试输入,测试某个组件或系统,并将实际的输出与预期的结果相比较。在类环境中,类的 UML 状态图可以导出测试用例组成基于状态的测试。

用这种方法设计测试用例的原则如下:

1）测试每一状态的每一种内部转换,验证程序在正常状态转换下与设计需求的一致性。

2）测试每一状态中每一种内部转换的监护条件,考虑条件为真、为假以及条件参数处于极限值附近的情况。

3）测试每一状态中是否可能发生异常的内部转换。

4）测试状态与状态之间每一条转换路径,验证程序在合法条件下行为的正确性。

5）测试状态与状态之间每一条转换路径的监护条件,考虑条件为真、为假以及条件参数处于极限值附近的情况。

6）分析状态与状态之间可能发生的异常转换,并设计测试用例。

7）将系统看作一个整体,针对系统的典型功能设计测试用例。

【例3】 下面是一个 20 位的二进制加法器,如图 5-10 所示。它所实现的功能如下所述:

1）单击"C"键:清除结果。

2）单击"0"键:输出 0。

3）单击"1"键:输出 1。

4）单击" + "键:输出 + 。

5）单击" = "键:显示计算结果。

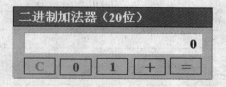

图 5-10　加法器

【设计测试用例】

首先画出二进制加法器的状态图如图 5-11 所示,再根据上述状态图设计测试用例的基本原则,将二进制加法器设计成三组测试用例,分别用于测试状态图中 3 个状态各自内部的转换、3 个状态之间的转换以及加法算式的正确性。

在下面列出的三组测试用例中,使用状态 1 表示二进制加法器状态图中的 Enter Op1、状态 2 表示 Enter Op2、状态 3 表示 Display result。另外,所有测试用例的执行要求:每次测试开始前需重新启动程序或者按 C 键复位,按照按键序列依次输入,并查看结果框中是否有期望的输出结果。

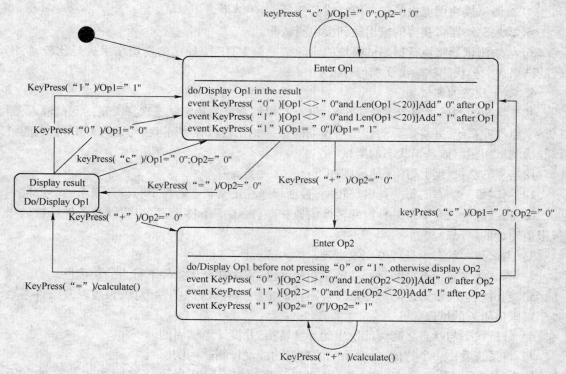

图 5-11 测试用例

表 5-5 ~ 表 5-7 三组测试用例。

表 5-5　第一组测试用例:用于测试状态图中 3 个状态各自内部的转换

序　号	测 试 目 的	按 键 序 列	期 望 输 出
1	启动程序后,状态 1 的稳定态	启动程序,不按任何键	0
2	状态 1 下输入 0,[Op1 = 0]	0	0
3	状态 1 下输入 0,[Op1 = 0]	0(5 次)	0
4	状态 1 下输入 1,[Op1 = 0]	1	1
5	状态 1 下输入 0,[Op1 < >0]	1 0	10
6	状态 1 下输入 1,[Op1 < >0]	1 1	11
7	状态 1 下输入 0,[Op1 < >0]	1(5 次) 0	111110
8	状态 1 下输入 1,[Op1 < >0]	1(5 次) 1	111111
9	状态 1 下输入 0,[Len(Op1) = 19]	1(19 次) 0	1111111111111111110
10	状态 1 下输入 0,[Len(Op1) = 20]	1(20 次) 0	11111111111111111111
11	状态 1 下输入 0,[Len(Op1) = 20]	1(20 次) 0	11111111111111111111
12	状态 1 下输入 1,[Len(Op1) = 20]	1(20 次) 1	11111111111111111111
13	状态 1 下输入 0,[Len(Op1) = 20]	1(20 次) 0(5 次)	11111111111111111111
14	状态 1 下输入 1,[Len(Op1) = 20]	1(20 次) 1(5 次)	11111111111111111111

序　号	测 试 目 的	按 键 序 列	期 望 输 出
15	状态 2 未发生输入的稳定态	+	0
16	状态 2 未发生输入的稳定态	1 +	1
17	状态 2 下输入 0，[Op1 < > 0,op2 = 0]	+ 0	0
18	状态 2 下输入 0，[Op1 < > 0,op2 = 0]	1 + 0(5 次)	1
19	状态 2 下输入 1，[Op1 = 0,op2 = 0]	+ 1	1
20	状态 2 下输入 1，[Op1 < > 0,op2 = 0]	1 + 1	1
21	状态 2 下输入 0，[Op2 < > 0]	1 + 1 0	10
22	状态 2 下输入 1，[Op2 < > 0]	1 + 1 1	11
23	状态 2 下输入 0，[Op2 < > 0]	1 + 1 0(5 次)	100000
24	状态 2 下输入 1，[Op2 < > 0]	1 + 1 1(5 次)	111111
25	状态 2 下输入 0，[Len(Op2) = 19]	1 + 1 0(18 次) 0	10000000000000000000
26	状态 2 下输入 1，[Len(Op2) = 19]	1 + 1 0(18 次) 1	10000000000000000001
27	状态 2 下输入 0，[Len(Op2) = 20]	1 + 1 0(19 次) 0	10000000000000000000
28	状态 2 下输入 1，[Len(Op2) = 20]	1 + 1 0(19 次) 1	10000000000000000000
29	状态 2 下输入 1，[Len(Op2) = 20]	1 + 1 0(19 次) 1(5 次)	10000000000000000000
30	状态 3 下的稳定状态	1 + 1 =	10
31	状态 3 下连续按等号键,不发生转换	1 + 1 = (5 次)	10

表 5-6　第二组测试用例:用于测试状态图中 3 个状态各自内部的转换

序　号	测 试 目 的	按 键 序 列	期 望 输 出
1	状态 1 转换到自身	C	0
2	状态 1 转换到自身	1 C	0
3	状态 1 转换到自身	1 C(3 次)	0
4	状态 1 转换到自身	1 0(4 次) C	0
5	状态 1 转换到状态 2	+ 1 0 1 0	1010
6	状态 1 转换到状态 2	+ + + 1 0 1 0	1010
7	状态 1 转换到状态 2	1 1 0 + 1 0 1 0	1010
8	状态 2 转换到状态 1	+ 1 0 1 C	0
9	状态 2 转换到状态 1	+ 1 C C C	0
10	状态 2 转换到状态 1	1 + 1 C 1	1
11	状态 2 转换到状态 1	1 + 1 +	10
12	状态 2 转换到自身	1 + 1 + 1 + + +	10
13	状态 2 转换到自身	1 + 1 + 1 + 1　+	11
14	状态 2 转换到自身	1 + + + 1 + 1 + + +	11
15	状态 2 转换到自身	1 1 + 1 0 1 + 1 0 0　+	1100
16	状态 2 转换到自身 [累加和等于 20 位]	1 0(19 次) + 1 + 1 0(18 次) +	11000000000000000001
17	状态 2 转换到自身 [累加和超过 20 位]	1 0(19 次) + 1 + 1 0 (19 次) +	0
18	状态 2 转换到状态 3	1 + 1 =	10

序 号	测 试 目 的	按 键 序 列	期 望 输 出
19	状态 2 转换到状态 3	1 +（3 次）1 =（3 次）	10
20	状态 2 转换到状态 3 ［结果等于 20 位］	1 0（18 次）+ 1 0（18 次）=	10000000000000000000
21	状态 2 转换到状态 3 ［结果超过 20 位］	1 0（19 次）+ 1 0（19 次）=	0
22	状态 3 转换到状态 2	1 + 1 = + 1	1
23	状态 3 转换到状态 2 再转换到状态 3	1 + 1 = + 1 =	11
24	状态 1 转换到状态 3	=	0
25	状态 1 转换到状态 3	1 =	1
26	状态 3 转换到状态 1 （复位操作）	1 + 1 = C	0
27	状态 3 转换到状态 1 （复位操作）	1 + 1 = C（5 次）	0
28	状态 3 转换到状态 1 （输入操作数）	1 + 1 = 0	0
29	状态 3 转换到状态 1 （输入操作数）	1 + 1 = 1	1
30	状态 3 转换到状态 1 （输入操作数）	1 + 1 = 1 1 0	110
31	状态 3 转换到状态 1 （输入操作数）	1 + 1 = 0 0 1 1 0 0	1100

表 5-7　第三组测试用例：用于测试加法算式正确性

序 号	测 试 目 的	按 键 序 列	期 望 输 出
1	第一个操作数位数比第二个操作数位数少	101 + 10101101	10110010
2	第一个操作数位数比第二个操作数位数多	10101101 + 101	10110010
3	不带进位的加法	1000 + 110	1110
4	带进位的加法	1101 + 101	10010
5	混合了进位及不进位加法的累加式	1100001 + 1010 + 100001 + 110	10010010
6	一个操作数为 0 的情况	1010 + 0	1010
7	两个操作数为 0 的情况	0 + 0	0
8	计算结果为 20 位	1000000000000000000 + 1000000000000000000	10000000000000000000
9	一个操作数位数为 20 位	10000000000000000000 + 1101	10000000000000001101
10	一个操作数位数为 20 位（溢出）	10000000000000000000 + 10000000000000000000	0

5.6　软件测试工具

软件工程的测试阶段是软件开发过程中工作量最大的阶段之一。随着软件测试工作日益得到重视，测试工具的应用已经成为普遍趋势。

一般而言,我们将测试工具分为白盒测试工具、黑盒测试工具、性能测试工具几个大类,另外还有用于测试管理(测试流程管理、缺陷跟踪管理、测试用例管理)的工具,这些产品主要是 MercuryInteractive(MI)、Segue、IBM Rational、Compuware 和 Empirix 等公司的产品,而 MI 公司的产品占了主流,见表5-8。

表5-8　测试工具

工 具 类 型	描　　　述
测试过程生成器	根据需求／设计／对象模型生成测试过程
代码(测试)覆盖率分析器和代码测量器	确定未经测试的代码和支持动态测试
内存泄漏检测	用来确认应用程序是否正确地管理了它的内存资源
度量报告工具	读取源代码并显示度量信息,例如:数据流、数据结构和控制流的复杂度,能够根据模块、操作数、操作符和代码行的数量提供代码规模的度量
可使用性测量工具	用户配置、任务分析、制作原型和用户走查
测试数据生成器	产生测试数据
测试管理工具	提供某些测试管理功能,例如:测试过程的文档化和存储,以及测试过程的可追踪性
网络测试工具	监视、测量、测试和诊断整个网络的性能
GUI 测试工具(记录／回放工具)	通过记录用户与在线系统之间的交互,使 GUI 测试自动化,这样它们可以被自动回放
负载、性能和强度测试工具	用于负载／性能／强度测试
专用工具	针对特殊的构架或技术进行专门测试的测试工具,例如:嵌入式系统

1. 白盒测试工具

白盒测试工具一般是针对代码进行测试,测试中发现的缺陷可以定位到代码级。根据测试工具原理的不同,又可以分为静态测试工具和动态测试工具。

(1) 静态测试工具

静态测试工具直接对代码进行分析,不需要运行代码,也不需要对代码编译链接,生成可执行文件。静态测试工具一般是对代码进行语法扫描,找出不符合编码规范的地方,根据某种质量模型评价代码的质量,生成系统的调用关系图等。静态测试工具的代表有 Telelogic 公司的 Logiscope 软件、PR 公司的 PRQA 软件。

(2) 动态测试工具

动态测试工具与静态测试工具不同,动态测试工具一般采用"插桩"的方式,向代码生成的可执行文件中插入一些监测代码,用来统计程序运行时的数据。其与静态测试工具最大的不同就是动态测试工具要求被测系统实际运行。动态测试工具的代表有 Compuware 公司的 DevPartner 软件、Rational 公司的 Purify 系列。

2. 黑盒测试工具

黑盒测试工具适用于黑盒测试的场合,黑盒测试工具包括功能测试工具和性能测试工具。黑盒测试工具的一般原理是利用脚本的录制(Record)／回放(Playback)模拟用户的操作,然后将被测系统的输出记录下来同预先给定的标准结果比较。黑盒测试工具可以大大减轻黑盒测试的工作量,在迭代开发的过程中,能够很好地进行回归测试。

黑盒测试工具的代表有 Rational 公司的 TeamTest、Robot,Compuware 公司的 QACenter。另

外,专用于性能测试的工具包括有 Radview 公司的 WebLoad、Microsoft 公司的 WebStress 等工具。

3. 性能测试工具

专用于性能测试的工具包括有:Radview 公司的 WebLoad;Microsoft 公司的 WebStress 等工具;针对数据库测试的 TestBytes;对应用性能进行优化的 EcoScope 等工具。MercuryInteractive 的 LoadRunner 是一种适用于各种体系架构的自动负载测试工具,它能预测系统行为并优化系统性能。LoadRunner 的测试对象是整个企业的系统,它通过模拟实际用户的操作行为和实行实时性能监测,来帮助用户更快地查找和发现问题。

4. 自动化测试工具

自动测试工具只是解决方案的一部分,它们不能解决所有测试工作中的问题。自动测试工具决不能代替指导测试工作的分析技能,也不能替代手工测试。我们必须把自动测试看作是对手工测试过程的补充。

自动化测试可以帮助测试人员做到以下几点:

1)提高测试执行的速度。

2)提高运行效率。

3)保证测试结果的准确性。

4)连续运行测试脚本。

5)模拟现实环境下受约束的情况。

自动化测试不能做到的是:

1)所有测试活动都可以自动完成。

2)减少人力成本。

3)毫无成本的得到。

4)降低测试的工作量。

5. 测试管理工具

测试管理工具用于对测试进行管理。一般而言,测试管理工具对测试计划、测试用例、测试实施进行管理,并且测试管理工具还包括对缺陷的跟踪管理。

测试管理工具的代表有:Rational 公司的 Test Manager、Compureware 公司的 TrackRecord、Mercury Interactive 公司的 TestDirector 等软件。

6. 其他测试工具

除了上述的测试工具外,还有一些专用的测试工具,例如,针对数据库测试的 TestBytes,对应用性能进行优化的 EcoScope 等工具。

7. 测试工具的选择

不要过分依赖记录/回放工具。功能性测试工具(也称为记录/回放工具),只是无数可供利用的测试工具中的一种。记录/回放机制能够增强测试工作的效果,但是我们不应该只使用这一种自动测试方法。即使使用最好的记录/回放自动测试技术,它们还是有局限性。①硬编码的数值。②非模块化的、不易维护的脚本。③缺乏可重用性的标准。尽量使用回归测试,自动化回归测试确定的是:在修改先前的错误或者向应用程序添加新功能时,是否引入了新的错误,这些错误影响以前运行正常的功能。回归测试应该发现这些新引入的缺陷。

5.7 经典例题讲解

例题1（2002年软件设计师试题）

如果一个软件是给许多用户使用的,大多数软件厂商要使用几种测试过程来发现那些可能只有最终用户才能发现的错误。

(1) 什么测试是由软件的最终用户在一个或多个用户实际使用环境下来进行的。

(2) 什么测试是由一个用户在开发者的场所来进行的,测试的目的是寻找错误的原因并改正。

分析:若一个软件是给许多客户使用的,那么让每一位用户都进行正式的接受测试是不切实际的。大多数厂商使用 α 测试和 β 测试的过程来发现那些似乎只有最终用户才能发现的错误。α 测试是由一个用户在开发者的场所进行的,软件在开发者对用户"指导"下进行测试,开发者负责记录错误和使用中出现的问题。β 测试由软件的最终用户在一个或多个用户场所来进行的,开发者通常不在现场。

参考答案:(1) β(Beta)

(2) α(Alpha)

例题2（1997年软件设计师试题6）

在设计测试用例时,A 是用得最多的一种黑盒测试方法。在黑盒测试方法中,等价类划分方法设计测试用例的步骤是:

根据输入条件把数目极多的输入数据划分成若干个有效等价类和若干个无效等价类。

设计一个测试用例,使其覆盖 B 尚未被覆盖的有效等价类,重复这一步,直至所有的有效等价类均被覆盖。

设计一个测试用例,使其覆盖 C 尚未被覆盖的无效等价类,重复这一步,直至所有的无效等价类均被覆盖。

因果图方法是根据 D 之间的因果关系来设计测试用例的。

在实际应用中,一旦纠正了程序中的错误后,还应选择部分或全部原先已测试的测试用例,对修改后的程序重新测试,这种测试称为 E。

供选择的答案:

A. ① 等价类划分　② 边值分析　③ 因果图　④ 判定表

B. C.① 1 个　② 7 个左右　③ 一半　④ 尽可能少的　⑤ 尽可能多的　⑥ 全部

D. ① 输入与输出　② 设计与实现　③ 条件与结果　④ 主程序与子程序

E. ① 验收测试　② 强度测试　③ 系统测试　④ 回归测试

分析:等价类划分是典型的黑盒测试方法。所谓等价类就是某个输入域的集合,对于一个等价类中的输入值来说,它们揭示程序中的错误的作用是等小的。

根据已划分的等价类表,应该按照以下步骤确定测试用例。

首先,设计一个测试用例,使其尽可能多地覆盖尚未覆盖的有效等价类。重复这一步,最后使得所有有效等价类都被测试用例所覆盖。

然后,设计一个新的测试用例,使其只覆盖一个无效等价类。重复这一步使所有无效等价类都被覆盖。应当注意到,一次只能覆盖一个无效等价类。因为一个测试用例中如果含有多个错误,有可能在测试中只发现其中的一个,另一些被忽视。

因果图是根据输入与输出之间的因果关系来设计测试用例的,要检查输入条件的各种组合情况,在设计测试用例时,需分析规格说明中哪些是原因,哪些是结果,并指出原因和结果之间、原因和原因之间的对应关系。

纠正了程序中的错误后,选择部分或全部原先已测试过的测试用例,对修改后的程序重新测试以验证对软件修改后有没有引出新的错误,称为回归测试。

参考答案: A. ② B. ⑤ C. ① D. ① E. ④

例题 3(1996 年软件设计师试题)

软件测试的目的是 A。通常 B 是在代码编写阶段可进行的测试,它是整个测试工作的基础。

逻辑覆盖标准主要用于 C。它主要包括条件覆盖、条件组合(多重条件)覆盖、判断覆盖、条件及判定覆盖、语句覆盖和路径覆盖等几种,其中除路径覆盖外最弱的覆盖标准是 D,最强的覆盖标准是 E。

供选择的答案:

A.	① 表明软件的正确性		② 评价软件质量	
	③ 尽可能发现软件中错误		④ 判定软件是否合格	
B.	① 系统测试	② 安装测试	③ 验收测试	④ 单元测试
C.	① 黑盒测试方法	② 白盒测试方法	③ 灰盒测试方法	④ 软件验收方法
D、E.	① 条件覆盖	② 条件组合覆盖	③ 判定覆盖	
	④ 条件及判定覆盖	⑤ 语句覆盖		

分析: 由于人的主观因素或客观原因,在软件开发过程中不可避免地要产生一些错误。软件测试的任务是在软件投入运行以前尽可能多地发现并改正软件中的错误。

整个测试工作的基础是模块测试,也称为单元测试,是针对每个模块单独进行的测试。模块测试一般和程序编写结合起来,在编写阶段由软件编写者进行测试,以保证每个模块作为一个单元能正确运行。

黑盒测试方法又称为功能测试,把程序看作一个黑盒子,在完全不考虑程序内部结构的情况下设计测试数据,主要测试程序的功能是否符合软件说明书的要求。

白盒测试方法又称为结构测试,它是根据程序的内部结构设计测试数据,检查程序中的每条通路是否都能按要求正确进行。

逻辑覆盖主要用于白盒测试方法。由于覆盖的详尽程度不同,又分为语句覆盖、判定覆盖、条件覆盖、条件组合覆盖、条件及判定覆盖和路径覆盖等。除路径覆盖外最弱的覆盖标准是语句覆盖,最强的覆盖标准是条件组合覆盖。

参考答案: A. ③ B. ④ C. ② D. ④ E. ②

例题 4(1995 年软件设计师试题)

软件测试是软件质量保证的主要手段之一,测试的费用已超过的 A 30% 以上,因此,提高测试有效性非常重要。"高产"的测试是指 B 。根据国家标准 GB 8566—2001 计算机软件开发规范的规定,软件的开发和维护分为 8 个阶段,其中单元测试是在 C 阶段完成的;组装测试的计划内在 D 阶段制定的;确认测试计划是在 E 阶段制定的。

供选择的答案:

A. ① 软件开发费用 ② 软件维护费用

③ 软件开发和维护费用　　④ 软件研制费用
B.　① 用适量的测试用例,说明被测试程序正确无误
　　② 用适量的测试用例,说明被测试程序符合相应的要求
　　③ 用少量的测试用例,发现被测试程序尽可能多的错误
　　④ 用少量的测试用例,纠正被测试程序尽可能多的错误
C～E.　① 可行性研究和计划　　② 需求分析　　③ 概要分析　　④ 详细分析
　　　　⑤ 实现　　　　　　　　⑥ 组装测试　　⑦ 确认测试　　⑧ 使用和维护

分析：目前,在大中型软件开发项目中,测试都要占据着重要地位,同时,测试也是在将软件交付给客户之前所必须完成的步骤。测试所花费用已超过软件开发费用的30%。

一个高效的测试,是指通过对所设计的少量测试用例进行测试,从而发现被测试程序中尽可能多的问题,并完成修改。

GB 8566—88 规定单元测试在实现阶段完成;组装测试在组装测试阶段完成,但组装测试的计划应该在概要设计阶段制订;确认测试的计划在需求分析阶段就应该制定好。

参考答案：A. ①　B. ③　C. ⑤　D. ③　E. ②

例题 5(1992 年软件设计师试题)

___A___ 在实验阶段进行,它所依据的模块功能描述和内细节及测试方案应在___B___阶段完成,目的是发现编程错误。

___C___ 所依据的模块说明书和测试方案应在___D___阶段完成,它能发现设计错误。

___E___ 应在模拟的环境中进行强度测试的基础上进行,测试计划应在软件需求分析阶段完成。

供选择的答案：

A.　① 用户界面测试　　② 输入/输出测试　　③ 集成测试　　④ 单元测试
B.　① 需求分析　　　　② 概要分析　　　　③ 详细分析　　④ 结构分析
C.　① 集成测试　　　　② 可靠性测试　　　③ 系统性测试　④ 强度测试
D.　① 编程　　　　　　② 概要设计　　　　③ 维护　　　　④ 详细设计
E.　① 过程测试　　　　② 函数测试　　　　③ 确认测试　　④ 逻辑路径测试

分析：一个软件在交付使用前,主要经历 3 种测试:单元测试、集成测试和验收测试。单元测试也称为模块测试,是针对各个程序单元或模块单独进行测试,目的是发现编程错误。单元测试在实验阶段进行,一般和程序编写结合起来,由程序员分工进行,它所依据的模块功能描述和内部细节及测试方案应在详细设计阶段完成。

继承测试把通过单元测试的模块连接起来,着重检验模块间的接口及设计中的问题,目的是发现设计错误。集成测试所依据的模块说明书和测试方案应在概要设计阶段完成。

确认测试也称为验收测试,其目的是为了确认已开发的软件能否满足验收标准。确认测试应在模拟环境中在强度测试的基础上进行,测试计划应在软件需求分析阶段完成。

参考答案：A. ④　B. ③　C. ①　D. ②　E. ③

例题 6(1991 年软件设计师试题)

软件测试的目的是___A___为了提高测试效率,应该___B___。使用白盒测试方法时,确定测试数据应根据___C___和指定的覆盖标准。一般说来,与设计测试数据无关的文档是___D___软件,集成测试工作最好由___E___承担,以提高集成测试的效率。

供选择的答案：

A. ① 评价软件的质量 ② 发现软件的错误

③ 找出软件中的所有错误④ 证明软件是正确的

B. ① 随机地选取测试数据 ② 取一切可能的输入数据作为测试数据

③ 在完成编码以后制定软件的测试计划

④ 选择发现错误的可能性大的数据作为测试数据

C. ① 程序的内部逻辑 ② 程序的复杂程度

③ 使用说明书 ④ 程序的功能

D. ① 需求规格说明书 ② 设计说明书

③ 源程序 ④ 项目开发计划

E. ① 该软件的设计人员 ② 该软件开发组的负责人

③ 该软件的编程人员 ④ 不属于该软件开发组的软件设计人员

分析： 软件测试的目的是为了发现软件的错误。为了提高测试效率,应该在容易发现错误的数量作为测试数据。

软件测试的方法有两种:黑盒测试和白盒测试。黑盒测试将程序看做不能打开的黑盒,根据程序的功能或程序的外部特征确定测试数据。白盒测试则以程序内部逻辑为依据,设计测试数据和指定覆盖标准。

一般来说,与设计测试数据有关的文档是需求规格说明书、设计说明书和源程序等文档,而项目开发计划与设计测试数据无关。

软件集成测试工作最好由不属于该软件开发组的设计人员承担,这样可以使参加测试的人员避免认为自己开发的程序总是正确这种"先入为主"的意识和"当局者迷"的现象,能够用更加客观的态度投入软件集成测试工作,提高测试的效果。

参考答案： A. ② B. ④ C. ① D. ④ E. ④

例题 7

软件测试在软件生命周期中横跨两个阶段,单元测试(模块测试)通常在____A____阶段完成。单元测试主要采用____B____技术,一般由____C____完成。测试一个模块时需要为该模块编写一个驱动模块和若干个____D____。渐增式集成是将单元测试和集成测试合并到一起,E 集成测试中不必编写驱动模块。

供选择的答案：

A. ① 设计　　　② 编程　　　③ 测试　　　④ 维护

B. ① 逻辑覆盖　② 因果图　　③ 等价类划分　④ 边值分析

C. ① 课题负责人　② 编程者本人　③ 专业测试人员　④ 用户

D. ① 被测模块　② 上层模块　③ 桩模块　　④ 等价模块

E. ① 自顶向下的　② 自底向上的　③ 双向的　　④ 反向的

分析： 单元测试也称为模块测试,通常可放在编程阶段,由程序员对自己编写的模块自行测试,检查模块是否实现了详细设计说明书中规定的功能和算法。单元测试阶段主要采取白盒测试方法。逻辑覆盖是一种典型的白盒测试技术,而其他几种均为黑盒测试技术。

测试一个模块时需要为该模块编写一个驱动模块和若干个桩(Stub)模块。驱动模块用来调用被测模块,它接收测试者提供的数据,并把这些数据传送给被测模块,然后从被测模块接收测试结果,并以某种可以看见的方式(例如显示或打印)将测试结果返回给测试者。桩模块用来模拟被测模块所调用的子模块,它接受被测模块的调用,检验调用参数,并以尽可能简单的操作模拟被调用的子模块功能,把结果送回被测模块。顶层模块测试时不需要驱动模块,底层模块测试时不需要桩模块。

渐增式集成单元测试和集成测试合并在一起,它根据模块结构图,按某种次序选一个尚未测试的模块,把它同已经测试好的模块组合在一起进行测试,每次增加一个模块,直到所有模块被集成在程序中。渐增式集成又可以分为自顶向下集成和自底向下集成。自顶向下集成先测试上层模块,再测试下层模块。由于测试下层模块时,它的上层模块已测试过,所以不必另外编写驱动模块。自底向上集成先测试下层模块,再测试上层模块。同样,由于测试上层模块时它的下层模块已测试过,所以不必另外编写桩模块。

参考答案: A. ② B. ① C. ② D. ③ E. ①

例题8(1998年软件设计师试题)

阅读下面说明和流程图,如图5-12所示,回答问题。

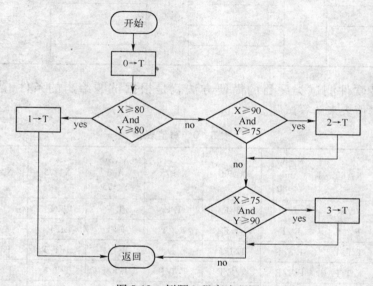

图5-12 例题8程序流程图

说明: 本流程图描述了某子程序处理流程,现要求用白盒测试方法为该子程序设计测试数据。

问题: 根据判定覆盖、条件覆盖、判定/条件覆盖、条件组合覆盖和路径覆盖等5个覆盖标准,从供选择的答案中分别找出满足相应覆盖标准的最小测试数据组(用(1)~(12)回答),见表5-9。

表5-9 供选择的答案如下

(1)	X = 90, Y = 90	(2)	X = 90, Y = 70	(3)	X = 90, Y = 90	(4)	X = 90, Y = 75
	X = 70, Y = 70		X = 70, Y = 90		X = 90, Y = 75		X = 75, Y = 90
					X = 75, Y = 90		X = 70, Y = 70

(5)	X＝90，Y＝90	(6)	X＝80，Y＝80	(7)	X＝80，Y＝80	(8)	X＝80，Y＝80
	X＝90，Y＝75		X＝90，Y＝70		X＝90，Y＝75		X＝90，Y＝70
	X＝75，Y＝90		X＝70，Y＝90		X＝90，Y＝90		X＝70，Y＝90
	X＝70，Y＝70		X＝70，Y＝70		X＝75，Y＝90		X＝70，Y＝70
					X＝70，Y＝90		X＝75，Y＝75
(9)	X＝80，Y＝80	(10)	X＝90，Y＝90	(11)	X＝80，Y＝90	(12)	X＝80，Y＝80
	X＝90，Y＝75		X＝90，Y＝75		X＝90，Y＝75		X＝80，Y＝70
	X＝90，Y＝70		X＝90，Y＝70		X＝90，Y＝70		X＝70，Y＝80
	X＝70，Y＝80		X＝75，Y＝90		X＝70，Y＝80		X＝90，Y＝75
	X＝70，Y＝75		X＝70，Y＝70		X＝70，Y＝75		X＝90，Y＝70
	X＝70，Y＝70		X＝70，Y＝90		X＝70，Y＝70		X＝70，Y＝90
							X＝70，Y＝75
							X＝75，Y＝90
							X＝75，Y＝80
							X＝70，Y＝90

　　分析：解答软件测试类题目的简便方法就是根据试题给出的条件,建立真值表(见表 5-10),通过真值表来解答试题。

表 5-10　真值表

	X≥80	X≥80	X≥80 And Y≥80	X≥90	X≥75	X≥90 And Y≥75	X≥75	X≥90	X≥75 And Y≥90
(1)	T/F	T/F	T/F	T/F	T/F	T/F	T/F	T/F	T/F
(2)	T/F	F/T	F/F	T/F	F/T	F/F	T/F	F/T	F/F
(3)	T/T/F	T/F/T	T/F/F	T/T/F	T/T/T	T/T/F	T/T/T	T/F/T	T/F/T
(4)	T/F/F	F/T/F	F/T/F	T/F/F	T/F/F	T/F/F	T/F/F	F/T/F	T/T/F
(5)	T/T/F/F	T/F/T/T	T/F/F/T	T/T/F/F	T/T/T/F	T/F/F/F	T/T/T/F	T/F/F/F	T/F/T/F
(6)	T/T/F/F	T/F/T/F	T/F/F/F	T/T/F/F	T/T/F/F	T/F/F/F	T/T/F/F	F/F/T/F	F/F/T/F
(7)	T/T/T/F/F	T/F/T/T/T	T/F/T/F/F	F/T/T/F/F	T/T/T/T/T	F/T/T/F/F	T/T/T/F/F	F/F/T/T/T	F/F/T/T/F
(8)	T/T/F/F/F	T/F/T/F/F	T/F/F/F/F	F/T/F/F/F	T/T/F/F/F	F/F/F/F/F	T/T/F/F/F	F/F/T/F/F	F/F/F/F/F
(9)	T/T/T/F/F/F	T/F/F/T/F/F	T/F/F/F/F/F	F/T/T/F/F/F	T/T/T/F/T/F	F/F/F/F/T/F	T/T/T/T/F/F	F/F/F/T/F/F	F/F/F/F/F/F
(10)	T/T/T/F/F/F	T/F/F/T/F/T	T/F/F/F/F/T	F/T/T/F/F/T	T/T/T/T/T/F	F/F/F/T/F/F	T/T/T/T/F/F	F/F/F/T/F/T	F/F/F/F/F/F
(11)	T/T/T/F/F/F/F	T/F/F/T/F/F/T	T/F/F/F/F/F/T	F/T/T/F/F/F/T	T/T/T/T/T/T/T	F/T/T/F/T/F/T	T/T/T/T/F/F/F	F/F/F/T/F/F/T	F/F/F/F/F/F/F
(12)	T/T/F/T/T/F/F/F/F	F/F/F/F/F/F/T/T/T	/F/F/F/F/F/F/F/F/F	F/F/F/T/T/F/F/F/F	F/F/F/T/T/T/T/F/F	F/F/F/T/T/T/F/F/F	T/F/F/T/T/F/F/T/F	F/F/F/F/F/F/T/T/F	F/F/F/F/F/F/T/F/F

结合真值表和 5 种覆盖标准的定义,不难找出能够满足各种覆盖标准的测试用例。

参考答案: 判定覆盖:(3)

条件覆盖:(2)

判定/条件覆盖:(5)

条件组合覆盖:(10)

路径覆盖:(5)

5.8 小结

软件测试是为了发现错误而执行程序的过程,其目的在于以最少的时间和人力系统地找出软件中潜在的各种错误和缺陷。

由于软件错误的复杂性,软件测试需要综合应用测试技术,并且实施合理的测试步骤,即单元测试、集成测试、系统测试和验收测试。单元测试集中于每一个独立的模块;集成测试集中于模块的组装;系统测试确保整个系统与系统的功能需求和非功能需求保持一致;验收测试是用户根据验收标准(通常来自项目协议),在开发环境或模拟真实环境中执行的可用性、功能和性能测试。

软件测试技术大体上可以分成白盒测试和黑盒测试。白盒测试技术依据的是程序的逻辑结构,主要包括逻辑覆盖和路径测试等方法;黑盒测试技术依据的是软件行为的描述,主要包括等价类划分、边界值分析和基于状态的测试等方法。

5.9 习题

1. 黑盒测试是从_____观点的测试,白盒测试是从_____观点的测试。

A. 开发人员、管理人员   B. 用户、管理人员

C. 用户、开发人员   D. 开发人员、用户

2. 软件测试可能发现软件中的_____,但不能证明软件_____。

A. 所有错误、没有错误   B. 错误、没有错误

C. 逻辑错误、没有错误   D. 设计错误、没有错误

3. 软件测试的目的是_____。

A. 证明软件的正确性

B. 找出软件系统中存在的所有错误

C. 证明软件系统中存在错误

D. 尽可能多地发现软件系统中的错误

4. 软件测试是软件质量保证的主要手段之一,测试的费用已超过_____的 30% 以上,因此,提高测试的有效性非常重要。

A. 软件开发费用   B. 软件维护费用

C. 软件开发和维护费用   D. 软件研制费用

5. 一般说来,投入运行的软件系统中有错误_____。

A. 不是不可以理解的   B. 是不能容忍的

C. 是要求退货的理由　　　　　D. 是必然的

6. 为了把握软件开发各个环节的正确性和协调性,人们需要进行___A___和___B___工作。A的目的是想证实在一给定的外部环境中软件的逻辑正确性,它包括___C___和___D___。B则试图证明在软件生存期各个阶段,以及阶段间的逻辑___E___、___F___和正确性。

供选择的答案:

A和B: ① 操作　　　 ② 确认　　　 ③ 测试
　　　 ④ 验证　　　 ⑤ 调试

C和D: ① 用户的确认② 需求规格说明的确认
　　　 ③ 程序的确认④ 测试的确认

E和F: ① 可靠性　　 ② 独立性　　 ③ 协调性
　　　 ④ 完备性　　 ⑤ 扩充性

7. 为了提高测试效率,应该_____。

A. 随机地选取测试数据

B. 取一切可能的数据作为测试数据

C. 在完成编码以后制定软件的测试计划

D. 选择发现错误可能性大的数据作为测试数据

8. 使用白盒测试方法时确定测试数据,应根据_____和指定的覆盖标准。

A. 程序的内部逻辑　　　　　B. 程序的复杂程度

C. 使用说明书　　　　　　　D. 程序的功能

9. 白盒测试方法重视_____的度量。

A. 测试覆盖率　　　　　　　B. 测试数据多少

C. 测试费用　　　　　　　　D. 测试周期

10. 黑盒测试法根据_____设计测试用例。

A. 程序调用规则　　　　　　B. 模块间的逻辑关系

C. 软件要完成的功能　　　　D. 数据结构

11. 在软件工程中,白盒测试方法可用于测试程序的内部结构。此方法将程序可作为_____。

A. 路径的集合　　　　　　　B. 循环的集合

C. 目标的集合　　　　　　　D. 地址的集合

12. 在软件测试中,逻辑覆盖标准主要用于_____。

A. 黑盒测试方法　　　　　　B. 白盒测试方法

C. 灰盒测试方法　　　　　　D. 软件验收方法

13. 下面的逻辑测试覆盖中,测试覆盖最弱的是_____。

A. 条件覆盖　　　　　　　　B. 条件组合覆盖

C. 语句覆盖　　　　　　　　D. 条件及判定覆盖

14. 软件的集成测试工作最好由_____承担,以提高集成测试的效果。

A. 该软件的设计人员

B. 该软件开发组的负责人

C. 该软件的编程人员

D. 不属于该软件开发组的软件设计人员

15. 集成测试的主要方法有两个,一个是_____,一个是_____。

A. 白盒测试方法、黑盒测试方法

B. 渐增式测试方法、非渐增式测试方法

C. 等价分类方法、边缘值分析方法

D. 因果图方法、错误推测方法

16. 验收测试的任务是验证软件的_____。

A. 完整性   B. 正确性

C. 有效性   D. 移植性

17. 检查软件产品是否符合需求定义的过程为_____。

A. 确认测试   B. 集成测试

C. 验证测试   D. 验收测试

18. 据国家标准 GB 8566—88 计算机软件开发的规定,软件的开发和维护划分为 8 个阶段,其中单元测试是在_____阶段完成的。

A. 可行性研究和计划   B. 需求分析

C. 编码阶段   D. 详细设计

19. 据国家标准 GB 8566—88 计算机软件开发的规定,软件的开发和维护划分为 8 个阶段,其中组装测试的计划是在_____阶段完成的。

A. 可行性研究和计划   B. 需求分析

C. 概要设计   D. 详细设计

20. 软件测试的目的是尽可能发现软件中的错误,通常_____是代码编写阶段可进行的测试,它是整个测试工作的基础。

A. 系统分析   B. 安装测试

C. 验收测试   D. 单元测试

第6章　系统运行和维护

本章要点

- 系统运行管理的任务和目标
- 软件维护的概念
- 软件维护的特点
- 软件维护的步骤
- 软件的可维护性
- 逆向工程和再工程
- 系统评价基础知识

6.1　系统运行管理的任务和目标

对于任何软件系统来说,不改变是不可能的,除非这个系统没有被使用。因此,软件系统在交付之后仍然在不断地进化。

- 软件在使用过程中,新的需求不断出现。
- 商业环境在不断地变化。
- 软件中的缺陷需要进行修复。
- 计算机硬件和软件环境的升级需要更新现有的系统。
- 软件的性能和可靠性需要进一步改进。

在这种情况下,关键的问题在于采取适当的策略,有效地实施和管理软件的变更。

1985年,Lehman和Belady专门研究了许多大型软件系统的发展和进化,总结了软件在更改过程中的进化特性。

- 软件进化是一个必然的过程,它是这样一种循环过程,即环境变化产生软件修改,软件修改又继续促进环境变化。
- 软件的不断修改会导致软件的退化。在前面我们曾经说明了软件修改对其质量造成的影响,因此为了防止这种衰退,必须增加额外成本以改善软件的结构和质量。
- 软件系统的进化特性是在早期的开发阶段建立起来的,这决定了系统进化过程的总趋势和系统变更的可能次数。
- 软件开发的效率与投入的资源无关。在大型软件开发项目中,团队成员数量的增加使项目的有效交流变得十分困难,过多的沟通时间使得开发人员没有足够的时间完成自己的开发任务,这样也会导致开发效率的相对低下。
- 在软件系统中添加新的功能不可避免地会产生新的缺陷,因此,在一个发布的新版本中有较大的功能增量将意味着需要发布下一个版本,该版本中的新增功能较少,而主要是修补这些新产生的软件缺陷。
- 软件维护:为了修改软件缺陷或增加新的功能而对软件进行变更。在这种情况下,软件变更往往发生在局部,不会改变整个系统的总体结构。

- 软件再工程:为了避免软件的退化而对软件的一部分重新进行设计、编码和测试,以提高软件的可维护性和可靠性等,为以后进一步改进软件打下良好的基础。

6.2 软件维护的概念

软件维护是指在软件运行或维护阶段对软件产品所进行的修改,这些修改可能是改正软件中的错误,也可能是增加新的功能以适应新的需求,但是一般不包括软件系统结构上的重大改变。

软件维护内容包括 4 个方面,分别是校正性维护、适应性维护、完善性维护和预防性维护。

(1)校正性维护

在软件交付使用后,由于开发时测试得不彻底或不完全,软件本身还会隐含一些开发时未能测试出来的错误。这些隐含的错误在某些特定的使用环境下就会暴露出来。校正性维护就是为了识别和纠正错误、修改软件性能上的缺陷,而进行确定和修改错误的过程。校正性维护占整个维护工作的 20% 左右。

(2)适应性维护

随着计算机技术的飞速发展和更新换代,软件系统所需的外部环境或数据环境可能会更新和升级,如操作系统或数据库系统的更换等。为了使应用软件适应这种变化而修改软件的过程称为适应性维护。这种维护活动占整个维护活动的 25%。

(3)完善性维护

在软件漫长的运行时期中,用户往往会对软件提出新的功能要求与性能要求。这是因为用户的业务会发生变化,组织机构也会发生变化。为了适应这些变化,原有的应用软件需要修改或者进行再开发,以扩充软件功能、增强软件性能、改进加工效率、提高软件的可维护性。为达到这个目的而进行的维护活动称为完善性维护。完善性维护不一定是救火式的紧急维修,而可以是有计划、有预谋的一种再开发活动。这种维护占整个维护活动的 50%。

(4)预防性维护

为了提高软件的可维护性和可靠性而对软件进行的修改称为预防性维护。这是为以后进一步的运行和维护打好基础,占整个维护工作的 4%。

相比之下,在整个软件维护阶段所花费的工作量中,完善性维护所占比例最大,如图 6-1 所示。这说明大部分的维护工作是改变和加强软件,而不是纠错。

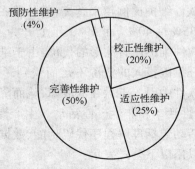

图 6-1 软件维护 4 种类型所占比例

6.3 软件维护的特点

1. 非结构化维护与结构化维护

软件的开发过程对软件的维护过程有较大的影响。若不采用软件过程的方法开发软件，那么软件只有程序而无文档，维护工作非常难，这就是一种非结构化的维护。若采用软件工程的方法开发软件，则各阶段都有相应的文档，这样容易进行维护工作，这是一种结构化的维护。

（1）非结构化维护

因为只有源程序，而文档很少或没有文档，维护活动只能从阅读、理解、分析源程序开始，这是软件工程时代以前进行维护的情况。

（2）结构化维护

用软件工程思想开发的软件具有各阶段的文档，这对于理解和掌握软件功能、性能、系统结构、数据结构、系统接口和设计约束有很大作用。这种维护对减少精力、减少花费、提高软件维护效率有很大的作用。

2. 维护的困难性

软件维护的困难性是由于软件需求分析和开发方法的缺陷。软件生存周期中的开发阶段没有严格而又科学的管理和规划，就会引起软件运行时的维护困难。其主要表现在以下几个方面：

1）读懂别人的程序是困难的。

2）文档的不一致性。

由于开发过程中文档管理不严所造成的，在开发过程中经常会出现修改程序却遗忘了修改与其相关的文档，使得文档前后不一致。

3）软件开发和软件维护在人员和时间上的差异。

由于维护阶段持续时间很长，正在运行的软件可能是十几、二十年前开发的，开发工具、方法、技术与当前的工具、方法、技术差异很大，这又是维护困难的另一个因素。

4）软件维护不是一项吸引人的事。

由于维护工作的困难性，维护工作经常遭受挫折，而且很难出成果，不像软件开发工作那样吸引人。

3. 软件维护的费用持续攀升

随着软件规模日益扩大，软件维护比例越来越高，软件维护的成本也持续攀升。1970 年，软件维护成本只占总成本的 35% ~ 40%，而 1980 年上升为 40% ~ 60%，1990 年更是达到 70% ~80% 之多。除此之外，软件维护还有无形的代价，由于维护工作占据着软件开发的可用资源，因而有可能使新的软件开发因投入的资源不足而受到影响，甚至错失市场良机。况且，由于维护时对软件的修改，在软件中引入了潜在的故障，从而降低了软件的质量。

软件维护活动可分为生产性活动和非生产性活动。生产性活动包括分析评价、修改设计和编写程序代码等；非生产性活动包括理解程序代码功能、数据结构、接口特点和设计约束等。因此，维护活动的总工作量可以用以下公式表示：

$$M = P + K \times \exp(C - D)$$

式中，M 表示维护工作的总工作量；P 表示生产性活动的工作量；K 表示经验常数；C 表示复杂性程度;D 表示维护人员对软件的熟悉程度。

这个公式表明,若 C 越大,D 越小,则维护工作量将成指数规律增加。C 增加表示软件未采用软件工程方法开发,D 减小表示维护人员不是原来的开发人员,对软件的熟悉程度低,重新理解软件花费很多的时间。

4. 软件维护是有副作用的

维护的目的是为了延长软件的寿命并让创造更多的价值,经过一段时间的维护,软件中的错误减少了,功能增强了。但修改软件会造成软件的错误,这种因修改软件而造成的错误或其他不希望出现的情况称为维护的副作用。

维护的副作用有编码副作用、数据副作用和文档副作用 3 种。

（1）编码副作用

在使用程序设计语言修改源代码时可能引入错误。

（2）数据副作用

在修改数据结构时,有可能造成软件设计与数据结构不匹配,因而导致软件错误。

（3）文档副作用

对数据流、软件结构、模块逻辑或任何其他有关特性进行修改时,必须对相关技术文档进行相应修改,否则会导致文档与程序功能不匹配、缺省条件改变、新错误信息不正确等错误,使文档不能反映软件当前的状态。

6.4 软件维护的步骤

为了有效地进行软件维护,应事先开始组织工作,建立维护机构。这种维护机构通常以维护小组形式出现。维护小组分为临时维护小组和长期维护小组。

1. 维护的流程

软件维护工作的整个流程包括维护申请、维护分类、影响分析、版本规划、变更实施和软件发布等步骤,如图 6-2 所示。

当开发组织外部或内部提出维护申请后,维护人员首先应该判断维护的类型,并评价维护所带来的质量影响和成本开销,决定是否接受该维护请求,并确定维护的优先级。其次,根据所有被接受维护的优先级,统一规划软件的版本,决定哪些变更在下一个版本完成,哪些变更在更晚推出的版本中完成。最后,维护人员实施维护任务并发布新的版本。

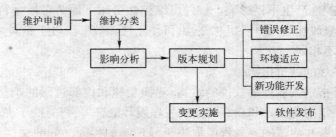

图 6-2　软件维护的流程

对于任何类型的软件维护来说,维护实施的技术工作基本都是相同的,主要包括设计修改、设计评审、代码修改、单元测试、集成测试、确认测试和复审。在维护流程中,最后一项工作是复审,即重新验证和确认软件配置所有成分的有效性,并确保完全满足维护申请的要求。

2. 维护的步骤

系统的修改往往会"牵一发而动全身"。程序、文档、代码的局部修改都可能影响系统的其他部分。因此,系统的维护工作应有计划、有步骤地统筹安排,按照维护任务的工作范围、严重程度等诸多因素确定优先顺序,制定出合理的维护计划,然后通过一定的批准手续实施对系统的修改和维护。

通常对系统的维护应执行以下步骤:

1) 提出维护或修改要求:操作人员或业务领导用书面形式向负责系统维护工作的主管人员提出对某项工作的修改要求。这种修改要求一般不宜直接向程序员提出。

2) 领导复审并作出答复,如同意修改,则列入维护计划。系统主管人员进行一定的调查后,根据系统的情况和工作人员的情况,考虑这种修改是否必要、是否可行,作出是否修改、何时修改的答复。如果需要修改,则根据优先程度的不同列入系统维护计划。计划的内容应包括维护工作的范围、所需资源、确认的需求、维护费用、维护进度安排以及验收的标准等。

3) 领导分配任务,维护人员执行修改。系统主管人员组织技术人员对修改部分进行测试和验收。验收通过后,将修改的部分嵌入系统,取代旧的部分。维护人员登记所做的修改,更新相关的文档,并将新系统作为新的版本通报用户和操作人员,指明新的功能和修改的地方。

6.5 软件的可维护性

6.5.1 软件可维护性概述

软件可维护性是指软件能够被理解、校正、适应及增强功能的容易程度。软件的可维护性、可使用性、可靠性是衡量软件质量的几个主要特性,也是用户十分关心的几个问题。

软件的可维护性可以定性地定义为:维护人员理解、改正、改动和改进这个软件的难易程度。提高可维护性是开发管理信息系统所有步骤的关键目的,软件产品是否能被很好地维护,可以用软件的可维护性这一指标来衡量。

软件的维护是十分困难的,为了使软件能易于维护,必须考虑使软件具有可维护性。软件的可维护性是软件开发阶段的关键目标。

影响软件可维护性的因素较多,设计、编码及测试中的疏忽和低劣的软件配置,缺少文档等都对软件的可维护性产生不良影响。软件可维护性可用下面 7 个质量特性来衡量,即可理解性、可测试性、可修改性、可靠性、可移植性、可使用性和效率。对于不同类型的维护,这 7 种特性的侧重点也是不相同。

1. 软件可维护性的评价指标

- 可理解性:是指别人能理解软件的结构、界面功能和内部过程的难易程度。模块化、详细设计文档、结构化设计和良好的高级程序设计语言等,都有助于提高可理解性。

- 可测试性:诊断和测试的容易程度取决于易理解的程度。好的文档资料有利于诊断和测试,同时,程序的结构、高性能的测试工具以及周密计划的测试工序也是至关重要的。为此,开发人员在系统设计和编程阶段就应尽力把程序设计成易诊断和测试的。此外,在系统维护时,应该充分利用在系统测试阶段保存下来的测试用例。

- 可修改性:诊断和测试的容易程度与系统设计所制定的设计原则有直接关系。模块的耦合、内聚、作用范围与控制范围的关系等,都对可修改性有影响。

2. 维护和软件文档

文档是软件可维护性的决定因素。由于长期使用的大型软件系统在使用过程中必然会经受多次修改,所以文档显得非常重要。

软件系统的文档可分为用户文档和系统文档两类。用户文档主要描述系统功能和使用方法,并不关心这些功能是怎样实现的;系统文档描述系统设计、实现和测试等各方面的内容。

可维护性是所有软件都应具有的基本特点,必须在开发阶段保证软件具有可维护的特点。在软件工程的每一个阶段都应考虑并提高软件的可维护性,在每个阶段结束前的技术审查和管理复审中,应该着重对可维护性进行复审。

在系统分析阶段的复审过程中,应该对将来要改进的部分和可能会修改的部分加以注解并指明,并且指出软件的可移植性问题以及可能影响软件维护的系统界面;在系统设计阶段的复审期间,应该从容易修改、模块化和功能独立的目的出发,评价软件的结构和过程;在系统实施阶段的复审期间,代码复审应该强调编码风格和内部说明文档这两个影响可维护性的因素。在完成了每项维护工作之后,都应该对软件维护本身进行认真的复审。

3. 软件文档的修改

维护应该针对整个软件配置,不应该只修改源程序代码。如果对源程序代码的修改没有反映在设计文档和用户手册中,可能会产生严重的后果。每当对数据、软件结构、模块过程或任何其他有关的软件特点有了改动时,必须立刻修改相应的技术文档。不能准确反映软件当前状态的设计文档可能比完全没有文档更坏。在以后的维护工作中很可能因文档不完全符合实际而不能正确理解软件,从而在维护中引入过多的错误。

6.5.2 软件维护的类型

软件维护主要包括硬件设备的维护、应用软件的维护和数据的维护。

1. 硬件维护

硬件维护应由专职的硬件维护人员来负责,主要有两种类型的维护活动:一种是定期的设备保养性维护,保养周期可以是一周或一个月不等,维护的主要内容是进行例行的设备检查与保养,易耗品的更换与安装等;另一种是突发性的故障维护,即当设备出现突发性故障时,由专职的维修人员或请厂方的技术人员来排除故障,这种维护活动所花时间不能过长,以免影响系统的正常运行。

2. 软件维护

软件维护主要是指根据需求变化或硬件环境变化对应用程序进行部分或全部的修改。修改时应充分利用源程序,修改后要填写程序修改登记表,并在程序变更通知书上写明新老程序的不同之处。软件维护的内容包括前面所介绍过的 4 个方面,即校正性维护、适应性维护、完善性维护和预防性维护。

3. 数据维护

数据维护工作主要是由数据库管理员来负责,主要负责数据库的安全性和完整性以及进行并发性控制。数据库管理员还要负责维护数据库中的数据。当数据库中的数据类型、长度等发生变化时,或者需要添加某个数据项时,要负责修改相关的数据库、数据字典,并通知有关人员。另外,数据库管理员还要负责定期出版数据字典文件及一些其他数据管理文件,以保留系统运行和修改的轨迹。当系统出现硬件故障并得到排除后,要负责数据库的恢复工作。

数据维护中还有一项很重要的内容,那就是代码维护。不过,代码维护发生的频率相对较小。代码的维护应由代码管理小组进行。变更代码应经过详细讨论,确定之后要有书面形式贯彻。代码维护的困难往往不在于代码本身的变更,而在于新代码的贯彻。为此,除了成立专门的代码管理小组外,各业务部门要指定专人进行代码管理,通过他们贯彻使用新代码。这样做的目的是要明确管理职责,有助于防止和更正错误。

6.5.3 软件可维护性度量

目前有若干对软件可维护性进行综合度量的方法,但要对可维护性作出定量度量还是困难的,还没有一种方法能够使用计算机对软件的可维护性进行综合性的定量评价。

下面是度量一个可维护的软件的 7 种特性时常采用的方法,即质量检查表、质量测试和质量标准。

质量检查表是用于测试程序中某些质量特性是否存在的一个问题清单。

质量测试与质量标准则用于定量分析和评价程序的质量。由于许多质量特性是相互抵触的,要考虑几种不同的度量标准去度量不同的质量特性。

6.6 逆向工程和再工程

1. 遗留系统

软件再工程以系统理解为基础,结合逆向工程、重构和正向工程等方法,将现有系统重新构造成为新的形式。形象地说,就是"把今天的方法学用于昨天的系统以满足明天的需要"。

几乎每个成熟的软件开发机构都要维护 15 年或更多年以前开发的程序,这种程序也被称作"遗留系统"。在一些组织机构中,遗留系统依然是业务上的重要系统,这些软件出现问题将会给组织业务带来重大的影响,银行系统就是一个典型的例子。

业务环境、组织需求和系统平台是不断变化的,遗留系统也必须随之发生变化。由于遗留系统存在开发语言过时、因长期修改导致结构破坏、没有人完全理解系统等问题,其维护十分困难且成本昂贵,但是简单地弃用遗留系统,而用一个全新的系统进行替换同样具有极大的风险,其主要原因在于:

- 遗留系统几乎没有完整的描述。
- 业务过程和遗留系统的操作方式紧密地"交织"在一起。
- 重要的业务规则隐藏在软件内部。
- 开发新软件本身是有风险的。

因此,应该选择继续使用遗留系统还是采用新系统替换,需要在系统质量和业务价值等方面对其进行评估,最终决定是否更换、转换和维护该系统。

2. 软件再工程的过程

遗留系统通常对组织的核心业务提供关键性支持,因此,需要采用先进的软件工程方法对整个软件或软件中的一部分重新进行设计、编写和测试,以提高软件的可维护性和可靠性,保证系统的正常运行,这就是软件再工程。

典型的软件再工程过程模型如图 6-3 所示，主要包括对象选择、逆向工程、文档重构、代码重构、数据重构和正向工程等活动。

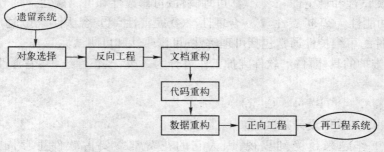

图 6-3　软件再工程的过程

逆向工程是一种设计恢复的过程，它是从现有系统的源代码中抽取数据结构、体系结构和程序设计信息。在反向工程中，开发人员可以使用 CASE 工具自动处理，也可以手工分析已有的源代码，尽量找出程序的基本结构，并在进一步理解的基础上添加一些设计信息，逐步抽象建立系统设计模型。

正向工程利用从现有程序中恢复的设计信息而修改或重构现有系统，以提高系统的整体质量。通常，正向工程并不是简单地构造一个与原有系统功能等价的系统，而是结合新的用户需求和软件技术扩展原有系统的功能和性能。

6.7　经典例题讲解

例题 1（2000 年软件设计师试题）

软件的易维护性是指理解、改正、改进软件的难易程度。通常影响软件易维护性的因素有易理解性、易修改性和＿＿＿A＿＿＿。在软件的开发过程中往往采取各种措施来提高软件的易维护性。如＿＿＿B＿＿＿采用有助于提高软件的易理解性；＿＿＿C＿＿＿有助于提高软件的易修改性。

供选择的答案：

A. ① 易使用性　　　② 易恢复性　　　③ 易替换性　　④ 易测试性

B. ① 增强健壮性　　　　　　　　② 信息隐蔽性原则

　　③ 良好的编程风格　　　　　　④ 高效的算法

C. ① 高效的算法　　② 信息隐蔽原则　　③ 增强健壮性　　④ 身份认证

分析：易维护性包括易理解性、易测试性和易修改性。良好的编程风格有助于提高软件的易理解性。信息隐蔽原则对提高软件的可修改性、可测试性和可移植性都有重要的作用。

参考答案：A. ④　　B. ③　　C. ②

例题 2（1998 年软件设计师试题）

可维护性通常包括＿＿＿A＿＿＿。通常认为，软件维护工作包括改正性维护、＿＿＿B＿＿＿维护和＿＿＿C＿＿＿维护。其中＿＿＿D＿＿＿维护则是为了扩充软件的功能或提高原有软件的性能而进行的维护活动。

供选择的答案：

A. ① 可用性和可理解性　　　② 可修改性、数据独立性和数据一致
　　③ 可测试性和稳定性　　　④ 可理解性、可修改性和可测试性

B、C. ① 功能性　② 扩展性　③ 合理性　④ 完善性　⑤ 合法性　⑥ 适应性

分析：软件的可维护性通常包括可理解性、可修改性和可测试性。

按照每次维护的具体目标，软件维护工作可分为 3 类：改正性维护、完善性维护和适应性维护。

参考答案：A. ④　B. ④　C. ⑥

例题 3（1995 年软件设计师试题）

软件维护工作越来越受到重视，因为它的花费常常要占软件生存周期全部花费的_____A_____左右。其工作内容为_____B_____，为了减少维护工作的困难，可以考虑采取的措施是_____C_____。而软件的可维护性包含_____D_____。所谓维护管理主要指的是_____E_____等。

供选择的答案：

A. ① 10%～20%　② 20%～40%　③ 60%～80%　④ 90%以上

B. ① 纠正与修改软件中含有的错误
　② 因环境已发生变化，提高性能而做相应的变更
　③ 为扩充功能，提高性能而做的变更
　④ 包括上述各点内容

C. ① 设法开发出无错的软件
　② 增加维护人员数量
　③ 切实加强维护管理，并在开发过程中就采取有利与未来维护的措施
　④ 限制个性的范围

D. ① 正确性、灵活性、可移植性　　　② 可测试性、可理解性、可修改性
　③ 可靠性、可复用性、可用性　　　④ 灵活性、可靠性、高效性

E. ① 加强需求分析　　　　　　　　　② 重新编码
　③ 判定修改的合理性并审查修改质量　④ 加强维护人员管理

分析：统计资料表明，维护阶段的花费占整个软件生存周期花费的 60%～80%，这是一个相当可观的数字。

软件维护主要包括：改正性维护、适应性维护和完善性维护。改正性维护是在软件运行发生异常或故障时进行的，这种故障往往是由于软件开发过程中某个环节上的隐患构成的。适应性维护的目的是要使运行的软件适应外部环境的变动，例如数据格式的变动、数据输入/输出方式的变动等都会影响软件的正常工作。完善性维护是为了扩充软件的功能，提高软件的性能而开展的软件维护活动，如用户在使用一段时间后提出了新的要求，这种情况下，就需要完善性维护。

争取到软件维护工作所应采取定措施是：切实加强维护管理，并在开发过程中就采取有利于软件未来维护措施。

软件的可维护性包含可测试性、可理解性和可修改性。

软件维护管理主要是指判定修改的合理性并审查修改质量。

参考答案：A. ③　B. ④　C. ③　D. ②　E. ③

例题 4（2001 年软件设计师试题）

用来辅助软件维护过程中的活动的软件称为软件维护工具。其中，用来存储、更新、恢复和管理软件版本的工具称为____A____，用来对软件开发过程中形成的文档进行分析的工具称为____B____，用来维护软件项目开发信息的工具称为____C____，用来辅助软件人员进行逆向工程活动的工具称为____D____，用来支持重构一个功能和性能更为完善的软件系统的工具称为____E____。

供选择的答案：

A～E. ① 再工程工具   ② 软件配置工具   ③ 版本控制工具

      ④ 集成工具   ⑤ 开发信息库工具   ⑥ 项目管理工具

      ⑦ 软件评价工具   ⑧ 逆向工程工具   ⑨ 静态分析工具

      ⑩ 文档分析工具

分析：软件维护工具主要包括：① 版本控制工具，用来存储、更新、恢复和管理一个软件的多个版本。② 文档分析工具，用来对软件开发过程中形成的文档进行分析，给出软件维护活动所需的维护信息。③ 开发信息库工具，用来维护软件项目的开发信息，包括对象、模块等。④ 逆向工程工具，用来辅助软件人员进行这种逆向工程活动，如反汇编工具、反编译工具等。⑤ 再工程工具，用来支持重构一个功能和性能更为完善的软件系统。

参考答案：A. ③   B. ⑩   C. ⑤   D. ⑧   E. ①

6.8 小结

软件投入使用后就进入软件维护阶段。它是软件生存周期中时间最长的一个阶段。随着软件规模日益扩大，软件维护在软件总成本中所占的比例越来越高，人们也对维护过程投入了越来越多的精力和费用。

软件维护是指在软件运行或维护阶段对软件产品所进行的修改，这些修改可能是改正软件中的错误，也可能是增加新的功能以适应新的需求，但是一般不包括软件系统结构上的重大改变。

软件维护内容包括 4 个方面，分别是校正性维护、适应性维护、完善性维护和预防性维护。

6.9 习题

1. 软件生命周期的最后的一个阶段是_____。

A. 书写软件文档   B. 软件维护

C. 稳定性测试   D. 书写详细用户说明

2. 软件维护工作的最主要部分是_____。

A. 校正性维护   B. 适应性维护

C. 完善性维护   D. 预防性维护

3. 在软件维护工作中进行的最少的部分是_____。

A. 校正性维护   B. 适应性维护

C. 完善性维护   D. 预防性维护

4. 软件维护工作中大部分的工作是由于_____而引起的。

A. 程序的可靠性　　　　　　　　　　B. 适应新的硬件环境

C. 适应新的软件环境　　　　　　　　D. 用户的需求改变

5. 软件维护时,对测试阶段未发现的错误进行测试、诊断、定位、纠错,直至修改的回归测试过程称为_____。

A. 改正性维护　　　　　　　　　　　B. 适应性维护

C. 完善性维护　　　　　　　　　　　D. 预防性维护

6. 软件的可维护性变量可分解为对多种因素的度量,下述各种因素_____是可维护度量的内容。

(1)可测试性　　　(2)可理解性

(3)可修改性　　　(4)可复用性

A. 全部　　　　　　　　　　　　　　B. (1)

C. (1)、(2)和(3)　　　　　　　　　　D. (1)、(2)

7. 软件维护是保证软件正常,有效运行的重要手段,而软件的下述特性:

(1)可测试性　　　(2)可理解性

(3)可修改性　　　(4)可移植性

_____有利于软件维护。

A. 只有(1)　　　　　　　　　　　　B. (2)和(3)

C. (1)、(2)和(3)　　　　　　　　　　D. 都有利

8. 在软件生命周期中,_____阶段所占工作量最大,约占70%。

A. 分析　　　　　　　　　　　　　　B. 维护

C. 编码　　　　　　　　　　　　　　D. 测试

9. 软件维护大体上可分为4种类型,下列_____不属于其中。

A. 校正性　　　　　　　　　　　　　B. 可靠性

C. 适应性　　　　　　　　　　　　　D. 完善性

10. 软件维护是指_____。

A. 对软件的改进、适应和完善　　　　B. 维护正常运行

C. 配置新软件　　　　　　　　　　　D. 软件开发的一个阶段

11. 软件的可维护性度量可分解为对多种因素的度量。下述各种因素中,_____是可维护性度量的内容。

(1)可测试性　　　(2)可理解性

(3)可修改性　　　(4)可复用性

A. (1)、(2)、(3)、(4)　　　　　　　　B. (1)

C. (1)、(2)、(3)　　　　　　　　　　D. (1)、(2)

12. 软件工程学是指导计算机软件开发和_____的工程学科。

A. 软件维护　　　　　　　　　　　　B. 软件设计

C. 软件应用　　　　　　　　　　　　D. 软件理论

13. 下面_____不是人们常用的评价软件质量的4个因素之一。

A. 可维护性　　　　　　　　　　　　B. 可靠性

C. 可理解性   D. 易用性

14. 软件系统的可理解性的提高,会导致软件系统_____的提高。

A. 可维护性   B. 可靠性

C. 可理解性   D. 可使用性

15. 软件生存期的_____阶段的工作都与软件可维护性有密切的关系。

A. 编码阶段   B. 设计阶段

C. 测试阶段   D. 每个阶段

16. 软件可维护性是指纠正软件系统出现的错误和缺陷,以及为满足新的要求进行修改、_____的容易程度。

A. 维护   B. 扩充与压缩

C. 调整   D. 再工程

17. 目前广泛使用 7 个特性来衡量软件的可维护性,下列_____特性不属于衡量软件可维护性的范围。

A. 可移植性、可使用性   B. 可靠性、效率

C. 一致性、数据无关性   D. 可理解性、可测试性

18. 目前广泛使用 7 个特性来衡量软件的可维护性,可测试性,可靠性和可理解性主要在_____侧重应用。

A. 校正性维护   B. 适应性维护

C. 完善性维护   D. 预防性维护

第 7 章 面向对象建模

本章要点
- 面向对象的基本原理
- 面向对象的基本概念
- 软件建模语言
- 常用的 UML 图

7.1 面向对象的软件工程

面向对象的核心概念就是"对象",也就是此方法中最重要的数据,对象可以理解为与问题域有关的事物。一个系统可以看作是许多对象在一起完成一系列工作,就像一个团体,团体成员可以看作是一个个对象,他们在共同协作完成一系列任务。采用面向对象方法构造系统核心就是构造对象集合,换句话说,一个软件可以是对象的集合 + 对象间的协作。它的最大优点就是整个软件工程是一个不断完善和更新的过程,即使前一阶段出现问题也可以较为容易地修改,不像传统的方法,一旦前面出现问题有可能会给后面工作带来灾难性的后果。面向对象的软件工程过程中各阶段的界限并不明显。前后始终围绕对象集合的建模展开,后阶段总是对前一阶段的完善,只是各自重点不同。最重要的阶段是需求分析阶段,因为这一阶段的任务是要基本弄清楚问题所设计的对象都有哪些。

面向对象的软件工程是按照面向对象的方法学进行面向对象的分析、设计、实现、测试和管理的过程。

7.2 面向对象方法的特点

1. 面向对象的开发方法

目前,面向对象开发方法的研究已日趋成熟,国际上已有不少面向对象产品出现。面向对象开发方法有 Coad 方法、B 面向对象 ch 方法和 OMT 方法等。

(1) Coad 方法

Coad 方法是 1989 年 Coad 和 Yourdon 提出的面向对象开发方法。该方法的主要优点是通过多年来大系统开发的经验与面向对象概念的有机结合,在对象、结构、属性和操作的认定方面,提出了一套系统的原则。该方法完成了从需求角度进一步进行类和类层次结构的认定。尽管 Coad 方法没有引入类和类层次结构的术语,但事实上已经在分类结构、属性、操作、消息关联等概念中体现了类和类层次结构的特征。

(2) OMT 方法

OMT 方法是 1991 年由 James Rumbaugh 等 5 人提出来的,其经典著作为"面向对象的建模与设计"。

该方法是一种新兴的面向对象的开发方法,开发工作的基础是对真实世界的对象建模,然后围绕这些对象使用分析模型来进行独立于语言的设计,面向对象的建模和设计促进了对需求的理解,有利于开发得更清晰、更容易维护的软件系统。该方法为大多数应用领域的软件开发提供了一种实际的、高效的保证,努力寻求一种问题求解的实际方法。

（3）UML 语言

软件工程领域在 1995～1997 年取得了前所未有的进展,其成果超过软件工程领域过去15 年的成就总和,其中最重要的成果之一就是统一建模语言（Unified Modeling Language,UML）的出现。UML 将是面向对象技术领域内占主导地位的标准建模语言。

UML 不仅统一了 B 面向对象 ch 方法、OMT 方法、面向对象 SE 方法的表示方法,而且对其作了进一步的发展,最终统一为大众接受的标准建模语言。UML 是一种定义良好、易于表达、功能强大且普遍适用的建模语言。它融入了软件工程领域的新思想、新方法和新技术。它的作用域不限于支持面向对象的分析与设计,还支持从需求分析开始的软件开发全过程。

面向对象开发方法采用统一建模语言进行建模。它是一种直观化、明确化、构建和文档化软件系统产物的通用可视化建模语言,可以描述开发所需要的各种视图。

2. 面向对象方法的特点

（1）对象唯一性

每个对象都有自身唯一的标识,通过这种标识,可找到相应的对象。在对象的整个生命周期中,它的标识都不改变,不同的对象不能有相同的标识。

（2）分类性

分类性是指将具有一致的数据结构（属性）和行为（操作）的对象抽象成类。一个类就是这样一种抽象,它反映了与应用有关的重要性质,而忽略其他一些无关内容。任何类的划分都是主观的,但必须与具体的应用有关。

（3）继承性

继承性是子类自动共享父类数据结构和方法的机制,这是类之间的一种关系。在定义和实现一个类的时候,可以在一个已经存在的类的基础之上来进行,把这个已经存在的类所定义的内容作为自己的内容,并加入若干新的内容。继承性是面向对象程序设计语言不同于其他语言的最重要的特点,是其他语言所没有的。

在类层次中,子类只继承一个父类的数据结构和方法,则称为单重继承。

在类层次中,子类继承了多个父类的数据结构和方法,则称为多重继承。

在软件开发中,类的继承性使所建立的软件具有开放性、可扩充性,这是信息组织与分类的行之有效的方法。它简化了对象、类的创建工作量,增加了代码的可重性。

采用继承性,提供了类的规范的等级结构。通过类的继承关系,使公共的特性能够共享,提高了软件的重用性。

（4）多态性

多态性（又称为多形性）是指相同的操作或函数、过程可作用于多种类型的对象上并获得不同的结果。不同的对象,收到同一消息可以产生不同的结果,这种现象称为多态性。多态性允许每个对象以适合自身的方式去响应共同的消息。

7.3 面向对象方法学当前的研究及实践领域

当前,在研究面向对象方法中,有如下主要研究领域。

1）智能计算机的研究。因为面向对象方法可将知识片看作对象,并为相关知识的模块化提供方便,所以在知识工程领域越来越受到重视。面向对象方法的设计思想被引入到智能计算机的研究中。

2）新一代操作系统的研究。采用面向对象方法来组织设计新一代操作系统具有如下优点:采用对象来描述 OS 所需要设计、管理的各类资源信息(如文件、打印机、处理机、各类外设等)更为自然;引入面向对象方法来处理面向对象的诸多事务(如命名、同步、保护、管理等)会更易实现、更便于维护;面向对象方法对于多机、并发控制可提供有力的支持,并能恰当地管理网络,使其更丰富和协调。

3）多学科的综合研究。当前,人工智能、数据库、编程语言的研究有汇合趋势。例如,在研究新一代数据库系统(智能数据库系统)中,能否用人工智能思想与面向对象方法建立描述功能更强的数据模型?能否将数据库语言和编程语言融为一体?为了实现多学科的综合,面向对象方法是一个很有希望的汇聚点。

4）新一代面向对象的硬件系统的研究。要支持采用面向对象方法设计的软件系统的运行,必须建立更理想的能支持面向对象方法的硬件环境。目前采用松耦合(分布主存)结构的多处理机系统更接近于面向对象方法的思想;作为最新出现的神经网络计算机的体系结构与面向对象方法的体系结构具有惊人的类似,并能相互支持与配合:一个神经元就是一个小粒度的对象;神经元的连接机制与面向对象方法的消息传送有着天然的联系;一次连接可以看作一次消息的发送。可以预料,将面向对象方法与神经网络研究相互结合,必然可以开发出功能更强、更迷人的新一代计算机硬件系统。

7.4 面向对象的基本概念

1. 面向对象的产生

采用传统开发方法开发出来的软件存在重用性差、可维护性差、不能满足用户需要等问题。

用结构化方法开发的软件,其稳定性、可修改性和可重用性都比较差,这是因为结构化方法的本质是功能分解,从代表目标系统整体功能的单个处理着手,自顶向下不断把复杂的处理分解为子处理,这样一层一层地分解下去,直到仅剩下若干个容易实现的子处理功能为止,然后用相应的工具来描述各个最低层的处理。因此,结构化方法是围绕实现处理功能的"过程"来构造系统的。然而,用户需求的变化大部分是针对功能的,因此,这种变化对于基于过程的设计来说是灾难性的。用这种方法设计出来的系统结构常常是不稳定的,用户需求的变化往往造成系统结构的较大变化,从而需要花费很大代价才能实现这种变化。

面向对象的开发方法便应运而生,它也是当前计算机界关心的重点。面向对象是 20 世纪 90 年代开发软件的主流方法。面向对象的概念和应用已超越了程序设计和软件开发,扩展到很宽的范围,如数据库系统、交互式界面、应用结构、应用平台、分布式系统、网络管理结构、

CAD 技术、人工智能等领域。

2. 面向对象的基本概念

面向对象 = 对象 + 类 + 继承 + 通信

- 客观世界是由对象组成的,任何客观的事物或实体都是对象,复杂的对象可以由简单的对象组成。
- 具有相同数据和相同操作的对象可以归并为一个类,对象是对象类的一个实例。
- 类可以派生出子类,子类继承父类的全部特性(数据和操作),又可以有自己的新特性。子类与父类形成类的层次结构。
- 对象之间通过消息传递相互联系。类具有封装性,其数据和操作等对外界是不可见的,外界只能通过消息请求进行某些操作,提供所需要的服务。

从一般意义上来讲,对象是现实世界中的一个实际存在的事物,它可以是有形的,如车辆、房屋等,也可以是无形的,如国家、生产计划等。

（1）对象

对象是系统中用来描述客观事物的一个实体。它是构成系统的一个基本单位,由一组属性和对这组属性进行操作的一组服务组成。

属性和服务是构成对象的两个基本要素,其定义是:

属性是用来描述对象静态特征的一个数据项。

服务是用来描述对象动态特征(行为)的一个操作序列。

（2）类

类表示了一组相似的对象,是创建对象的有效模板,用它可以产生多个对象。类所代表的是一个抽象的概念或事物,在客观世界中实际存在的是类的实例,即对象。

类是具有相同属性和服务的一组对象的集合,它为属于该类的全部对象提供了统一的抽象描述,其内部包括属性和服务两个主要部分。

例如:在学校教学管理系统中,"学生"是一个类,其属性具有姓名、性别、年龄等,可以定义"入学注册"、"选课"等操作。一个具体的学生"王平"是一个对象,也是"学生"类的一个实例,其类图如图 7-1 所示。

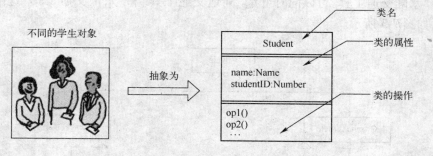

图 7-1　类图

（3）面向对象的要素

面向对象方法的基本思想是从现实世界中客观存在的事物(即对象)出发,尽可能地运用人类的自然思维方式来构造软件系统。它更加强调运用人类在日常的逻辑思维中经常采用的思想方法与原则,例如抽象、分类、继承、聚合、封装等,使开发者以现实世界中的事物为中心来思考和认识问题,并以人们易于理解的方式表达出来。

1)封装(Encapsulation):封装是面向对象方法的一个重要原则,它将对象分成接口(可见的)和实现(不可见的)两个部分。

封装是把对象的属性和服务结合成一个独立的系统单位,并尽可能隐藏对象的内部细节。

封装的信息隐蔽作用反映了事物的相对独立性,当我们从外部观察对象时,只需要了解对象所呈现的外部行为(即做什么),而不必关心它的内部细节(即怎么做)。

2)继承(Inheritance):继承简化了人们对现实世界的认识和描述,对于软件复用是十分有益的。

继承是指子类可以自动拥有父类的全部属性和服务。

例如:"本科生"和"研究生"是"学生"的子类,它们继承了"学生"的所有属性和服务,并可以定义自己特有的属性和服务,如图 7-2 所示。

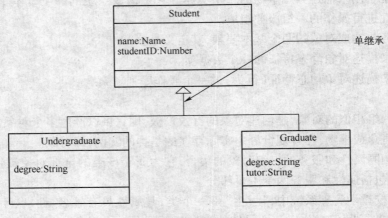

图 7-2　继承关系

例如:"水陆交通工具"可以同时继承"陆地交通工具"和"水上交通工具"这两个类的属性和服务,如图 7-3 所示。

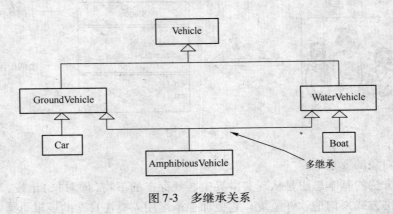

图 7-3　多继承关系

3）消息（Message）：消息是对象之间的通信联系，它表现了对象行为的动态联系。通常，一个对象向另一个对象发出消息请求某项服务，接收消息的对象响应该消息，激发所要求的服务操作，并将操作结果返回给请求服务的对象。

消息是对象发出的服务请求，一般包含提供服务的对象标识、服务标识、输入信息和应答信息等信息。

例如：电视机包括外形尺寸、分辨率、电压、电流等属性，具有打开、关闭、调谐频道、转换频道、设置图像等服务。封装意味着将这些属性和服务结合成一个不可分的整体，它对外有一个显示屏、插头和一些按钮等接口，用户通过这些接口使用电视机，而不关心其内部的实现细节。

4）关联（Association）：关联是对象属性之间的静态联系，它是通过对象的属性来表现对象之间的依赖关系。

例如："教师"与"学生"是独立的两个类，它们之间存在"教学"联系，这种联系是通过类中的"教学课程"、"时间"、"地点"等属性建立起来的。

关联存在着多重性，用以描述一个关联的实例中有多少个相互连接的对象。关联的多重性是一个取值范围的表达式或者一个具体值，可以精确地表示多重性为 1、0 或 1（0..1）、多个（0..n）、一个或多个（1..n），如果需要还可以标明精确的数值。

5）聚合（Aggregation）：聚合是一种特殊的关联，表示对象之间整体与部分的关系。

聚合是对象之间的组成关系，即一个（或一些）对象是另一个对象的组成或部分。

例如：大学中的系由办公室、实验室、资料室等组成，"办公室"、"实验室"、"资料室"这些类与"系"这个类之间是部分与整体的关系。

6）多态性（Polymorphism）：多态性机制为软件的结构设计提供了灵活性，减少了信息冗余，明显提高了软件的可复用性和可扩充性。

多态性是指在父类中定义的属性或服务被子类继承后，可以具有不同的数据类型或表现出不同的行为。

例如：在父类"几何图形"中定义了一个服务"绘图"，但并不确定执行时绘制一个什么图形。子类"椭圆"和"矩形"都继承了几何图形类的绘图服务，但其功能却不相同：一个是画椭圆，一个是画矩形。当系统的其他部分请求绘制一个几何图形时，消息中的服务都是"绘图"，但椭圆和多边形接收到该消息时却各自执行不同的绘图算法，如图 7-4 所示。

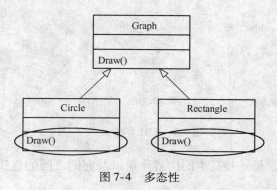

图 7-4　多态性

7.5　统一建模语言和统一过程

7.5.1　统一建模语言概述

- UML 是一种语言,它提供了用于交流的词汇表及其组词规则,说明如何创建或理解结构良好的模型,但它并没有说明在什么时候创建什么样的模型。
- UML 是一种可视化的建模语言,它提供一组具有明确语义的图形符号,可以建立清晰的模型便于交流,同时所有开发人员都可以无歧义地解释这个模型。
- UML 是一种可用于详细描述的语言,它为所有重要的分析、设计和实现决策提供了精确的、无歧义的和完整的描述。
- UML 是一种构造语言,它所描述的模型可以映射成不同的编程语言,如 Java、C++ 和 Visual Basic 等。这种映射可以进行正向工程——从 UML 模型到编程语言的代码生成,也可以进行逆向工程——由编程语言代码重新构造 UML 模型。
- UML 是一种文档化语言,它可以建立系统体系结构及其详细文档,提供描述需求和用于测试的语言,同时可以对项目计划和发布管理的活动进行建模。
- UML 语言的整个发展历史如图 7-5 所示,该语言是许多先进的面向对象思想统一结合的产物,其发展过程受到了工业界的广泛支持,并成为当前最流行的一种软件系统建模语言,目前的最新版本为 UML 2.0。

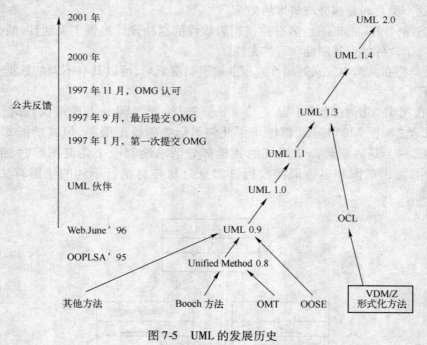

图 7-5　UML 的发展历史

在 UML 中,模型元素是一些基本的构造元素以及它们之间的连接关系,图 7-6 显示了一些模型元素的图形符号。

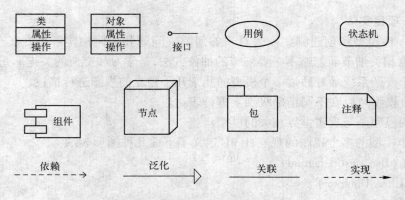

图 7-6　UML 的基本图形符号

系统模型中每一个视图的内容是由一些图来描述的,UML 包含用例图、类图、对象图、状态图、顺序图、协作图、活动图、组件图和分布图等 9 种图,如图 7-7 所示。对整个系统而言,其功能由用例图描述,静态结构由类图和对象图描述,动态行为由状态图、时序图、协作图和活动图描述,而物理架构则是由组件图和部署图描述。

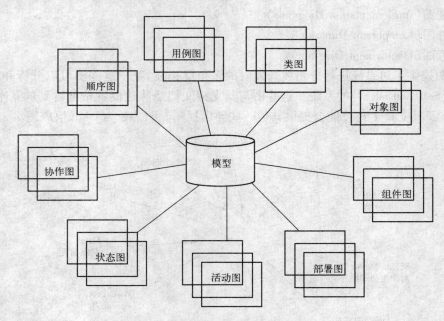

图 7-7　UML 模型中的各种图形

7.5.2　UML 的基本实体

UML 的基本实体由两大类构成:定义 UML 本身的实体和使用这些实体产生的 UML 项目实体。

1. 定义 UML 本身的实体

定义 UML 本身的实体包括 UML 语义描述、UML 表示法和 UML 标准 Profile 文件。

2. UML 项目实体

选择哪一种模型和创建哪些图表对于如何解决问题和如何构建解决方案有着极大的影响。集中注意相关细节而忽略不必要细节的抽象方法,是学习和交流的关键。正因为如此:

- 每一个复杂系统最好通过一个模型的几个几乎独立的视图进行描述。
- 每一个模型可以在不同精确级别上进行表达。
- 最好的模型是与现实世界相关的模型。

根据一个模型的多个视图的观点,UML 定义了下面几种图形表示:

- 用例图(Use Case Diagram)。
- 类图(Class Diagram)。
- 行为图(Behavior Diagrams)。
- 状态图(Statechart Diagram)。
- 活动图(Activity Diagram)。
- 交互图(Interaction Diagrams)。
- 顺序图(Sequence Diagram)。
- 协作图(Collaboration Diagram)。
- 实现图(Implementation Diagrams)。
- 构件图(Component Diagram)。
- 配置图(Deployment Diagram)。

这些图提供了对系统进行分析或开发时的多角度描述,基于这些图可以分析和构造一个自一致性(Self-Consistent)的系统。这些图与其支持文档是从建模者角度看到的基本的实体。当然,UML 及其支持上还可能会提供其他一些导出视图。图 7-8 为 UML 组成图。

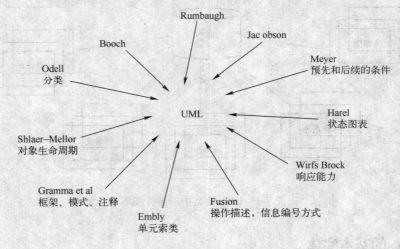

图 7-8　UML 组成图

7.5.3　常用的 UML 图

1. 用例图

用例图是从用户的观点描述系统的功能。它由一组用例、参与者以及它们之间的关系所组成。

- 参与者(Actor):是与系统交互的外部实体。它既可以是使用该系统的用户,也可以是系统交互的其他外部系统、硬件设备或组织机构。
- 用例(Use Case):是从用户角度描述系统的行为。它将系统的一个功能描述成一系列事件,这些事件最终对参与者产生有价值的可观测结果。

用例图的建模元素如图 7-9 所示。除了简单的参与者和用例之外,参与者之间还可以存在泛化的关系,用例之间也可以存在包含(Include)、扩展(Extend)和泛化(Generalization)等 3 种关系。

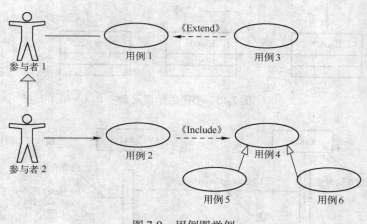

图 7-9   用例图举例

用例包含关系:用例 2 所执行的功能中包括用例 4 的功能。

用例扩展关系:用例 1 的执行可能需要用例 3 的功能来扩展。

用例泛化关系:用例 4 具有用例 5 和用例 6 两种实现方法。

2. 类图

类图描述系统的静态结构,表示系统中的类、类与类之间的关系以及类的属性和操作。

类是一种抽象,代表着一组对象共有的结构和行为。类之间的关系包括关联、聚合、泛化、依赖等类型。

- 关联(Association):是一种结构关系,它描述了一组对象之间的连接。
- 聚合(Aggregation):是一种特殊形式的关联,它表示类之间的整体与部分的关系。
- 泛化(Generalization):是一种特殊/一般的关系。
- 依赖(Dependency):是一种使用关系,它说明一个事物规格说明的变化可能影响到使用它的另一个事物。

类图的模型元素如图 7-10 所示。在 UML 语言中,类由一个矩形方框表示。该方框被分成 3 个部分,其中最上面的部分显示类名,中间部分显示类的属性,最下面的部分显示类的操作。

3. 顺序图

顺序图描述了一组交互对象间的交互方式,它表示完成某项行为的对象和这些对象之间传递消息的时间顺序。顺序图由对象、生命线、控制焦点、消息等组成,如图 7-11 所示。

- 对象生命线是一条垂直的虚线,表示对象存在的时间。

- 控制焦点是一个细长的矩形,表示对象执行一个所经历的时间段。
- 消息是对象之间的一条水平箭头线,表示对象之间的通信。

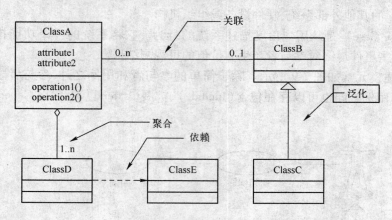

图 7-10　类图的模型元素

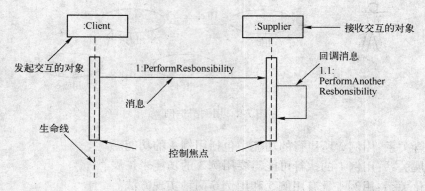

图 7-11　顺序图的模型元素

4. 协作图

协作图反映收发消息的对象的结构组织,用于描述系统的行为是如何由系统的成分协作实现的。协作图由对象和消息等组成,如图 7-12 所示,它与协作图是同构的,即两者之间可以相互转换。

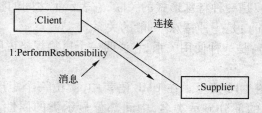

图 7-12　协作图的模型元素

5. 状态图

状态图是由状态机扩展而来的,用来描述对象所经过的对外部事件作出相应的状态序列。状态图侧重于描述某个对象的生命周期中的动态行为,包括对象在各个不同的状态间的跳转以及触发这些跳转的外部事件,即从状态到状态的控制流。

状态图的组成元素包括状态、事件、转换、活动和动作,如图 7-13 所示。在 UML 语言中,一个状态由一个圆角矩形表示,一个转换由连接两个状态的箭头表示。

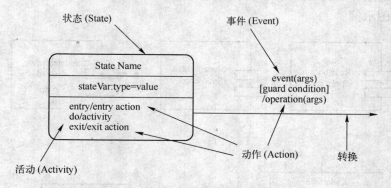

图 7-13　状态图的模型元素

6. 活动图

活动图反映系统中从一个活动到另一个活动的流程,强调对象间的控制流程。图 7-14 是订单处理流程的活动图示例,其组成元素包括活动、转移、泳道、分支、分叉和汇合、对象流等。

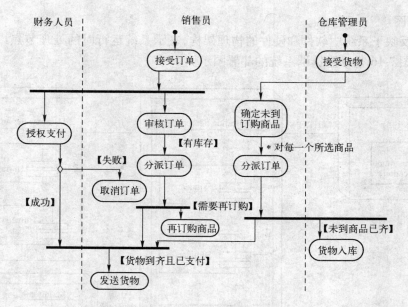

图 7-14　活动图应用举例

活动图和状态图存在许多方面的不同,具体体现在以下方面:

1) 描述的重点不同:活动图描述的是从活动到活动的控制流;状态图描述的是对象的状态及状态之间的转移。

2) 使用的场合不同:在分析用例、理解涉及多个用例的工作流、处理多线程应用等情况下,一般使用活动图;在显示一个对象在其生命周期内的行为时,一般使用状态图。

7. 组件图

组件图描述组件以及它们之间的关系,用于表示系统的静态实现视图。图 7-15 是学生选课系统的组件图示例。

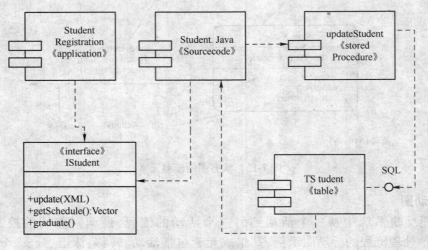

图 7-15　组建图示例

8. 部署图

部署图反映了系统中软件和硬件的物理架构,表示系统运行时的处理节点以及节点中组件的配置。图 7-16 是学生选课系统的部署图示例。

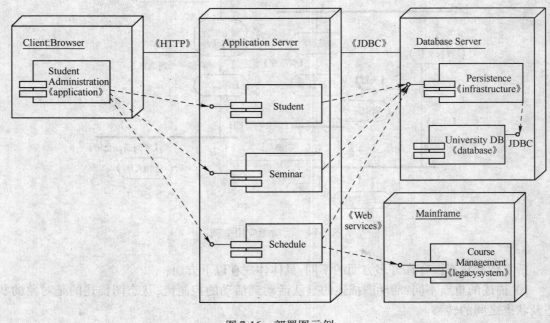

图 7-16　部署图示例

7.6 经典例题讲解

例题 1(2003 年软件设计师试题)

面向对象技术中,对象是类的实例。对象有 3 种成分:_____、属性和方法(或操作)。

供选择的答案:A. 标识　B. 规则　C. 封装　D. 消息

分析:对象有 3 种成分:标识、属性和方法(或操作)。

参考答案:A

例题 2(2002 年软件设计师试题)

在面向对象技术中,多态有多种不同的形式,其中(1)和(2)称为通用多态。(3)和强制多态称为特定多态。

供选择的答案:

(1) A. 参数多态　B. 过载多态　C. 隐含多态　D. 重置多态

(2) A. 重置多态　B. 过载多态　C. 隐含多态　D. 包含多态

(3) A. 参数多态　B. 隐含多态　C. 过载多态　D. 包含多态

分析:在面向对象技术中,对象在收到信息后要予以响应,不同的对象收到同一消息可产生完全不同的结果,这一现象称为多态。在使用多态技术时,用户可以发送一个通用的消息,而实现的细节则由接受对象自行决定,这样同一消息就可以调用不同的方法。多态有多种不同的形式,其中参数多态和包含多态称为通用多态,过载多态和强制多态称为特定多态。

参考答案:(1) A　(2) D　(3) C

例题 3(1999 年软件设计师试题)

OMT 是一种对象建模技术,它定义了 3 种模型,它们分别是____A____模型、____B____模型和____C____模型。其中,____A____模型描述了系统中对象的静态结构,以及对象之间的联系,____B____模型描述系统中与时间和操作顺序相关的系统特征,表示瞬时的行为上的系统的"控制"特征,通常可用____D____来表示,____C____模型描述了与值的变换有关的系统的特征,通常用____E____来表示。

供选择的答案:

A. ① 对象　　② 功能　　③ ER　　　　④ 静态

B. ① 控制　　② 时序　　③ 动态　　　④ 时实

C. ① 对象　　② 功能　　③ 变换　　　④ 计算

D. ① 类图　　② 状态图　③ 对象图　　④ 数据流图

E. ① 类图　　② 状态图　③ 对象图　　④ 数据流图

分析:OMT(对象建模技术)是一种围绕真实世界的概念来组织模型的软件开发方法。OMT 从问题陈述开始,理解问题陈述中的客观世界,将其本质抽象成模型表示,建立系统的 3 种模型,即对象模型、动态模型和功能模型。

对象模型描述了系统中对象的静态结构及对象间的联系,用对象模型图来表示。对象模型图是 ER 图的一种拓展形式。动态模型描述了与时间和操作次序有关的系统属性,动态模型由多张状态图组成。各个类的状态图通过共享事件组成系统的同台模型。功能模型描述了系统内数据值的变化,它由数据流组成。数据流图说明数据流是如何从外部输入,经过操作和内部存储而到外部输出的。

参考答案：A. ①　B. ③　C. ②　D. ②　E. ④

例题 4

在面向对象的方法学中，对象可看成是属性及对于这些属性的专用服务的封装体。封装是一种 A 技术，封装的目的是使对象的 B 分离。

类是一组具有相同属性和相同服务的对象的抽象描述，类中的每个对象都是这个类的一个 C。类之间共享属性与服务机制称为 D。一个对象通过发送 E 来请求另一个对象为其服务。

供选择的答案：

A. ① 组装　　　　　② 产品化　　　　　③ 固化　　　　　④ 信息隐藏

B. ① 定义与实现　　② 设计与测试　　　③ 设计和实现　　④ 分析和实现

C. ① 例证(Illustration)　② 用例(Use Case)　③ 实例(Instance)　④ 例外(Exception)

D. ① 多态性　　　　② 动态绑定　　　　③ 静态绑定　　　④ 继承

E. ① 调用语句　　　② 消息　　　　　　③ 命令　　　　　④ 口令

分析：封装是一种信息隐蔽技术，其目的是把定义与实现分离，保护数据不被对象的使用者直接存取。

类是一组具有相同属性和相同服务的对象的抽象服务描述，类中每个对象都是这个类的一个实例。类之间共享属性与服务的机制称为继承。一个对象通过发送的消息来请求另一个对象为其服务。

参考答案：A. ④　B. ①　C. ③　D. ④　E. ②

例题 5（2004 年软件设计师试题）

阅读下列说明及图 7-17 和图 7-18，回答问题 1 至问题 3。

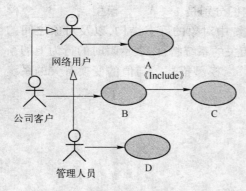

图 7-17　例题 6 用例图

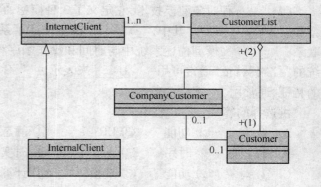

图 7-18　例题 6 类关联图

说明：

某电话公司决定开发一个管理所有客户信息的交互式网络系统，系统功能如下。

● 浏览客户信息：任何使用 Internet 的网络用户都可以浏览电话公司所有的客户信息（包括姓名、住址、电话号码等）。

● 登录：电话公司授予每个客户一个账号。拥有授权账号的客户，可以使用系统提供的页面设置个人密码，并使用该账号和密码向系统注册。

● 修改个人信息：客户向系统注册后，可以发送电子邮件或者使用系统提供的页面，对个人信息进行修改。

- 删除用户信息：只有公司的管理人员才能删除不再接受公司服务的客户的信息。系统采用面向对象方法进行开发，在开发过程中认定出的类见表 7-1。

表 7-1　开发过程中认定的类

编　号	类　名	描　述
1	InternetClient	网络用户
2	CustomerList	客户信息表，记录公司所有客户的信息
3	Customer	客户信息，记录单个客户的信息
4	CompanyCustomer	公司客户
5	InternalClient	公司的管理人员

【问题1】

在需求分析阶段，采用 UML 的用例图描述系统功能需求，如图 7-20 所示。请指出图中的 A、B、C、D 分别是哪个用例？

【问题2】

在 UML 中，重复度定义了某个类的一个实例可以与另一个类的多少个实例相关联。通常把它写成一个表示取值范围的表达式或者一个具体的值。例如，图 7-21 中的类 InternetClient 和 CustomerList，IneternetClient 端的"0…*"表示一个 CustomerList 的实例可以与 0 个或多个 InternetClient 的实例相关联；CustomerList 端的"1"表示一个 InternetClient 的实例只能与一个 CustomerList 的实例相关。

请指出图 7-18 中（1）和（2）处的重复度分别为多少？

【问题3】

类通常不会单独存在，因此当对系统建模时，不仅要识别出类，还必须对类之间的相互关系建模。在面向对象建模中，提供了 4 种关系：依赖、概括、关联和聚集。请分别说明这 4 种关系的含义，并说明关联和聚集之间的主要区别。

分析：图 7-17 是一个 UML 的用例图。在工程的分析阶段用例图被用来鉴别和划分系统功能，它们把系统分成动作者和用例。

动作者表示系统用户能够扮演的角色。这些用户可能是人，可能是其他的计算机，一些硬件或者是其他软件系统。唯一的标准是它们必须要在被划分在用例的系统部分以外。它们必须能刺激系统部分，并接收返回。

用例描述了当动作者之一被系统特定的刺激时系统的活动。这些活动被文本描述。它描述了触发用例的刺激的本质，输入和输出到其他活动者，以及转换输入到输出的活动。用例文本通常也描述每一个活动在特殊的活动线时可能的错误和系统应采取的补救措施。

当我们了解了用例图、动作者、用例的基本概念后，题目就迎刃而解了。图中的网络用户、公司客户、管理人员都是动作者。题目说明中提到了系统有 4 个功能：浏览客户信息、登录、修改个人信息、删除客户信息。这也就是 4 个用例，我们现在只需把它们对号入座即可。根据题目说明，我们可以知道任何使用 Internet 的网络用户都可以浏览电话公司所有的客户信息，在图中符合这一条的只有 A，所以 A 应填浏览客户信息。又因为只有公司的管理人员才能删除不再接受公司服务的客户的信息，所以 D 应填删除客户信息。

剩下就只有登录和修改个人信息两个用例了,那么 B 是填登录还是修改呢？我们先学习包含和扩展的概念。

两个用例之间的关系可以主要概括为两种情况。一种是用于重用的包含关系,用构造型《Include》表示;另一种是用于分离出不同的行为,用构造型《Extend》表示。

包含关系:如果可以从两个或两个以上的原始用例中提取公共行为,或者发现能够使用一个构件来实现某一个用例的部分功能是很重要的事情,应该使用包含关系来表示它们。如图 7-19 所示。

扩展关系:如果一个用例明显地混合了两种或两种以上的不同场景,即根据情况可能发生多种事情,我们将这个用例分为一个主用例和一个或多个辅用例描述可能更加清晰,如图 7-20 所示。

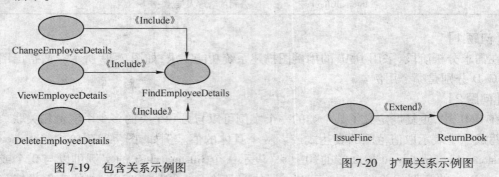

图 7-19　包含关系示例图　　　　　　　　　　图 7-20　扩展关系示例图

因为要首先登录才能修改信息,显然,B 应填修改个人信息,C 应填登录。

在 UML 中,重复度又称多重性,多重性表示为一个整数范围 n…m,整数 n 定义所连接的最少对象的数目,而 m 则为最多对象数(当不知道确切的最大数时,最大数用 * 号表示)。最常见的多重性有:0…1;0… * ;1…1;1… * 。

因为一个 CustomerList 的实例可以与 0 个或多个 Customer 的实例相关联;而一个 Customer 的实例只能与一个 CustomerList 的实例相关。所以(1)应填 1,(2)应填 0… * 。

用 UML 建立业务模型时,可以把业务人员看作是系统中的角色或者类。在建立抽象模型时,很少有类会单独存在,大多数都将会以某种方式彼此通信,因此,还需要描述这些类之间的关系。关系是事物间的连接,在 UML 中有几个重要的关系。

(1) 依赖关系

有两个元素 A、B,如果元素 A 的变化会引起元素 B 的变化,则称元素 B 依赖于元素 A。

在类中,依赖关系有多种表现形式,如:一个类向另一个类发消息;一个类是另一个类的成员;一个类是另一个类的某个操作参数,等等。

(2) 概括关系

概括关系(也可以称为泛化关系)描述了一般事物与该事物的特殊种类之间的关系,也就是父类与子类之间的关系。继承关系是泛化关系的反关系,也就是说,子类是从父类中继承的,而父类则是子类的泛化。在 UML 中,对泛化关系有以下 3 个要求:

1) 子类应与父类完全一致,父类所具有的关联、属性和操作,子元素都应具有。

2) 子类中除了与父类一致的信息外,还包括额外的信息。

3) 可以使用子父类实例的地方,也可以使用子类实例。

（3）关联关系

关联表示两个类的实例之间存在的某种语义上的联系。例如，一个老师为某个学校工作，一个学校有多间教室。我们就认为老师和学校、学校和教室之间存在着关联关系。

关联关系为类之间的通信提供了一种方式，它是所有关系中最通用、语义最弱的。关联关系通常可以再细分成以下几种。

1）聚集关系：是关联关系的特例。聚集关系是表示一种整体和部分的关系。例如，一个电话机包含一个话筒，一个电脑包含显示器、键盘和主机等都是聚集关系的例子。

2）组合关系：如果聚集关系中的表示"部分"的类的存在，与表示"整体"的类有着紧密的关系。例如，"公司"与"部门"之间的关系，那么就应该使用"组合"关系来表示。

参考答案：

【问题1】

A. 浏览客户信息；B. 修改个人信息；C. 登录；D. 删除客户信息。

【问题2】

（1）1　（2）0…＊

【问题3】

依赖关系：有两个元素 A、B，如果元素 A 的变化会引起元素 B 的变化，则称元素 B 依赖于元素 A。

概括关系：描述一般事物与该事物中的特殊种类之间的关系，也就是父类与子类之间的关系。

关联关系：表示两个类的实例之间存在的某种语义上的联系。

聚集关系：表示一种整体和部分的关系。

聚集关系是关联关系的特例，它是传递和反对称的。

例题7（2004 年 11 月软件设计师试题）

阅读下列说明和图，回答问题 1 至问题 3。

说明： 某指纹门禁系统的体系结构如图 7-21 所示，其主要部件有：主机、锁控制器、指纹采集器和电控锁。

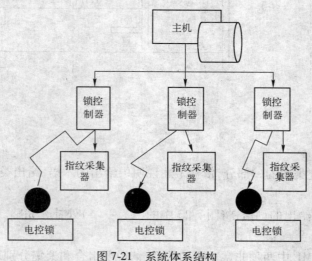

图 7-21　系统体系结构

1）系统中的每个电控锁都有一个唯一的编号。锁的状态有两种："已锁住"和"未锁住"。

2）主机上可以设置每把锁的安全级别及用户的开锁权限。只有当用户的开锁权限等于或者大于锁的安全级别，并且保存处于"已锁住"状态时，才能将锁打开。

3）用户的指纹信息、开锁权限及锁的安全级别都保存在主机的数据库中。

4）用户开锁时，只需按一下指纹采集器。指纹采集器发送一个中断事件给锁控制器，锁控制器从指纹采集器读取用户的指纹并将指纹信息发送到主机，主机根据数据库中存储的信息判断用户是否具有开锁权限，若有且锁当前处于"已锁住"状态，则将锁打开；否则，系统报警。

该系统采用面向对象方法开发，系统中的类及类之间的关系用 UML 类图表示，图 7-22 是该系统类图中的一部分。系统的动态行为采用 UML 序列图表示，图 7-23 是用户成功开锁的序列图。

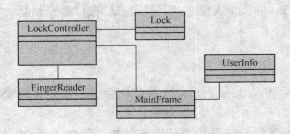

图 7-22　类图

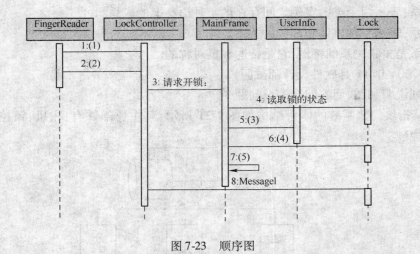

图 7-23　顺序图

【问题1】

图 7-22 是该系统类图的一部分，依据上述说明中给出的术语，给出类 Lock 的主要属性。

【问题2】

依据上述说明中给出的词语，将图 7-23 中的(1)～(5)处补充完整。

【问题3】

组合和聚集是 UML 中两种非常重要的关系，请说明组合和聚集分别表示什么含义？两者的区别是什么?

分析: 此题是一个面向对象的设计题。题目第一小问是求 Lock 的主要属性。这需要分别分析此门禁系统的体系结构,根据体系结构的描述来看什么数据放在什么类中最为合适。题目中提到"系统中的每个电控锁都有一个唯一的编号。锁的状态有两种:'已锁住'和'未锁住'。"所以 Lock 中含有锁编号和锁状态两个属性。又因为题中有"在主机上可以设置每把锁的安全级别及用户的开锁权限。只有当用户的开锁权限大于或等于锁的安全级并且锁处于'已锁住'状态时,才能将锁打开",所以 Lock 中还有锁的安全级别。

题中所说的序列图其实就是顺序图,顺序图是用来建模以时间顺序安排对象交互的图。下面看题目中是如何描述 FingerReader 和 LockController 之间的交互的。题目中有"指纹采集器将发送一个中断事件给锁控制器,锁控制器从指纹采集器读取用户的指纹",所以(1)应填: 中断事件,(2)应填:读取指纹。(3)是主机与 UserInfo 的交互,从类图中我们可以看出, UserInfo 中存储了用户的指纹信息和开锁权限。(4)是 MainFrame 向自己发送的一条信息,从题目中的"主机根据数据库中存储的信息来判断用户是否具有开锁权限,若有且锁处于'已锁住'状态,则将锁打开;否则系统报警"。可以看出,主机在得到所有信息后要判断用户是否能开锁,所以(4)应填:判断用户是否能开锁。

组合和聚集都属于类的关联类型。它们都用于描述类的整体—部分关系。

组合:整体类由部分类组成的关联,其中部分类不可以独立于整体类而存在。

聚集:整体类由部分类组成的关联,其中部分类可以独立于整体类而存在。

参考答案:

【问题1】

锁的编号、当前状态、安全级别

【问题2】

(1)中断事件

(2)读取指纹

(3)读取用户的指纹信息和开锁权限

(4)读取锁的安全级别

(5)判断用户是否能开锁

【问题3】

组合和聚集都属于类的关联类型。它们都用于描述类的整体—部分关系。

组合:整体类由部分类组成的关联,其中部分类不可以独立于整体类而存在。

聚集:整体类由部分类组成的关联,其中部分类可以独立于整体类而存在。

7.7 应用 Rose 画用例图

7.7.1 实验目的

- 理解用例图的基本概念。
- 掌握运用 Rose 工具绘制用例图的基本操作。

7.7.2 实验案例

如图 7-24 所示,是 Rose 2003 中提供的用例图建模图形符号。

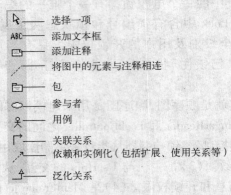

图 7-24　用例图的建模符号

首先我们以一个网络教学系统为例进行简单的用例建模,接着学习如何运用 Rose 工具绘制用例图。

已知某网络教学系统的功能需求如下:

1)学生可以登录网站浏览和查找各种信息以及下载文件。

2)教师可以登录网站给出课程见解、发布、修改和更新消息以及上传课件。

3)系统管理员可以对页面进行维护和批准用户的注册申请。

分析:

(1)确定参与者

通过上述需求描述的分析,可以确定系统的参与者为教师、学生和系统管理员。另外,教师、系统管理员和学生都可以从"网站用户"这个参与者泛化而来,网站用户即网站的注册用户,注册用户可以登录系统完成相应的操作。

(2)确定用例

确定参与者使用的用例,可以通过提出"系统要做什么?"这样的问题完成。在网络教学系统中,学生可以浏览课程简介、教学计划、学习方法等教师发布的文章,并可以根据关键字查询文章。此外,在对学生进行下载权限的鉴别后,学生可以从网站上下载课件。教师作为教学的主导者,使用此网站可以发布学习方法、课程重点等和教学相关的文章,以及和课程相关的通知等,还可以将某一门课程的课件上传。系统管理员作为网站专门的管理人员,负责维护页面,处理注册申请的工作。因此,可以确定网络教学系统的用例有:登录系统、文章浏览、文章搜索、权限认证、文件下载、添加课程简介、上传课件、文章或消息发布、文章或消息修改、页面维护、处理注册申请。

综上所述,可以得出系统用户参与的总的用例图,如图 7-25 所示。从图中可以清楚地看到泛化关系与各个参与者所参与的用例。

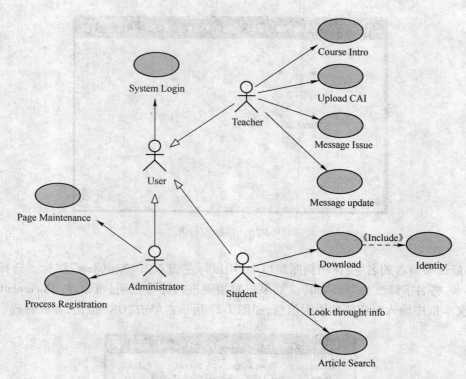

图 7-25　网络教学系统总的用例图

（3）用例说明

Download：文件下载用例。

Look throught info：文章浏览用例。

Article Search：文章搜索用例。

Identity：权限认证用例。此用例来认证文件下载者是否具有下载文件的权限。

Course Intro：添加课程简介用例。

Upload CAI：上传课件用例。

Message Issue：文章或消息发布用例。

Message Update：文章或消息修改用例。

Page Maintenance：页面维护用例。

Process Regisgeration：处理注册申请用例

System Login：系统登录用例。

接下来，我们具体学习如何运用 Rose 2003 绘制用例图。

【操作步骤】

① 创建一个名为"网络教学系统.mdl"的 Rose 模型文件。

② 在浏览窗口中，用鼠标左键双击"Use Case View"中的"Main"，则弹出一个用例窗口。再单击图标栏上的"Actor"图标 ，将光标移动到用例图窗口上（光标将呈现" + "字线形状），单击左键，则用例图窗口内出现参与者的图标，其名字为 NewClass，如图 7-26 所示。

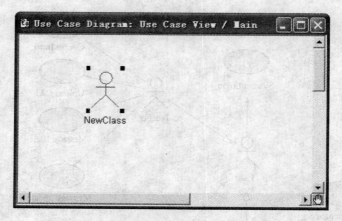

图 7-26　添加参与者

③ 修改参与者的名字:在用例图窗口中,用鼠标左键双击"NewClass"图标。选择"General"选项卡,将名字修改为"Student"。如果想对用例进行详尽说明,可以在"Documentation"选项下的文本框中输入对用例的说明信息,如图7-27所示。单击"OK"按钮,完成修改。

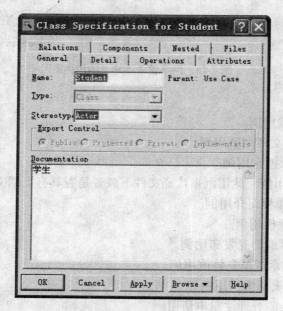

图 7-27　Specification 窗口

④ 采用同样的方法,在用例图中添加"Teacher"、"User"和"Administrator"3 个参与者。

⑤ 用鼠标左键单击图标栏中的"Use Case"图标 ◯,将光标移到用例图窗口(光标将呈现"＋"字线形状),再单击左键,则窗口内显示用例的椭圆形图标。将用例的名称改为"Download"。

⑥ 用鼠标左键单击图标栏中的"Undirectional Relation"图标,将光标从"Student"参与者指向"Download"用例,在两者之间添加关联关系,如图7-28 所示。

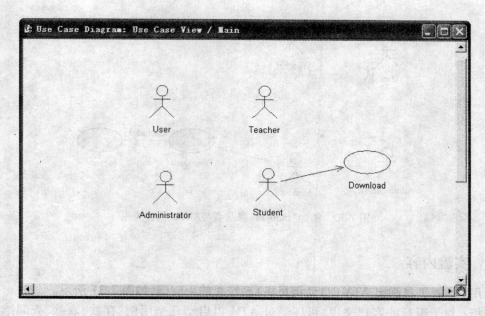

图 7-28　添加"Student"参与者与"Download"用例之间的关联关系

⑦ 在用例窗口中添加一个"Identity"（权限验证）用例，并创建"Download"与"Identity"之间的依赖关系。双击依赖这条连线，在如图 7-29 所示的窗口中的"Stereotype"选择框中选择"include"关系。

图 7-29　添加"文件下载"和"权限认证"之间的包含关系

⑧ 用鼠标左键单击图标栏中的"Generalization"图标 <u>∠</u>，将光标从"Student"参与者指向"User"参与者，在两者之间添加泛化关系，如图 7-30 所示。

⑨ 重复上述步骤，完成如图 7-25 所示的用例模型。

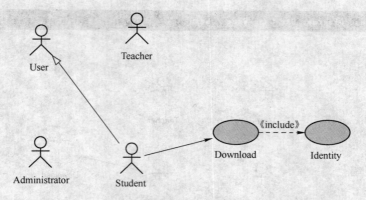

图 7-30 添加"Student"参与者与"User 包含关系

7.7.3 实验内容

利用 Rose 工具画出 ATM(自动柜员机)系统总的用例图,如图 7-31 所示。

分析:对于银行的客户来说,可以通过 ATM 机启动几个用例:存款、取款、查阅结余、付款、转账和改变 PIN(密码)。银行官员也可以启动改变 PIN 这个用例。参与者可能是一个系统,这里信用系统就是一个参与者,因为它是在 ATM 系统之外的。箭头从用例到参与者表示用例产生一些参与者要使用的信息。这里付款用例向信用系统提供信用卡付款信息。

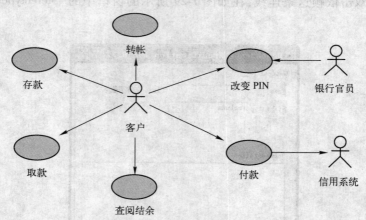

图 7-31　ATM 自动柜员机系统总的用例图

7.8　应用 Rose 画交互图

7.8.1　实验目的

- 理解时序图的基本概念。
- 理解协作图的基本概念。
- 掌握在 Rational Rose 中绘制交互图的操作方法。

7.8.2 实验案例

如图 7-32 和图 7-33 所示,分别是 Rose 2003 中提供的时序图和协作图的建模图形符号。

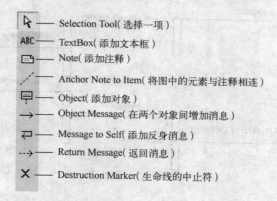

图 7-32 时序图的建模符号

图 7-33 协作图的建模图形符号

在本节实验里,我们仍然以前一节中的网络教学系统案例为例,运用 Rose 工具为"学生下载文件"这一用例设计时序图和协作图。

分析:对于"学生下载文件"这一用例来说,学生要下载文件,首先要向下载窗口发送请求,然后下载窗口将下载的参数传递给服务器,服务器与数据库交互以获得用户的权限的认证,认证信息再通过服务器以及下载窗口传递给学生。

根据以上对学生下载文件的流程分析,可设计出如图 7-34 和图 7-35 所示的时序图和协作图。

【时序图说明】

① request:学生发送下载请求。

② send(String,String):传送下载参数的函数。

③ identity():验证用户权限的函数。

④ authorize:返回认证信息的函数。

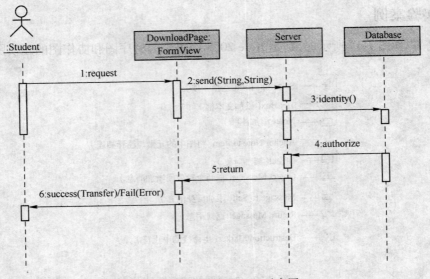

图 7-34　学生下载文件的时序图

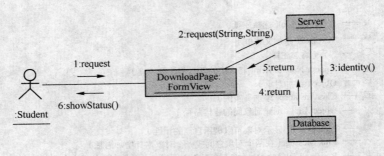

图 7-35　学生下载文件的协作图

【协作图说明】

① request：学生发送下载请求。

② request(String,String)：传递下载参数的函数。

③ identity()：验证用户权限的函数。

④ showStatus()：返回下载状态的函数。如果认证成功,开始下载,不成功则报错。

接下来,我们具体学习如何运用 Rose 2003 绘制时序图和协作图。

【操作步骤】

（1）创建时序图

① 如图 7-36 所示,在浏览窗口中展开"Use Case View",然后右键单击"Download"用例图标,在弹出的菜单中选择"New"→"Sequence Diagram",则在"Use Case View"中显示一个新创建的时序图图标,将该图标的名字改成"Download Files"。

② 在浏览窗口中选择参与者 Student,将其从浏览窗口中拖到时序图中,如图 7-37 所示。此时,在时序图窗口中显示参与者,即 Student 和泳道:Student,在 Student 对象下显示有虚线条。

图 7-36　创建 Download 用例的时序图

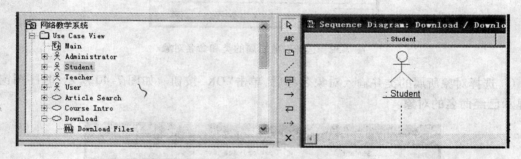

图 7-37　时序图中绘制参与者 Student

③ 用鼠标左键单击图标栏中的"object"图标 ，将光标移到时序图窗口中(光标呈现"＋"字形状)。用鼠标左键单击窗口空白处,则在时序图窗口中添加了一个无名对象,窗口的顶部也出现了一个无名的泳道,如图 7-38 所示。

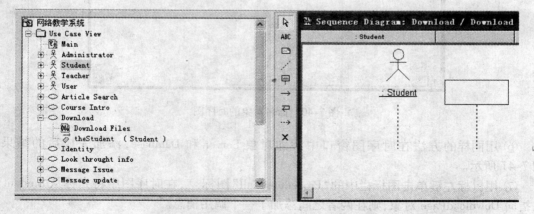

图 7-38　时序图中绘制参与者 Student

④ 选择新添加的对象,单击鼠标右键,在弹出的菜单中选择"Open Specification",弹出"Object Specification"对话框,在"Class"列表框中选择该对象所属的类,这是个界面对象,这里选择"FormView",然后命名对象为"DownloadPage",结果如图 7-39 所示。

图 7-39 选择对象所属的类和命名对象

⑤ 选择对象所属的类并输入对象名称后,单击"OK"按钮。如图 7-40 所示,时序图窗口中显示已经命名的对象。

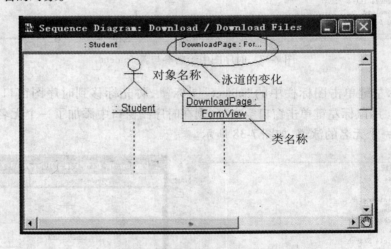

图 7-40 命名对象的时序图

⑥ 用同样的方法在时序图窗口中添加对象 Server 和 Database,添加完成后的结果如图 7-41 所示。

⑦ 用鼠标左键单击图标栏中的"Procedure Call"图标→,在时序图中将光标从 Student 对象指向 DownloadPage 对象,则在两者之间添加了一个调用消息。

消息绘制出来以后,还要输入消息文本。双击表示消息的箭头,在弹出的对话框的"Name"字段里输入要添加的文本。添加完成后的结果,如图 7-42 所示。

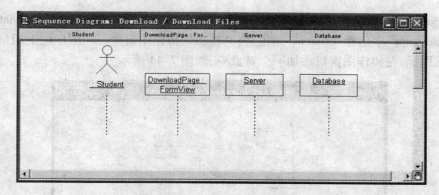

图 7-41　添加其他对象后的时序图

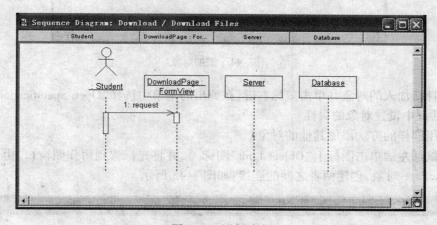

图 7-42　添加消息

⑧ 重复以上过程,完成 Download 用例的时序图。

（2）创建协作图

① 如图 7-43 所示,在浏览窗口展开"Use Case View",用鼠标右键单击 Download 用例图标,在弹出的菜单中选择"New"→"Collaboration Diagram",则在"Use Case View"中显示一个新创建的协作图图标,将该图的名字改为"Download Files"。

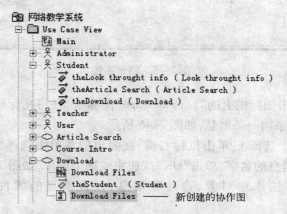

图 7-43　创建 Download Files 用例的协作图

② Download Files 协作图涉及以下对象:DownloadPage 对象、Server 对象和 Database 对象。在"Use Case View"中选择"Student"角色,将其拖动到协作图窗口。在图标栏上用鼠标左键单击"Object"图标,在协作图窗口添加一个对象⊟,如图 7-44 所示。

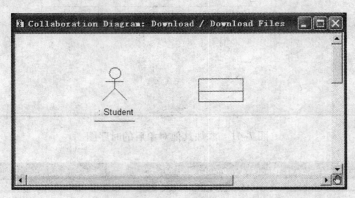

图 7-44　添加对象

③ 选择新加入的对象并单击鼠标右键,在弹出的菜单中选择"Open Specification",然后在弹出的对话框中设置对象的属性。

④ 采用同样的方法添加其他的对象。

⑤ 用鼠标左键单击图标上"Object Link"图标╱,并将光标移到协作图窗口,由 Student 指向 DownloadPage 对象,创建两者之间的连接,如图 7-45 所示。

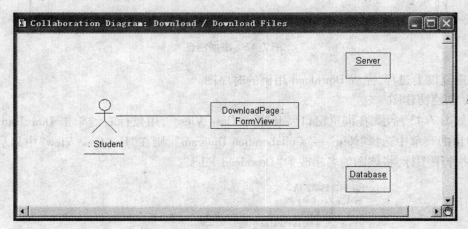

图 7-45　创建连接

⑥ 用鼠标左键单击图标栏上的"Link Message"图标╱,并将光标移到协作图窗口中,再单击刚才添加的连接,则添加一条消息,如图 7-46 所示。

⑦ 在协作图窗口上选择 1:单击鼠标右键,在弹出的菜单中选择"Open Specification",在弹出的对话框中输入消息的名字,单击"OK"按钮完成这个操作,如图 7-47 所示。

⑧ 采用上述的方法添加对象、连接和消息,设置消息的属性,最终得到完整的协作图。

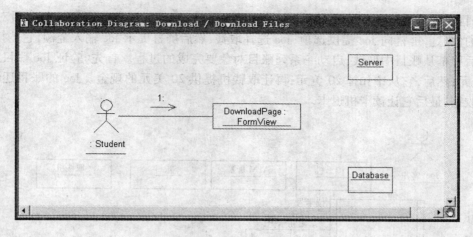

图 7-46 添加一条消息

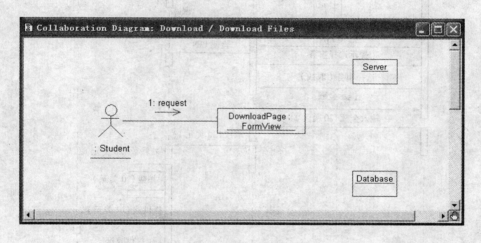

图 7-47 设置消息的属性

注：在时序图中按 < F5 > 键就可以创建相应的协作图；同样，在协作图中按 < F5 > 键就可以创建相应的时序图。时序图和协作图是同构的，也就是说，两张图之间的转换没有任何信息的损失。

7.8.3 实验内容

1. 画出某银行客户 Joe 通过 ATM 自动柜员机取款的时序图

分析：时序图显示了用例中的功能流程。我们对前一节实验内容中所涉及的自动柜员机取款这个用例进行分析，它有很多可能的流程，如想取钱而没钱，想取钱而 PIN 出错等，正常的情况是取到了钱。如图 7-48 所示的时序图就对 Joe 从 ATM 取 20 美元，分析它的时序图。

时序图的顶部一般先放置的是取款这个用例涉及的参与者，然后放置系统完成取款用例所需的对象，每个箭头表示参与者和对象或对象之间为了完成特定功能而要传递的消息。

取款这个用例从客户把卡插入读卡机开始，然后读卡机读卡号，初始化 ATM 屏幕，并打开

Joe 的账目对象。屏幕提示输入 PIN，Joe 输入 PIN（1234），然后屏幕验证 PIN 与账目对象，发出相符的信息。屏幕向 Joe 提供选项，Joe 选择取钱，然后屏幕提示 Joe 输入金额，它选择 20 美元。然后屏幕从账目中取钱，启动一系列账目对象要完成的过程。首先，验证 Joe 账目中至少有 20 美元；然后，它从中扣掉 20 美元，再让取钱机提供 20 美元的现金。Joe 的账目还让取钱机提供收据，最后它让读卡机退卡。

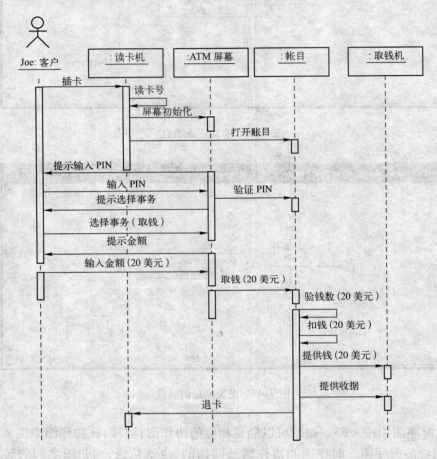

图 7-48　客户 Joe 通过 ATM 自动柜员机取款的时序图

2. 画客户 Joe 取 20 美元的协作图

分析：协作图显示的信息和时序图是相同的，只是协作图用不同的方式显示而已。时序图显示的是对象和参与者随时间变化的交互，协作图则不参照时间而显示对象与参与者的交互。图 7-49 为客户 Joe 取 20 美元的协作图。

例如，Joe 取 20 美元的协作图中我们可以看到，读卡机和 Joe 的账目两个对象之间的交互：读卡机指示 Joe 的账目打开，Joe 的账目让读卡机退卡。直接相互通信的对象之间有一条直线，例如 ATM 屏幕和读卡机直接相互通信，则其间画一条直线。没有画直线的对象之间不直接通信。

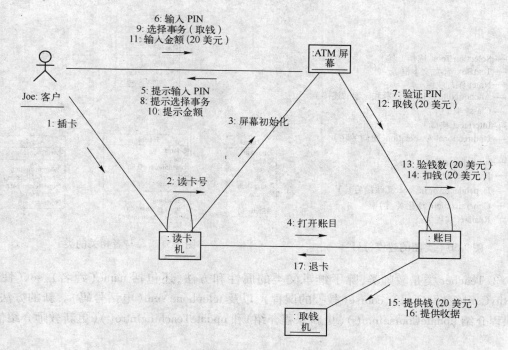

图 7-49　客户 Joe 取 20 美元的协作图

7.9　应用 Rose 画类图

7.9.1　实验目的

- 理解类间关系的基本概念。
- 掌握描绘类间关系的方法。
- 掌握在 Rational Rose 中绘制类关系的操作方法。

7.9.2　实验案例

如图 7-50 所示,是 Rose 2003 中提供的类图的建模图形符号。

在本节实验里,我们仍然以网络教学系统案例为例,运用 Rose 工具创建整个网络教学系统的类图。

（1）参与者相关的类

在网络教学系统中,和参与者相关的类的类图,如图 7-51 所示。

【类图说明】

① User 类是所有类的父类,包括属性有 account（登录名）、password（密码）、email（用户邮箱）等。方法有 getEmail（）（获取邮箱）、getAccount（）（获取登录账户名）以及 changePass（）（修改密码）。

② Student 类是学生类,除了继承父类的属性和方法,还包括 number（学号）、name（姓名）、sex（性别）、age（年龄）、class（班级）、和 grade（年级）等属性。

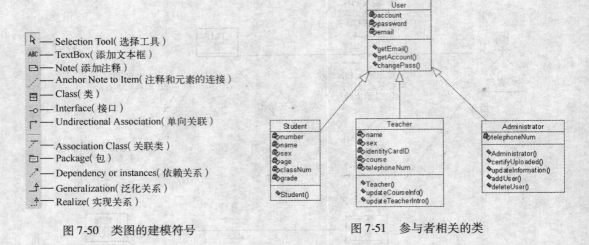

图 7-50　类图的建模符号

图 7-51　参与者相关的类

③ Teacher 类是教师类,除了继承父类的属性和方法,还包括 name(姓名)、sex(性别)、identityCard(身份证号)、course(教授的课程)、以及 telephoneNum(电话号码)。新的方法有更新课程介绍 updateCourseInfo()(更新课程介绍)和 updateTeachingIntro()(更新教师介绍信息)等。

④ Adminstrator 是管理员类,管理员有自己的属性,telephoneNum(电话号码)。还有自己的方法:certifyUpload()(文件的上传认证)、updatePageInformation()(更新页面信息)、addUser()(添加用户)和 deleteUser()(删除用户)等。

(2)系统中用到的其他类

其他类的类图,如图 7-52 所示。

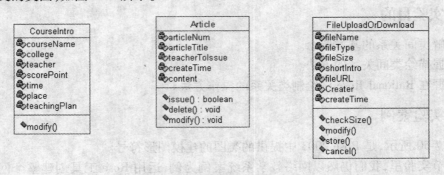

图 7-52　系统中用到的其他类

① CourseIntro 类表示课程介绍类。此类的属性有:courseName(课程名)、college(开课院校)、teacher(授课教师)、scorePoint(课程学分)、time(开课时间)、place(上课地点)和 teaching-Plan(教学计划)等,它有一个修改课程信息的方法 modify()。

② Article 类表示发表的文章类,包括 articleNum(文章序号)、articleTitle(文章标题)、teacherToIssue(发布教师)、createTime(创建时间)以及文章内容。方法有 issue()(文章发布)、delete()(文章删除)和 modify()(文章修改)。

③ FileUploadOrDownload 类表示上传的文件信息类,属性包括 fileName(文件名)、fileType(文件类型)、fileSize(文件大小)、shortIntro(文件的简短介绍)、fileURL(文件地址)、create(文

件的创建者)以及 createTime(文件的创建时间)等。操作包括 checkSize( )(检查文件大小)、modify( )(修改文件信息)、store( )(文件存储)以及 cancel( )(取消上传)等。

（3）各类之间的关系

类不是单独一个模块,各个类之间存在着联系。网络教学系统各个类之间的联系,如图 7-53 所示。

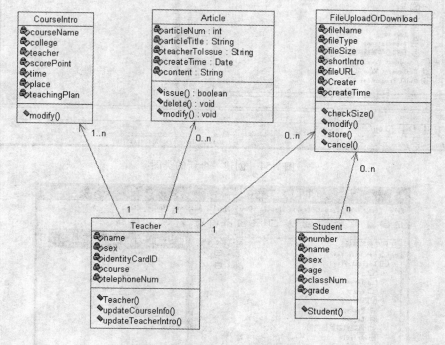

图 7-53　各类之间的关系

【类图说明】

教师可以教授几门课程,所以有几门课程的课程简介;教师可以发布多条信息,也可以不发布;教师可以不上传文件,也可以上传多个文件。一个学生可以下载多文件,也可以不下载文件。

【操作步骤】

接下来的部分,我们具体学习如何使用 Rose 2003 绘制如图 7-53 所示的类图。

（1）创建类图

① 选择浏览窗口中的"Logical View",单击鼠标右键,在弹出的菜单中选择"New"→"ClassDiagram",创建一个新的类图。将这个类图的名字改为"网络教学系统类图",如图 7-54 所示。

② 用鼠标左键单击图标栏上的"Class"图标 ,然后将光标移到类图窗口中(光标呈现"＋"字形状)。用鼠标左键单击窗口空白处,则在类图窗口中添加了一个名为"New-Class"的类,将其名改为"Article",如图 7-55 所示。

③ 添加类的属性。在浏览窗口中选择"Article"类,单击鼠标右键,在弹出的菜单中选择"New"→"Attribute",添加一个新的属性,将其改名为"articleNum",如图 7-56 所示。

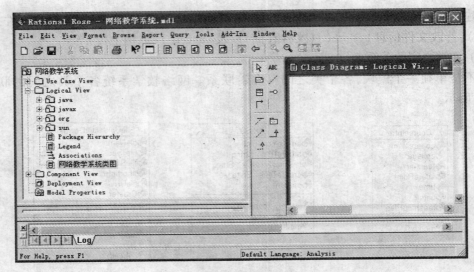

图 7-54　创建一个新的类图

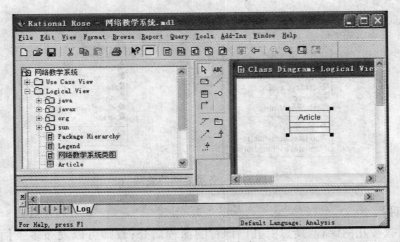

图 7-55　添加一个类

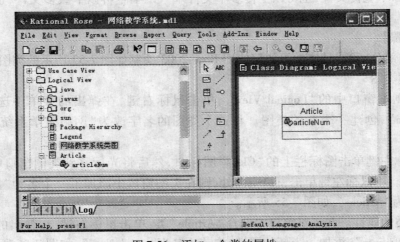

图 7-56　添加一个类的属性

④ 在浏览窗口选择"articleNum",单击鼠标右键,选择"Open Specification",则弹出如图 7-57 所示的"Class Attribute Specification"对话框。在这个对话框中有"General"和"Detail"两个选项卡。"General"选项卡用来设置属性的固有特性:Type(类型)、Stereotype(版型)、Initial(初始值)、Export Control(存取控制)。

⑤ 如图 7-58 所示,"Detail"选项卡用来进一步指定属性的其他特性。其中,"Containment"单选按钮组表示属性的存放方式:"By Value"表示属性放在类中;"By Reference"表示属性放在类外,类指向这个属性;"Unspecified"表示还没有指定控制类型,应在生成代码之前指定"By Value"或"By Reference"。另外,两个是用来指定属性是静态(Static)的还是继承(Derived)的。

图 7-57　设置类的属性的 Type

图 7-58　设置属性的 Containment 特性

⑥ 重复上述操作,再添加 User 类的两个属性 articleTitle、articleTitle、teacherToIssue、createTime、content。

⑦ 添加类的操作。在浏览窗口中选择"Article"类,单击鼠标右键,在弹出的菜单中选择"New"→"Operation",则为 Article 类添加了一个新的操作。将这个操作的名字改为"issue( )"。如图 7-59 所示。

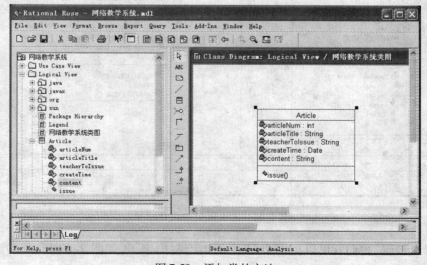

图 7-59　添加类的方法

⑧ 在浏览窗口中选择"issue"操作，单击鼠标右键，选择"Open Specification"，弹出的对话框中可以设置操作的固有特性，如图 7-60 所示。

图 7-60　设置类操作的特性

⑨ 重复上述操作，再为"Article"类添加两个操作 delete( )和 modify( )。完成之后的 Article 类的设计结果，如图 7-61 所示。

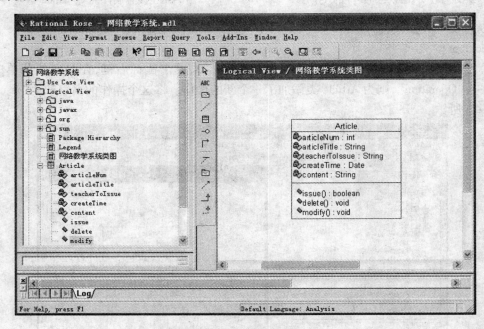

图 7-61　Article 类的设计结果

通过以上步骤，我们就可以把图 7-53 中的类绘制出来了，如图 7-62 所示。接下来，需要我们做的就是建立类之间的关联关系了。

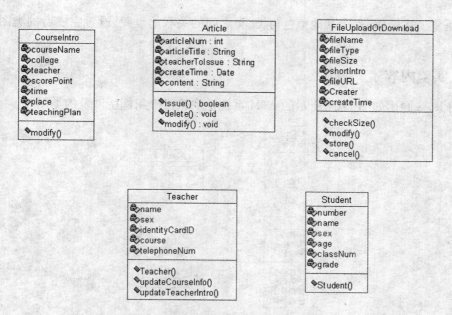

图 7-62　网络教学管理系统中的部分类

（2）创建类之间的关联关系

① 在图标栏上用鼠标左键单击"Unidirectional Association"图标┌，在类图窗口中单击鼠标左键，从 Teacher 指向 Article，在两者之间添加关联关系。

② 可以给新添加的关联命名。在类图窗口中，选择 Teacher 和 Article 之间的关联，单击鼠标右键，在弹出的菜单中选择"Open Standart Specification"，弹出如图 所示的对话框。在该对话框中可以设置关联的属性，给该关联命名。也可以给两端的对象命名，箭头指向的称为 Rose A，另一端称为 Rose B。

③ 如图 7-63 所示，在"Association For"对话框中，用鼠标左键单击"Rose A Detail"选项卡，将"Multiplic"属性设置成"0..n"，再单击"Rose B Detail"选项卡，将"Multiplic"属性设置成"1"。

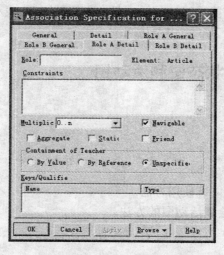

图 7-63　设置关联的角色的多重性

④ 重复上述操作,完成其他角色与类、类之间的关联的设置,设置完成后的类图如图7-53所示。

7.9.3 实验内容

利用 Rose 画出如图 7-64 所示的 ATM 系统中取款这个用例所涉及的类图。

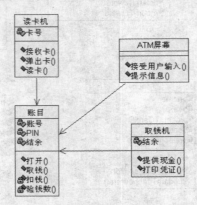

图 7-64　ATM 系统中取款这个用例所涉及的类图

理解: 类图显示了取款这个用例中各个类之间的关系,由 4 个类完成:读卡机、账目、ATM 屏幕和取钱机。类图中每个类都是用方框表示的,分成 3 个部分。第一部分是类名;第二部分是类包含的属性,属性是类和相关的一些信息,如账目类包含了 3 个属性:账号、PIN(密码)和结余;最后一部分包含类的方法,方法是类提供的一些功能,例如账目类包含了 4 个方法:打开、取钱、扣钱和验钱数。

类之间的连线表示了类之间的通信关系。例如,账目类连接了 ATM 屏幕,因为两者之间要直接相互通信;取钱机和读卡机不相连,因为两者之间不进行通信。

有些属性和方法的左边有一个小锁的图标,表示这个属性和方法是 private 的(UML 中用"–"表示),该属性和方法只在本类中可访问。没有小锁的,表示 public(UML 中用"+"表示),即该属性和方法在所有类中可访问。若是一个钥匙图标,表示 protected(UML 中用"#"表示),即属性和方法在该类及其子类中可访问。

7.10 应用 Rose 画状态图和活动图

7.10.1 实验目的

- 理解什么是状态和状态图。
- 学会使用 Rose 绘制状态图。
- 熟悉活动图的基本功能和使用方法。
- 掌握如何使用 Rose 绘制活动图的方法。

7.10.2 实验案例

如图 7-65 和图 7-66 所示,分别是 Rose 2003 中提供的状态图和活动图的建模图形符号。

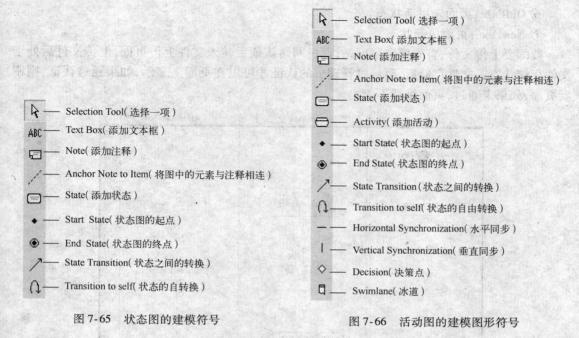

图 7-65 状态图的建模符号

右侧符号列表：

Selection Tool(选择一项)
Text Box(添加文本框)
Note(添加注释)
Anchor Note to Item(将图中的元素与注释相连)
State(添加状态)
Activity(添加活动)
Start State(状态图的起点)
End State(状态图的终点)
State Transition(状态之间的转换)
Transition to self(状态的自由转换)
Horizontal Synchronization(水平同步)
Vertical Synchronization(垂直同步)
Decision(决策点)
Swimlane(冰道)

图 7-66 活动图的建模图形符号

左侧符号列表：

Selection Tool(选择一项)
Text Box(添加文本框)
Note(添加注释)
Anchor Note to Item(将图中的元素与注释相连)
State(添加状态)
Start State(状态图的起点)
End State(状态图的终点)
State Transition(状态之间的转换)
Transition to self(状态的自转换)

下面以如图 7-67 和图 7-68 所示的网络教学系统案例中教师上传课件的状态图和活动图为例,来说明系统状态图、活动图的绘制方法。

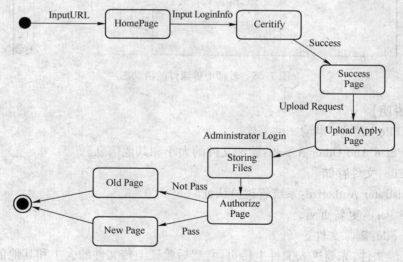

图 7-67 系统的状态图

【状态图说明】

① HomePage:处于网站主页。

② Certify:登录验证状态。

③ SuccessPage:登录成功页面。

④ UploadApplyPage:文件上传页面。

⑤ Storing File:文件存储状态。

⑥ OldPage：页面未更新状态。

⑦ NewPage：页面更新状态。

教师要上传文件，首先要登录网站，通过网站认证后转入文件上传页面，上传文件后处于文件存储状态。文件存储后，要经过管理员的认证才可以在页面上显示，如果通过认证，则刷新页面，如果未通过，页面维持不变。

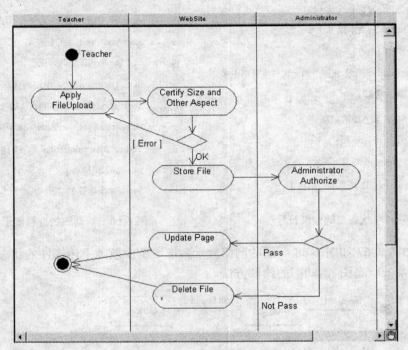

图 7-68   教师上传课件的活动图

【协作图说明】

① Apply File Upload：申请文件上传。

② Certify Size And Other Aspect：验证文件的大小和其他信息。

③ Store File：文件存储。

④ Administrator Authorize：系统管理员认证。

⑤ Update Page：更新页面。

⑥ Delete File：删除文件。

教师要上传文件，先要进入文件上传页面，然后验证上传文件的大小和其他信息是否符合要求。验证成功后将文件存储，当系统管理员认证通过，更新页面；认证不通过，则删除文件。

下面具体说明一下在 Rose 环境中创建状态图和活动图的方法和步骤。

【操作步骤】

（1）创建状态图

① 在浏览窗口中选择"FileUploadOrDownload"类，单击鼠标右键，在弹出的菜单中选择"New"→"Statechart Diagram"，创建一个新的状态图"teacherUpload"。

② 在图标栏中选择起始状态"Start State"图标 ∙，创建一个起始状态。再选择一个状态

框"State"图标□,创建一个状态 HomePage。使用同样的方法,创建状态"Certify"、"Success Page"、"Upload Apply Page"、"Storing Files"、"Authorize Page"、"Old Page"和"New Page",如图7-69 所示。

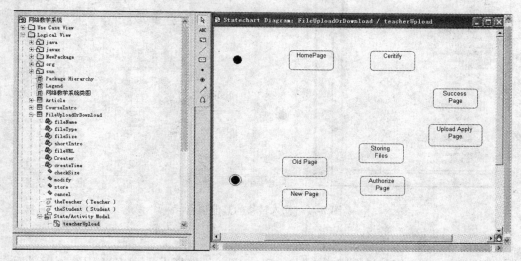

图 7-69　创建新的状态图

③在图标栏中选择"State Transition"图标╱,在状态栏中从起始状态指向状态"HomePage",在两者之间创建一个转移。

④用鼠标左键双击该新添加的转移,则弹出"State Transition Specification"对话框。在"Event"文本栏中输入"InputURL",如图 7-70 所示。(注:在"State Transition Specification"对话框中,用鼠标左键单击"Detail"选项卡,可以在其中输入转移的其他信息,如转移的条件等。)

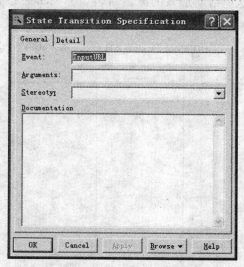

图 7-70　增加事件的示意图

⑤使用同样的方法,分别创建转移"Input LoginInfo"、"Success"、"Upload Request"、"Administrator Login"、"Not Pass"、"Pass"连接相对应的状态,完成"teacherUpload"状态图的创建,如图 7-71 所示。

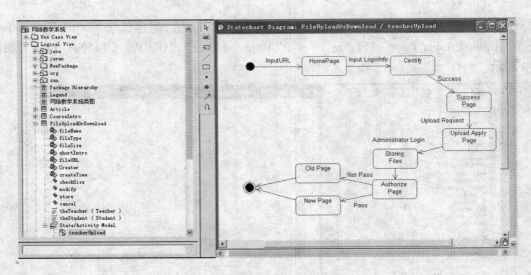

图 7-71　输入转移的其他信息

（2）创建活动图

① 在浏览窗口中,用鼠标左键单击"Use Case View",选择 Upload CAI 用例。用鼠标右键单击该用例,在弹出的菜单中选择"New"→"Activity Diagram",则在该用例中添加一项"State/Activity Model",该项产生一个名为"NewDiagram"的活动图,将该活动图命名为"teacherUpload"。

② 用鼠标左键单击图标栏上的"Swimlane"图标 ▫,然后在活动图窗口单击鼠标左键,即添加一个名为"NewSwimlane"的新泳道,同时在浏览窗口的"teacherUpload"图标下也出现一个泳道"NewSwimlane"标识,这里给新加入的泳道命名为"Teacher"。用同样的方法再添加两个泳道:WebSite 和 Administrator,如图 7-72 所示。

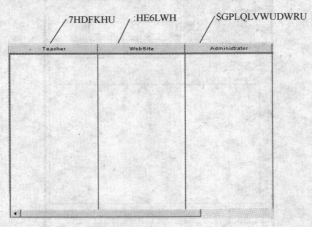

图 7-72　添加新的活动图泳道

③ 选择图标栏上的"Start State"图标 •,放置到"Teacher"泳道内,并将其命名为"Teacher"。选择图标栏上的"Activity"图标 ▭,在"Teacher"泳道内添加一个新的活动"Apply FileUpload"。选择图标栏上的"State Transition"图标 ↗,将光标从起始状态"Teacher"指向"Apply

224

FileUpload",则从起始状态"Teacher"到"Apply FileUpload"活动之间添加了一条带箭头的实线,即转移,如图 7-73 所示。

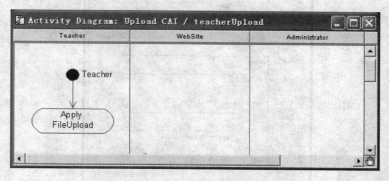

图 7-73　添加活动图的转移

④ 使用同样的方法,创建活动"Store File"、"Administer Authorize"、"Update Page"、"Delete File"结束状态,并在图中相应位置加入决策点,如图 7-74 所示。

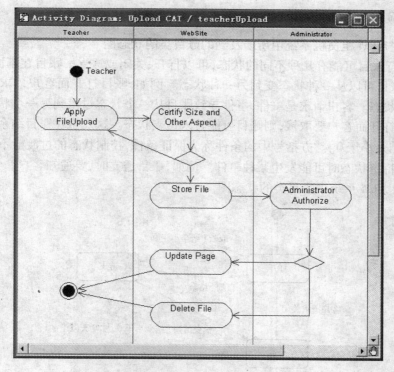

图 7-74　添加决策点的活动图

⑤ 用鼠标左键双击"WebSite"泳道里的决策点与"Apply FileUpload"活动间的转移,在弹出的对话框中选择"Detail"选项卡,在"Guard Condition"文本框中输入转移条件 Error,如图 7-75 所示。

⑥ 参照上述步骤,进行进一步的完善,就可以完成如图 7-75 所示的活动图。

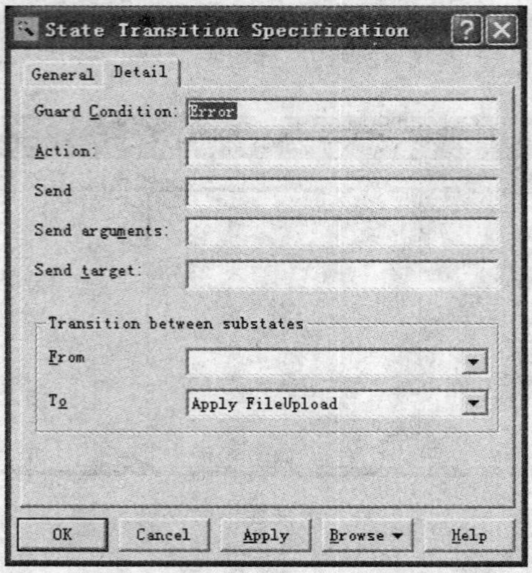

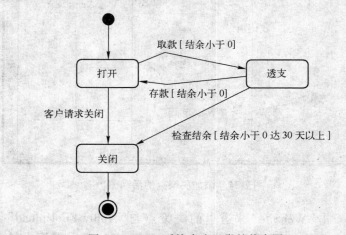

图 7-75　在"Guard Condition"文本框中输入转移条件"Error"

7.10.3　实验内容

1. 画出在 ATM 柜员机系统中所涉及到的账目类的状态图

分析：银行账目可能有几种不同的状态，可以打开、关闭或透支。账目在不同状态下的功能是不同的，账目可以从一种状态变到另一种状态。例如，账目打开而客户请求关闭账目时，账目转入关闭状态。客户请求是事件，事件导致账目从一个状态过渡到另一个状态。

如果账目打开而客户要取钱，则账目可能转入透支状态。这发生在账目结余小于 0 时，框图中显示为[结余小于 0]。方括号中的条件称为保证条件，控制状态的过渡能不能发生。

对象处在特定状态时可能发生某种事件。例如，账目透支时，要通知客户。

图 7-76 为 ATM 系统中账目类的状态图。

图 7-76　ATM 系统中账目类的状态图

2. 利用 Rose 工具画出 ATM 系统中"客户插入卡"的活动图

分析：客户插入信用卡之后，可以看到 ATM 系统运行了 3 个并发的活动：验证卡、验证

226

PIN(密码)和验证余额。这 3 个验证都结束之后,ATM 系统根据这 3 个验证的结果来执行下一步的活动。如果卡正常、密码正确且通过余额验证,则 ATM 系统接下来询问客户有哪些要求,也就是要执行什么操作。如果验证卡、验证 PIN(密码)和验证余额这 3 个验证有任何一个通不过的话,ATM 系统就把相应的出错信息在 ATM 屏幕上显示给客户。

图 7-77 为 ATM 系统中"客户插入卡"的活动图。

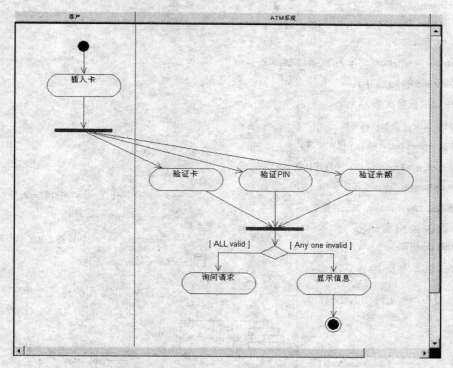

图 7-77　ATM 系统中"客户插入卡"的活动图

7.11　应用 Rose 画组件图和部署图

7.11.1　实验目的

- 理解组件图的基本概念。
- 理解部署图的基本概念。
- 掌握组件图和部署图绘制的方法。

7.11.2　实验案例

如图 7-78 和图 7-79 所示,分别是 Rose 2003 中提供的组件图和部署图的建模图形符号。

下面以如图 7-80 和图 7-81 所示的网络教学系统的组件图和部署图为例,来说明 UML 中组件图和部署图的绘制方法。

【组件图说明】

网络教学系统的组件图如图 7-78 所示,组成 WebApplication 应用程序的页面包括:维护页面(Maintenance Page)、文件下载页面(File Download Page)、文件上传页面(FileUpload Page)、信息发布页面(Message Issue Page)和登录页面(Login Page)。

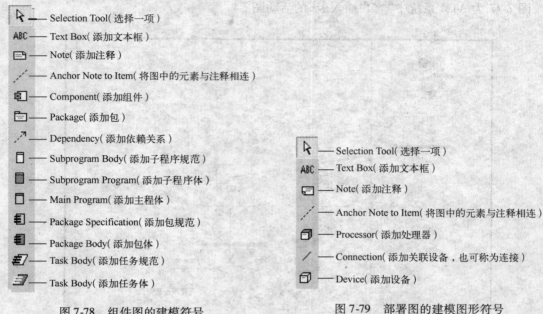

图 7-78 组件图的建模符号

图 7-79 部署图的建模图形符号

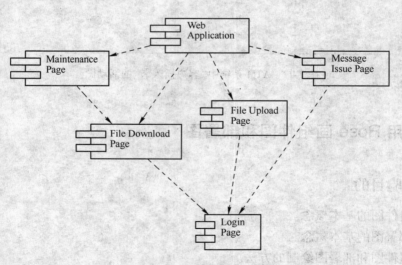

图 7-80 网络教学系统的组件图

【部署图说明】

部署图主要是用来说明如何配置系统的软件和硬件。网络教学系统的应用服务器(WebSite Server)负责保存整个 Web 应用程序,数据库(DataBase)是负责数据库管理。此外,还有很多终端可以作为系统的客户端(Client)。由于客户端很多,在此只画出 3 个客户端。

下面具体说明在 Rose 环境中创建状态图和活动图的方法和步骤。

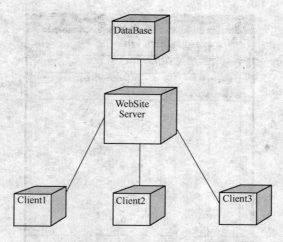

图 7-81　网络教学系统的部署图

【操作步骤】

（1）创建状态图

① 在浏览窗口中选择"Component View"，用鼠标左键双击"Main"图标，得到如图 7-82 所示的界面。

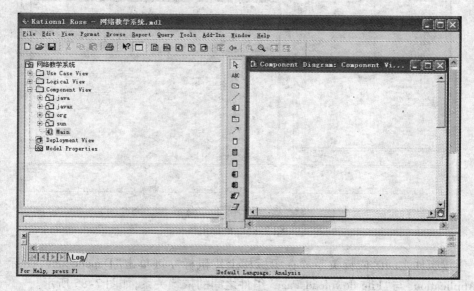

图 7-82　组件图窗口界面

② 在图标栏上选择"Component"图标 🗗，在组件图窗口创建一个新的组件"New Component"。用鼠标右键单击该组件，在弹出的菜单中选择"Open Specification"，则弹出如图 7-83 所示的对话框。在对话框中可以修改组件名称、设置组件的版型、指定实现的语言。这里，指定该组件名称为"Web Application"。

③ 在组件图窗口中再分别创建"Maintenance Page"、"File Download Page"、"File Upload-Page"、"Message Issue Page"、"Login Page"5 个组件，如图 7-84 所示。

229

图 7-83　Component Specification 对话框

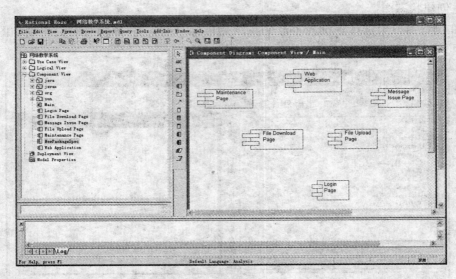

图 7-84　添加组件

④ 创建组件之间的依赖关系。在图标栏上用鼠标左键单击"Dependency"图标 ↗，创建 "Web Application"与"File download Page"组件之间的依赖关系，如图 7-85 所示。

⑤ 重复上述过程，最后就完成了组件图的绘制工作。

（2）创建部署图

① 用鼠标左键双击浏览窗口中的"Deployment View"，则弹出如图 7-86 所示的部署图窗口。

② 在图标栏上选择"Processor"图标 ▱，将鼠标指针转移到部署图窗口中，单击鼠标左键，创建一个处理器，将其改名为"WebSite Server"，如图 7-87 所示。

③ 采用同样的方法，添加"DataBase"、"Client1"、"Client2"和"Client3"。

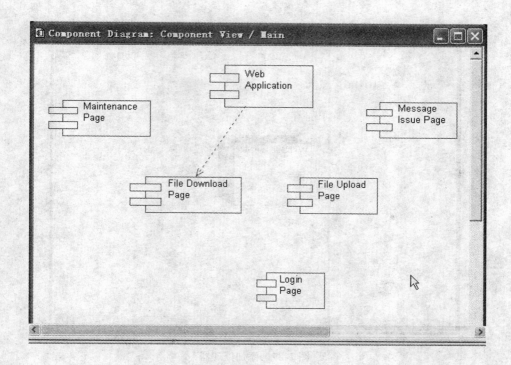

图 7-85　创建组件之间的依赖关系

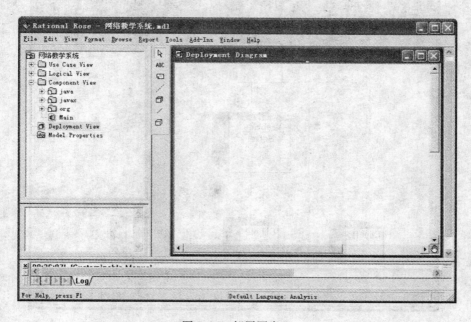

图 7-86　部署图窗口

④ 在图标栏选择"Connection"图标✎，在"WebSite Server"与"DataBase"之间创建一个连接。再创建"WebSite Server"与"Client1"、"Client2"、"Client3"之间的连接，完成这个部署图的设计，如图 7-88 所示。

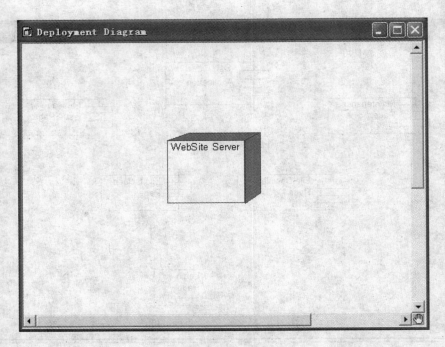

图 7-87   添加处理器

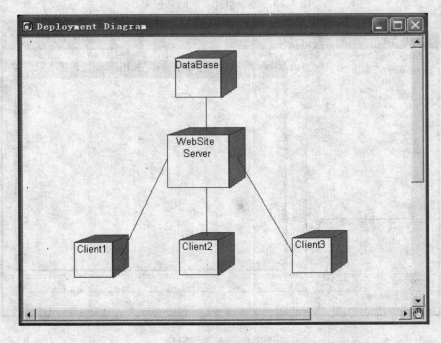

图 7-88   网络教学管理系统的部署图

7.11.3   实验内容

1. 利用 Rose 工具画出如图 7-89 所示的 ATM 系统的组件图

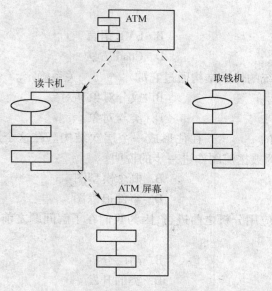

图 7-89　ATM 系统的组件图

2. 利用 Rose 工具创建如图 7-90 所示的 ATM 系统的部署图

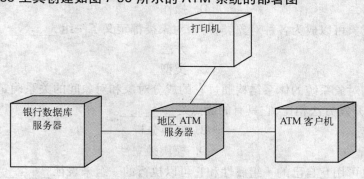

图 7-90　ATM 系统的部署图

7.12　小结

面向对象方法运用抽象、分类、继承、聚合、封装等统一的基本概念,较好地解决了软件的规模和复杂性不断增加所带来的问题,弥补了语言之间的差异,同时强调软件复用技术,提高了开发效率和质量。

统一建模语言是一种直观化、明确化、构建和文档化软件系统产物的通用可视化建模语言。它提供了一套描述软件系统模型的概念和图形表示法,包括用例图、类图、顺序图、协作图、状态图、活动图、组件图和部署图等,支持面向对象的技术和方法。

7.13　习题

1. 面向对象的开发方法中,_____将是面向对象技术领域内占主导地位的标准建模语言。

    A. Booch 方法   B. UML 语言

    C. OMT 方法   D. Coad 方法

2. 一个面向对象系统的体系结构通过它的_____关系确定。

    A. 类与对象   B. 成分对象和对象

    C. 过程和对象   D. 类与对象

3. 功能模型中所有的_____往往形成一个层次结构。在这个层次结构中一个数据流图的过程可以由下一层的数据流图作进一步的说明。

    A. 数据流图   B. 概念模型图

    C. 状态迁移图   D. 事件追踪图

4. _____应当在应用分析之前进行，因为我们在了解问题之前应当对问题敞开思想考虑，不应加以限制。

    A. 论域分析   B. 高层分析

    C. 实例的建立   D. 类的开发

5. 通过执行对象的操作改变对象的属性，但它必须通过_____的传递。

    A. 接口   B. 消息

    C. 信息   D. 操作

6. 所有的对象可以成为各种对象类，每个对象类都定义了一组_____。

    A. 说明   B. 方法

    C. 过程   D. 类型

7. 一个面向对象系统的体系结构通过它的成分对象和对象间的关系确定，与传统的面向数据流的结构化开发方法相比，它具有的优点是_____。

    A. 设计稳定   B. 变换分析

    C. 事务分析   D. 模块独立性

8. 每个对象可用它自己的一组属性和它可以执行的一组来表征_____。

    A. 行为   B. 功能

    C. 操作   D. 数据

9. 面向对象的主要特征除对象唯一性、封装、继承外，还有_____。

    A. 多态性   B. 完整性

    C. 可移植性   D. 兼容性

10. 在面向对象的设计中，我们应遵循的设计准则除了模块化、抽象、低耦合、高内聚以外，还有_____。

    A. 隐藏复杂性   B. 信息隐藏

    C. 即存类的重用   D. 类的开发

11. 应用执行对象的操作可以改变该对象的_____。

    A. 属性   B. 功能

    C. 行为   D. 数据

12. 面向对象软件技术的许多强有力的功能和突出的优点，都来源于把类组织成一个层次结构的系统，一个类的上层可以由父亲，下层可以有子类，这种层次结构系统的一个重要性

质是_____,一个类获得其父亲的全部描述(数据和操作)

A. 传递性   B. 继承性

C. 复用性   D. 并行性

13. 在考察系统的一些涉及时序和改变的状况时,要用动态模型来表示。动态模型着重于系统的控制逻辑,它包括两个图:一个是事件追踪图,另一个是_____。

A. 数据流图   B. 状态图

C. 系统结构图   D. 时序图

第8章 软件工程标准化和软件文档

本章要点
- 软件工程标准化的概念
- 软件工程标准的制定与推行
- 软件工程标准的层次和体系框架
- ISO 9000 国际标准简介
- 软件文档

8.1 软件工程标准化的概念

随着软件工程学的发展,人们对计算机软件的认识逐渐深入。软件工作的范围从只使用程序设计语言编写程序,扩展到整个软件生命周期。所有这些工作都应逐步建立其标准或规范。

软件工程的标准主要有以下 3 个:

1)FIPS 135 是美国国家标准局发布的《软件文档管理指南》。

2)NSAC—39 是美国核子安全分析中心发布的《安全参数显示系统的验证与确认》。

3)ISO 5807 是国际标准化组织公布(现在已经成为中国国家标准)的《信息处理——数据流程图、程序流程图、程序网络图和系统资源图的文件编制符号及约定》。

8.2 软件工程标准的制定与推行

软件工程标准的制定与推行通常要经历一个环状的生命周期,如图 8-1 所示。最初,制定一项标准仅仅是初步设想,经发起后沿着环状生命周期,顺时针进行要经历以下的步骤。

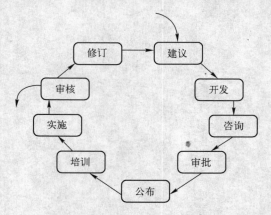

图 8-1 软件工程标准的环状生命周期

1）建议：拟订初步的建议方案。

2）开发：制定标准的具体内容。

3）咨询：征求并吸收有关人员意见。

4）审批：由管理部门决定能否推出。

5）公布：公开发布，使标准生效。

6）培训：为推行准备人员条件。

7）实施：投入使用，需经历相当期限。

8）审核：检验实施效果，决定修订还是撤销。

9）修订：修改其中不适当的部分，形成标准的新版本，进入新的周期。

为使标准逐步成熟，可能在环状生命周期上循环若干圈，需要做大量的工作。事实上，软件工程标准在制定和推行过程中还会遇到许多实际问题。其中影响软件工程标准顺利实施的一些不利因素应当特别引起重视。这些因素可能有：

1）标准本身制定有缺陷，或是存在不够合理，不够准确的部分。

2）标准文本编写有缺点，例如，文字叙述可读性差，理解性差，或是缺少实例供读者参阅。

3）主管部门未能坚持大力推行，在实施的过程中遇到问题未能及时加以解决。

4）未能及时作好宣传、培训和实施指导。

5）未能及时修订和更新。

由于标准化的方向是无可置疑的，应该努力克服困难，排除各种障碍，坚定不移地推动软件工程标准化更快地发展。

8.3 软件工程标准的层次和体系框架

软件工程标准一共分为 5 个层次，它们是：

1）国际标准。它位于顶层。

2）国家标准。

3）行业标准。

4）企业规范。

5）项目（课题）规范。它是最低层。

8.3.1 软件工程标准的层次

根据软件工程标准制定的机构和标准适用的范围有所不同，它可分为 5 个级别，即国际标准、国家标准、行业标准、企业（机构）标准及项目（课题）标准。以下分别对五级标准的标识符及标准制定（或批准）的机构作简要说明。

1. 国际标准

由国际联合机构制定和公布，提供各国参考的标准。

ISO（International Standards Organization，国际标准化组织）有着广泛的代表性和权威性，它所公布的标准也有较大影响。20 世纪 60 年代初，该机构建立了"计算机与信息处理技术委员会"，专门负责与计算机有关的标准化工作。

2. 国家标准

由政府或国家级的机构制定或批准,适用于全国范围的标准,如:

GB——中华人民共和国国家技术监督局,是我国的最高标准化机构,它所公布实施的标准简称为"国标"。现已批准了若干个软件工程标准。

ANSI(American National Standards Institute)——美国国家标准协会。这是美国一些民间标准化组织的领导机构,具有一定权威性。

FIPS(NBS)[Federal Information Processing Standards(Nation – Bureau of Standards)]——美国商务部国家标准局联邦信息处理标准。它所公布的标准均有 FIPS 字样,如 1987 年发表的 FIPS PUB 132—87Guideline for Validation and Verification Plan of Computer Software 软件确认与验证计划指南。

BS(British Standard)——英国国家标准。

JIS(Japanese Industrial Standard)——日本工业标准。

3. 行业标准

由行业机构、学术团体或国防机构制定,并适用于某个业务领域的标准,如 IEEE(1nstitute Of Electrical and Electronics Engineers)——美国电气和电子工程师学会。近年该学会专门成立了软件标准分技术委员会(SESS),积极开展了软件标准化活动,取得了显著成果,受到了软件界的关注。IEEE 通过的标准常常要报请 ANSI 审批,使其具有国家标准的性质。因此,IEEE 公布的标准常冠有 ANSI 字头。例如,ANSI/IEEE Str 828—1983 软件配置管理计划标准。

GJB——中华人民共和国国家军用标准。这是由我国国防科学技术工业委员会批准,适合于国防部门和军队使用的标准。如 1988 年发布实施的 GJB 473—88 军用软件开发规范。

DOD-STD(Department Of Defense-Standards)——美国国防部标准,适用于美国国防部门。

MIL-S(Military-Standards)——美国军用标准,适用于美军内部。

此外,近年来我国许多经济部门(例如,航天航空部、原国家机械工业委员会、对外经济贸易部、石油化学工业总公司等)开展了软件标准化工作,制定和公布了一些适应于本部门工作需要的规范。这些规范大都参考了国际标准或国家标准,对各自行业所属企业的软件工程工作起了有力的推动作用。

4. 企业规范

一些大型企业或公司,由于软件工程工作的需要,制定适用于本部门的规范。例如,美国 IBM 公司通用产品部(General Products Division)1984 年制定的"程序设计开发指南",仅供公司内部使用。

5. 项目规范

由某一科研生产项目组织制定,且为该项任务专用的软件工程规范。例如,计算机集成制造系统(CIMS)的软件工程规范。

8.3.2　软件工程过程中版本控制与变更控制处理过程

软件工程过程中某一阶段的变更,均要引起软件配置的变更,这种变更必须严格加以控制和管理,保持修改信息,并把精确、清晰的信息传递到软件工程过程的下一步骤。变更控制包括建立控制点和建立报告与审查制度。对于一个大型软件来说,不加控制的变更很快就会引起混乱。因此变更控制是一项最重要的软件配置任务,变更控制的过程,如图 8-2 所示。

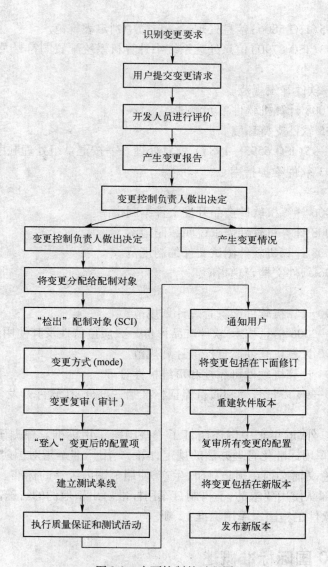

图 8-2 变更控制的过程图

其中,"检出"和"登入"处理实现了两个重要的变更控制要素,即存取控制和同步控制。存取控制管理各个用户存取和修改一个特定软件配置对象的权限。同步控制可用来确保由不向用户所执行的并发变更。

8.3.3 中国的软件工程标准化工作

从 1983 年起到现在,中国已陆续制订和发布了 20 项国家标准。这些标准可分为 4 类:

1. 基础标准

GB/T 11457—2006 软件工程术语。

GB/T 1526—89(ISO 5807—1985)信息处理—数据流程图、程序流程图、系统流程图、程序网络图和系统资源图的文件编制符号及约定。

GB/T 13502—92(ISO 8631)信息处理——程序构造及其表示法的约定。

GB/T 15535—95（ISO 5806）信息处理——单命中判定表规范。

GB/T 14085—93（ISO 8790）信息处理系统中计算机系统配置图符号及其约定。

2. 开发标准

GB 8566—2001 软件开发规范。

GB/T 15532—2008 计算机软件单元测试。

GB/T 15853—95 软件支持环境。

GB/T 1593604—95（ISO 6593—1985）信息处理——按记录组处理顺序文卷的程序流程。

GB/T 14079—93 软件维护指南。

3. 文档标准

GB/T 8567—2006 计算机软件产品开发文件编制指南。

GB/T 9385—2008 计算机软件需求说明编制指南。

GB/T 9386—2008 计算机软件测试文件编制规范。

GB/T 16680—96 软件文档管理指南。

4. 管理标准

GB/T 12505—90 计算机软件配置管理计划规范。

GB/T 16260.1—2006 信息技术 软件产品评价——质量特性及其使用指南。

GB/T 12504—90 计算机软件质量保证计划规范。

GB/T 14394—93 计算机软件可靠性和可维护性管理。

GB/T 19000—3—94 质量管理和质量保证标准第三部分：在软件开发、供应和维护中的使用指南。

除去国家标准以外，近年来中国还制订了一些国家军用标准。根据国务院、中央军委在1984 年 1 月颁发的军用标准化管理办法的规定，国家军用标准是指对国防科学技术和军事技术装备发展有重大意义而必须在国防科研、生产、使用范围内统一的标准。凡已有的国家标准能满足国防系统和部队使用要求的，不再制订军用标准。出于他们的特殊需要，近年已制订了以"GJB"为标记的软件工程国家军用标准 12 项。

8.4　ISO 9000 国际标准概述

国际标准化组织（International Organization for Standardization，ISO），是一个全球性的非政府组织，是国际标准化领域中一个十分重要的组织。ISO 的任务是促进全球范围内的标准化及其有关活动，以利于国际间产品与服务的交流，以及在知识、科学、技术和经济活动中发展国际间的相互合作。它显示了强大的生命力，吸引了越来越多的国家参与其活动。

1. ISO 的组织结构

其组织机构包括全体大会、主要官员、成员团体、通信成员、捐助成员、政策发展委员会、理事会、ISO 中央秘书处、特别咨询组、技术管理处、标样委员会、技术咨询组、技术委员会等。

近几年，全国各地正在大力推行 ISO 9000 族标准，开展以 ISO 9000 族标准为基础的质量体系咨询和认证。国务院《质量体系大纲》的颁布，更引起广大企业和质量工作者对 ISO 9000 族标准的关心和重视。

根据 ISO 9000—1 给出的定义,ISO 9000 族是指"由 ISO/TC176 技术委员会制定的所有国际标准"。准确的说法应该是:由 ISO/TC176 技术委员会制定并已由 ISO(国标准化组织)正式颁布的国际标准有 19 项,ISO/TC 176 技术委员会正定还未经 ISO 颁布的国际标准有 7 项。对 ISO 已正式颁布的 ISO 9000 族的 19 项国际标准,我国已全部将其等同转化为我国国家标准。其他还处在标准草案阶段的 7 项国际标准,我国也正在跟踪研究,一旦正式颁布,我国将及时将其等同转化为国家标准。

2. ISO 9000 标准简介

ISO 9000 系列标准的主体部分可以分为两组:

1)"需方对供方要求质量保证"的标准— 9001 ~ 9003。

2)用于"供方建立质量保证体系"的标准— 9004。

9001、9002 和 9003 之间的区别在于其对象的工序范围不同。

9001 范围最广,包括从设计直到售后服务;9002 为 9001 的子集,而 9003 又是 9002 的子集。

ISO 9000 系列标准的内容。

ISO 9000 质量管理和质量保证标准:选择和使用导则。

ISO 9001 质量体系:设计/开发、生产、安装和服务中的质量保证模式。

ISO 9002 质量体系:生产和安装中的质量保证模式。

ISO 9003 质量体系:最终检验和测试中质量保证模式。

ISO 9004 质量管理和质量体系要素:导则。

ISO 9000—3 标准。

ISO 9000 系列标准原本是为制造硬件产品而制定的标准,不能直接用于软件制作。曾试图将 9001 改写用于软件开发方面,但效果不佳。于是以 ISO 9000 系列标准的追加形式,另行制订出 ISO 9000—3 标准。ISO 9000—3 成为"使 9001 适用于软件开发、供应及维护"的"指南"。

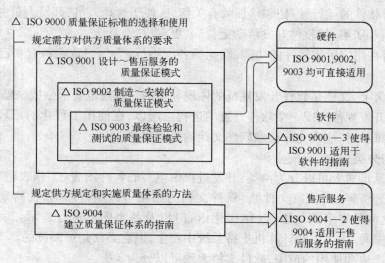

图 8-3　ISO 9000 质量保证标准

ISO 9000 标准要求证实："企业具有持续提供符合要求产品的能力"。质量认证是取得这一证实的有效方法。产品质量若能达到标准提出的要求,由不依赖于供方和需方的第三方权威机构对生产厂家审查证实后出具合格证明。如果认证工作是公正的、可靠的,其公证的结果应当是可以信赖的。为了达到质量标准,取得质量认证,必须多方面开展质量管理活动。其中,负责人的重视以及全体人员的积极参与是取得成功的关键。

8.5 软件文档

8.5.1 软件文档的作用和分类

1. 文档的作用

文档是指某种数据媒体和其中所记录的数据。在软件工程中,文档用来表示对需求、工程或结果进行描述、定义、规定、报告或认证的任何文字或图示的信息。它们描述和规定了软件设计和实现的细节,说明使用软件的操作命令。文档也是软件产品的一部分,没有文档的软件就不成为软件。软件文档的编制在软件开发过程中占有突出的地位和相当大的工作量。高质量文档对于转让、变更、修改、扩充和使用文档,对于发挥软件产品的效益有着重要的意义。

1）提高软件开发过程的能见度。把开发过程中发生的事件以某种可阅读的形式记录在文档中。

2）管理人员可把这些记载下来的材料作为检查软件开发进度和开发质量的依据,实现对软件开发的工程管理。

3）提高开发效率。软件文档的编制,使得开发人员对各个阶段的工作都进行周密思考、全盘权衡、减少返工。并且可在开发早期发现错误和不一致性,便于及时加以纠正。

4）作为开发人员在一定阶段的工作成果和结束标志。

5）记录开发过程中有关信息,便于协调以后的软件开发、使用和维护。

6）提供对软件的运行、维护和培训的有关信息,便于管理人员、开发人员、操作人员、用户之间协作、交流和了解,使软件开发活动更科学、更有成效。

7）便于潜在用户了解软件的功能、性能等各项指标,为他们选购符合自己需要的软件提供依据。

从某种意义上,文档是软件开发规范的体现和指南。按规范要求生成一整套文档的过程,就是按照软件开发规范完成一个软件开发的过程。所以,在使用工程化的原理和方法来指导软件的开发和维护时,应当充分注意软件文档的编制和管理。

2. 文档的分类

软件文档从形式上可以分为两类:开发过程中填写的各种图表(工作表格)和编制的技术资料或技术管理资料(文档或文件)。软件文档的编制可以用自然语言,特别设计的形式语言,介于两者之间的半形式化语言(结构化语言)以及各类图形进行表示。表格用于编制文档。文档可以书写,也可以在计算机支持系统中产生,但它必须是可阅读的。

按照文档产生和使用的范围,软件文档大致可以分为 3 类。

1）开发文档:主要包括软件需求说明书、数据要求说明书、概要设计说明书、详细设计说明书、可行性研究报告和项目开发计划等。

2）管理文档：主要有项目开发计划、测试计划、测试报告、开发进度月报以及项目开发总结

3）用户文档：用户手册、操作手册和维护修改建议，软件需求说明书等。

软件开发项目生存期各阶段应包括的文档，以及各类人员的关系见表8-1。

表8-1　软件开发项目生存期各阶段的文档及人员关系

	管理人员	开发人员	维护人员	用　户
可行性研究报告	√	√		
项目开发计划	√	√		
软件需求说明书	√			
数据需求说明书		√		
概要设计说明书		√	√	
详细设计说明书		√	√	
用户手册		√		√
操作手册		√		√
测试计划		√		
测试分析报告		√	√	
开发进度月报	√			
项目开发总结	√			
程序维护手册	√		√	

3. 文档包含的内容

文档包含的内容如图8-4所示。

1）可行性研究报告：说明该软件开发项目的实现在技术上、经济上和社会因素上的可行性，评述为了合理地达到开发目标可供选择的各种可能实施的方案，说明并论证所选定实施方案的理由。

2）项目开发计划：为软件项目实施方案制定出具体计划，应该包括各部分工作的负责人员、开发的进度、开发经费的预算、所需的硬件及软件资源等。项目开发计划应提供给管理部门，并作为开发阶段评审的参考。

3）软件需求说明书：也称为软件规格说明书，其中对所开发软件的功能、性能、用户界面及运行环境等作出详细的说明。它是用户与开发人员双方对软件需求取得共同理解基础上达成的协议，也是实施开发工作的基础。

4）数据要求说明书：该说明书应给出数据逻辑描述和数据采集的各项要求，为生成和维护系统数据文档作好准备。

5）概要设计说明书：该说明书是概要设计阶段的工作成果，它应说明功能分配、模块划分、程序的总体结构、输入输出以及接口设计、运行设计、数据结构设计和出错处理设计等，为详细设计奠定基础。

6）详细设计说明书：着重描述每一模块是怎样实现的，包括实现算法、逻辑流程等。

7）用户手册：本手册详细描述软件的功能、性能和用户界面，使用户了解如何使用该软件。

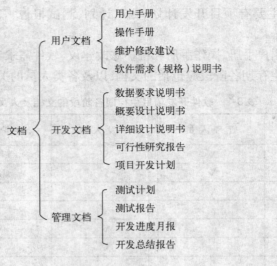

図 8-4　3 種文档

8）操作手册：本手册为操作人员提供该软件各种运行情况的有关知识，特别是操作方法的具体细节。

9）测试计划：为做好组装测试和确认测试，需为如何组织测试制定实施计划。计划应包括测试的内容、进度、条件、人员、测试用例的选取原则、测试结果允许的偏差范围等。

10）测试分析报告：测试工作完成以后，应提交测试计划执行情况的说明。对测试结果加以分析，并提出测试的结论意见。

11）开发进度月报：该月报系软件人员按月向管理部门提交的项目进展情况报告。报告应包括进度计划与实际执行情况的比较、阶段成果、遇到的问题和解决的办法以及下个月的打算等。

12）项目开发总结报告：软件项目开发完成以后，应与项目实施计划对照，总结实际执行的情况，如进度、成果、资源利用、成本和投入的人力。此外还需对开发工作作出评价，总结出经验和教训。

13）程序维护手册：软件产品投入运行以后，发现需对其进行修正、更改等问题，应将存在的问题、修改的考虑以及修改的影响估计作详细的描述，写成维护修改建议，提交审批。以上这些文档是在软件生存期中，随着各阶段工作的开展适时编制。其中有的仅反映一个阶段的工作，有的则需跨越多个阶段。

这些文档最终要向软件管理部门，或是向用户回答以下的问题：

1）要满足哪些需求，即回答"做什么"。

2）所开发的软件在什么环境中实现以及所需信息从哪里来，即回答"从何处"。

3）某些开发工作的时间如何安排，即回答"何时干"。

4）某些开发（或维护）工作打算由"谁来做"。

5）某些需求是怎么实现的。

6）为什么要进行那些软件开发或维护修改工作。

8.5.2　对软件文档编制的质量要求

为了使软件文档能起到前面所提到的多种桥梁作用,使它有助于程序员编程,有助于管理人员监督和管理软件开发,有助于用户了解软件的工作和应做的操作,有助于维护人员进行有效的修改和扩充,文档的编制必须保证一定的质量。质量差的软件文档不仅使读者难于理解,给使用者造成许多不便,而且会削弱对软件的管理(管理人员难以确认和评价开发工作的进展),增高软件的成本(一些工作可能被迫返工),甚至造成更加有害的后果(如错误操作等)。

造成软件文档质量不高的原因可能是:

● 缺乏实践经验,缺乏评价文档质量的标准。

● 不重视文档编写工作或是对文档编写工作的安排不恰当。

最常见到的情况是,软件开发过程中不能分阶段并及时完成文档的编制工作,而是在开发工作接近完成时集中人力和时间专门编写文档。另一方面和程序工作相比,许多人对编制文档不感兴趣。于是在程序工作完成以后,不得不应付一下,把要求提供的文档赶写出来。这样的做法不可能得到高质量的文档。实际上,要得到真正高质量的文档并不容易,除了应在认识上对文档工作给予足够的重视外,常常需要经过编写初稿,听取意见进行修改,甚至要经过重新改写的过程。

高质量的文档应当体现在以下一些方面:

(1) 针对性

文档编制以前应分清读者对象,按不同的类型、不同层次的读者,决定怎样适应他们的需要。例如,管理文档主要是面向管理人员的,用户文档主要是面向用户的,这两类文档不应像开发文档(面向软件开发人员)那样过多地使用软件的专业术语。

(2) 精确性

文档的行文应当十分确切,不能出现多义性的描述。同一课题若干文档内容应该协调一致。

(3) 清晰性

文档编写应力求简明,如有可能,配以适当的图表,以增强其清晰性。

(4) 完整性

任何一个文档都应当是完整的、独立的,它应自成体系。例如,前言部分应作一般性介绍,正文给出中心内容,必要时还有附录,列出参考资料等。同一课题的几个文档之间可能有些部分相同,这些重复是必要的。例如,同一项目的用户手册和操作手册中关于本项目功能、性能、实现环境等方面的描述是没有差别的。特别要避免在文档中出现转引其他文档内容的情况。比如,一些段落并未具体描述,而用"见××文档××节"的方式,这将给读者带来许多不便。

(5) 灵活性

各个不同的软件项目,其规模和复杂程度有着许多实际差别,不能一律看待。文档是针对中等规模的软件而言的。对于较小的或比较简单的项目,可作适当调整或合并。比如,可将用户手册和操作手册合并成用户操作手册;软件需求说明书可包括对数据的要求,从而省去数据要求说明书;概要设计说明书与详细设计说明书合并成软件设计说明书等。

（6）可追溯性

由于各开发阶段编制的文档与各阶段完成的工作有着紧密的关系，前后两个阶段生成的文档，随着开发工作的逐步扩展，具有一定的继承关系。在一个项目各开发阶段之间提供的文档必定存在着可追溯的关系。例如，某一项软件需求，必定在设计说明书，测试计划以至用户手册中有所体现。必要时应能做到跟踪追查。

8.5.3 软件文档的管理和维护

在整个软件生存期中，各种文档作为半成品或是最终成品，会不断地生成、修改或补充。为了最终得到高质量的产品，达到前面提出的质量要求，必须加强对文档的管理。以下几个方面是各人员应注意做到的。

1）软件开发小组应设一名文档保管人员，负责集中保管本项目已有文档的两套主文本。两套文本内容完全一致，其中的一套可按一定手续，办理借阅。

2）软件开发小组的成员可根据工作需要在自己手中保存一些个人文档。这些一般都应是主文本的副本，在作必要的修改时，也应先修改主文本。

3）开发人员个人只保存着主文本中与他工作相关的部分文档。

4）在新文档取代了旧文档时，管理人员应及时注销旧文档。在文档内容有更动时，管理人员应随时修订主文本，使其及时反映更新了的内容。

5）项目开发结束时，文档管理人员应收回开发人员的个人文档。发现个人文档与主文本有差别时，应立即着手解决。这常常是未及时修订主文本造成的。

6）在软件开发过程中，可能发现需要修改已完成的文档，特别是规模较大的项目，主文本的修改必须特别谨慎。修改以前要充分估计修改可能带来的影响，并且要按照提议、评议、审核、批准和实施等步骤加以严格的控制。

8.6 小结

根据软件工程标准制定的机构和标准适用的范围有所不同，它可分为 5 个级别，即国际标准、国家标准、行业标准、企业（机构）标准及项目（课题）标准。文档是指某种数据媒体和其中所记录的数据。在软件工程中，文档用来表示对需求、工程或结果进行描述、定义、规定、报告或认证的任何书画或图示的信息。它们描述和规定了软件设计和实现的细节，说明使用软件的操作命令。

8.7 习题

1. 软件产品质量是生产者和用户都十分关心的问题，质量管理只看到产品的质量。近年来质量管理向_____发展，重要的基本假设是过程的质量直接影响产品的质量。

    A. 过程质量的控制   B. 过程的改进

    C. 产品的改进   D. 技术的革新

2. 国际标准化组织和国际电工委员会发布的关于软件质量的标准中规定了_____质量特性及相关的 21 个质量子特性。

A. 5个   B. 6个

C. 7个   D. 8个

3. ISO/IEC 规定的 6 个质量特性包括功能性、可靠性、可使用性、效率、_____和可移植性等。

  A. 可重用性   B. 组件特性

  C. 可维护性   D. 可测试性

4. ISO/IEC 9126—1991 规定的 6 个质量特性和 21 个质量子特性，其中的可测试性属于_____。

  A. 可使用性   B. 效率

  C. 可维护性   D. 可移植性

5. 据国家标准 GB 8566—2001 计算机软件开发的规定，软件的开发和维护划分为 8 个阶段，其中单元测试是在_____阶段完成的？

  A. 可行性研究和计划   B. 需求分析

  C. 编码阶段   D. 详细设计

6. 据国家标准 GB 8566—2001 计算机软件开发的规定，软件的开发和维护划分为 8 个阶段，其中组装测试的计划是在_____阶段完成的。

  A. 可行性研究和计划   B. 需求分析

  C. 概要设计   D. 详细设计

7. 由于软件工程有如下特点，使软件管理比其他工程的管理更为困难。软件产品是____A____。____B____标准的过程。大型软件项目往往是____C____项目。____D____的作用是为了有效地、定量地进行管理，把握软件工程过程的实际情况和它所产生的产品质量。在制定计划时，应当对人力、项目持续时间、成本作出____E____；风险分析实际上就是贯穿于软件工程过程中的一系列风险管理步骤。最后，每个软件项目都要制定一个____F____，一旦____G____制定出来，就可以开始着手____H____。

供选择的答案：

A ~ C：

    ①可见的   ②不可见的   ③"一次性"

    ④"多次"   ⑤存在   ⑥不存在

D ~ H：

    ①进度安排   ②度量   ③风险分析

    ④估算   ⑤追踪和控制   ⑥开发计划

第9章 软件工程质量

本章要点

- 软件质量特性
- 软件质量的度量模型
- 软件质量保证
- 技术评审
- 软件质量管理体系

9.1 软件质量特性

1. 软件质量的定义

软件质量定义为:

1) 与所确定的功能和性能需求的一致性。

2) 与所成文的开发标准的一致性。

3) 与所有专业开发的软件所期望的隐含特性的一致性。

2. 软件复杂性

软件复杂性度量的参数很多,主要有:

1) 规模:即总共的指令数,或源程序行数。

2) 难度:通常由程序中出现的操作数的数目所决定的量来表示。

3) 结构:通常用于程序结构有关的度量来表示。

4) 智能度:即算法的难易程度。

软件复杂性主要表现在程序的复杂性。程序的复杂性主要是指模块内程序的复杂性。它直接关联到软件开发费用的多少、开发周期长短和软件内部潜伏错误的多少。同时,它也是软件可理解性的另一种度量。

要求复杂性度量满足以下假设:

1) 它可以用来计算任何一个程序的复杂性。

2) 对于不合理的程序,例如对于长度动态增长的程序,或者对于原则上无法排错的程序,不应当使用它进行复杂性计算。

3) 如果程序中指令条数、附加存储量、计算时间增多,不会减少程序的复杂性。

有关软件复杂性的度量方法,请参见 4.4 节。

3. 软件可靠性

（1）软件可靠性的定义与指标

软件可靠性定义表明了一个程序按照用户的要求和设计的目标,执行其功能的正确程度。一个可靠的程序应要求是正确的、完整的、一致的和健壮的。

软件可靠性与可用性的定量指标,是指能够以数字概念来描述可靠性的数学表达式中所使用的量。下面主要讲解常用指标平均失效等待时间（MTTF）与平均失效间隔时间（MTBF）。

- MTTF（Mean Time To Failure）：平均失效等待时间 MTTF 定义为

$$MTTF？\frac{1}{n}？_{i？1}^{n} t_i$$

- MTBF（Mean Time Between Failure）：MTBF 是平均失效间隔时间，它是指两次相继失效之间的平均时间。

（2）软件可靠性模型

软件可靠性是软件最重要的质量要素之一。

令 MTTF 是机器的平均无故障时间，MTTR 是错误的平均修复时间，则机器的稳定可用性可定义为

$$A = MTTF/(MTTF + MTTR)$$

软件可靠性模型通常分为如下几类：

1）由硬件可靠性理论导出的模型。

2）基于程序内部特性的模型。

3）植入模型。

9.2　软件质量的度量模型

1. 软件质量的度量和评价

影响软件质量的因素可以分为两大类：

1）可以直接度量的因素，如单位时间内千行代码（KLOC）中产生的错误数。

2）只能间接度量的因素，如可用性或可维护性。

在软件开发和维护的过程中，为了定量地评价软件质量，必须对软件质量特性进行度量，以测定软件具有要求质量特性的程度。

2. 软件质量度量模型

（1）Boehm 软件质量度量模型（见图 9-1）

勃姆（Barry W. Boehm）在《软件风险管理》（Software Risk Management）中第一次提出了软件质量度量的层次模型。

（2）McCall 软件质量度量模型（见图 9-2）

这是麦考尔（McCall）等人于 1979 年提出的软件质量模型，其定义如下：

① 面向软件产品操作。

② 面向软件产品修改。

③ 面向软件产品适应。

该模型将软件质量分解成能够度量的层次，提出 FCM 3 层模型——软件质量要素（Factor）、衡量标准（Criteria）和量度标准（Metrics），包括 11 个特性，分为产品操作（Product Operation）、产品修正（Product Revision）和产品转移（Product Transition）。

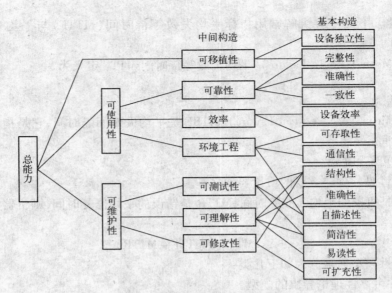

图 9-1　Boehm 软件质量度量模型

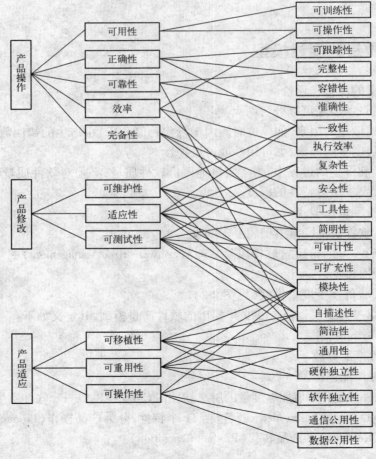

图 9-2　McCall 软件质量度量模型

（3）ISO 的软件质量评价模型

该软件质量度量模型由 3 层组成,如图 9-3 所示。它将软件质量总结为 8 大特性,每个特性包括一系列副特性,其软件质量模型包括 3 层,即

- 高层(Top Level):软件质量需求评价准则(SQRC)。
- 中层(Mid Level):软件质量设计评价准则(SQDC)。
- 低层(Low Level):软件质量度量评价准则(SQMC)。

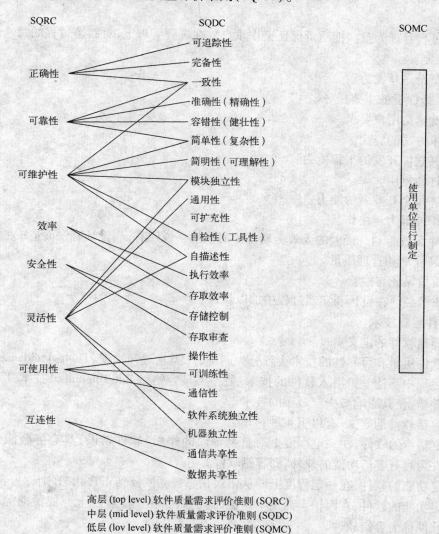

高层 (top level) 软件质量需求评价准则 (SQRC)
中层 (mid level) 软件质量需求评价准则 (SQDC)
低层 (lov level) 软件质量需求评价准则 (SQMC)

图 9-3　ISO 的 3 层模型

9.3　软件质量保证

1. 软件质量保证
（1）什么是软件质量保证

软件的质量保证就是向用户及社会提供满意的高质量的产品,确保软件产品从诞生到消亡为止的所有阶段的质量的活动,即确定、达到和维护需要的软件质量而进行的所有有计划、有系统的管理活动。

（2）质量保证的策略

质量保证策略的发展大致可以分为以下3个阶段：

① 以检测为重。产品制成后才进行检测,这种检测只能判断产品的质量,不能提高产品质量。

② 以过程管理为重。把质量保证工作重点放在过程管理上,对制造过程的每一道工序都进行质量控制。

③ 以新产品开发为重。

（3）质量保证的主要任务

① 正确定义用户要求。

② 技术方法的应用。

③ 提高软件开发的工程能力。

④ 软件的复用。

⑤ 发挥每个开发者的能力。

⑥ 组织外部力量协作。

⑦ 排除无效劳动。最大的无效劳动是因需求规格说明有误、设计有误而造成的返工。

⑧ 提高计划和管理质量。

（4）质量保证与检验

软件质量必须在设计和实现过程中加以保证。

2. 软件容错技术

（1）容错软件的定义

提高软件质量和可靠性的技术大致分为两类,一类是避开错误(Fault-Avoidance)技术,即在开发的过程中不让差错潜入软件的技术;另一类是容错(Fault-Tolerance)技术,即对某些无法避开的差错,使其影响减少至最小的技术。

归纳容错软件的定义,有以下4种：

- 规定功能的软件,在一定程度上对自身错误的作用(软件错误)具有屏蔽能力,则称此软件为具有容错功能的软件,即容错软件。
- 规定功能的软件,在一定程度上能从错误状态自动恢复到正常状态,则称为容错软件。
- 规定功能的软件,在因错误而发生错误时,仍然能在一定程度上完成预期的功能,则把该软件称为容错软件。
- 规定功能的软件,在一定程度上具有容错能力,则称为容错软件。

（2）容错的一般方法

1）结构冗余。

- 静态冗余：常用的有三模冗余(Triple Moduler Redundancy,TMR)和多模冗余。
- 动态冗余：动态冗余的主要方式是多重模块待机储备,当系统检测到某工作模块出现错误时,就用一个备用的模块来顶替它并重新运行。
- 混合冗余：它兼有静态冗余和动态冗余的长处。

252

2）信息冗余：为检测或纠正信息在运算或传输中的错误须外加一部分信息，这种现象称为信息冗余。

3）时间冗余：时间冗余是指以重复执行指令（指令复执）或程序（程序复算）来消除瞬时错误带来的影响。

4）冗余附加技术：冗余附加技术是指实现上述冗余技术所需的资源和技术。

（3）容错软件的设计过程

容错系统的设计过程包括以下设计步骤：

① 按设计任务要求进行常规设计，尽量保证设计的正确。

按常规设计得到非容错结构，它是容错系统构成的基础。在结构冗余中，不论是主模块还是备用模块的设计和实现，都要在费用许可的条件下，用调试的方法尽可能地提高可靠性。

② 对可能出现的错误分类，确定实现容错的范围。

对可能发生的错误进行正确的判断和分类，例如，对于硬件的瞬时错误，可以采用指令复执和程序复算；对于永久错误，则需要采用备份替换或者系统重构。对于软件来说，只有最大限度地弄清错误和暴露的规律，才能正确地判断和分类，实现成功的容错。

③ 按照"成本—效率"最优原则，选用某种冗余手段（结构、信息、时间）来实现对各类错误的屏蔽。

④ 分析或验证上述冗余结构的容错效果。如果效果没有达到预期的程度，则应重新进行冗余结构设计。如此反复，直到有一个满意的结果为止。

9.4 技术评审

对软件工程来说，软件评审是一个"过滤器"，在软件开发的各个阶段都要采用评审的方法，以发现软件中的缺陷，然后加以改正。

把"质量"理解为"用户满意程度"。为使用户满意，有两个必要条件：

1）设计的规格说明书要符合用户的要求。

2）程序要按照设计规格说明书所规定的情况正确执行。

1. 设计质量的评审内容

1）评价软件的规格说明是否合乎用户的要求，即总体设计思想和设计方针是否明确；需求规格说明是否得到了用户或单位上级机关的批准；需求规格说明与软件的概要设计规格说明是否一致等。

2）评审可靠性，即是否能避免输入异常（错误或超载等）、硬件失效及软件失效所产生的失效，一旦发生应能及时采取代替或恢复手段。

3）评审保密措施实现情况，即是否提供对使用系统资格进行检查；对特定数据的使用资格、特殊功能的使用资格进行检查，在查出有违反使用资格情况后，能否向系统管理人员报告有关信息；是否提供对系统内重要数据加密的功能等。

4）评审操作特性实施情况，即操作命令和操作信息的恰当性，输入数据与输入控制语句的恰当性；输出数据的恰当性；应答时间的恰当性等。

5）评审性能实现情况，即是否达到所规定性能的的目标值。

6）评审软件是否具有可修改性、可扩充性、可互换性和可移植性。

7）评审软件是否具有可测试性。

8）评审软件是否具有复用性。

2. 程序质量的评审内容

程序质量评审通常它是从开发者的角度进行评审,直接与开发技术有关。它着眼于软件本身的结构、与运行环境的接口、变更带来的影响而进行的评审活动。

（1）软件的结构

① 功能结构。在软件的各种结构中,功能结构是用户唯一能见到的结构。

需要检查的项目有:

- 数据结构:包括数据名和定义;构成该数据的数据项;数据与数据间的关系。
- 功能结构:包括功能名和定义;构成该功能的子功能;功能与子功能之间的关系。
- 数据结构和功能结构之间的对应关系:包括数据元素与功能元素之间的对应关系;数据结构与功能结构的一致性。

② 功能的通用性。

③ 模块的层次。

④ 模块结构。

- 控制流结构:规定了处理模块与处理模块之间的流程关系。检查处理模块之间的控制转移关系与控制转移形式(调用方式)。
- 数据流结构:规定了数据模块是如何被处理模块进行加工的流程关系。检查处理模块与数据模块之间的对应关系;处理模块与数据模块之间的存取关系,如建立、删除、查询、修改等。
- 模块结构与功能结构之间的对应关系:包括功能结构与控制流结构的对应关系;功能结构与数据流结构的对应关系;每个模块的定义（包括功能、输入与输出数据）。

⑤ 处理过程的结构。处理过程是最基本的加工逻辑过程。

（2）与运行环境的接口

它包括与硬件的接口、与用户的接口两方面。

随着软件运行环境的变更,软件的规格也在随着不断地变更。运行环境变更时的影响范围,需要从以下 3 个方面来分析。

① 与运行环境的接口。

② 在每项设计工程规格内的影响。

③ 在设计工程相互间的影响。

9.5 软件质量管理体系

9.5.1 软件产品质量管理的特点

软件产品质量管理,就是为了开发出符合质量要求的软件产品,贯穿于软件开发生存期过程的质量管理工作。

同其他产品相比,软件产品的质量有其明显的特殊性。

① 很难制定具体的、数量化的产品质量标准,所以没有相应的国际标准、国家标准或行业

标准。对软件产品而言,无法制定诸如"合格率"、"一次通过率"、"PPM"、"寿命"之类的质量目标。每千行的缺陷数量是通用的度量方法,但缺陷的等级、种类、性质、影响不同,不能说每千行缺陷数量小的软件,一定比该数量大的软件质量更好。至于软件的可扩充性、可维护性、可靠性等,也很难量化,不好衡量。软件质量指标的量化手段需要在实践中不断总结。

② 软件产品质量没有绝对的合格与不合格界限,软件不可能做到"零缺陷",对软件的测试不可能穷尽所有情况,有缺陷的软件仍然可以使用。软件产品的不断完善通过维护和升级问题来解决。

③ 软件产品之间很难进行横向的质量对比,很难说哪个产品比哪个产品好多少。不同软件之间的质量也无法直接比较,所以没有什么"国际领先"、"国内领先"的提法。

④ 满足了用户需求的软件质量,就是好的软件质量。如果软件在技术上很先进,界面很漂亮,功能也很多,但不是用户所需要的,仍不能算是软件的质量好。客户的要求需双方确认,而且这种需求一开始可能是不完整、不明确的,随着开发的进行要不断调整。

⑤ 软件的类型不同,软件质量的衡量标准的侧重点也不同。例如,对于实时系统而言,效率(Efficiency)会是衡量软件质量的首要要素;对于一些需要软件使用者(用户)与软件本身进行大量交互的系统,如资源管理软件,对可用性(Usability)就提出了较高的要求。

正是基于上述软件产品质量的特殊性,软件产品质量管理也有其自身的特点:

① 软件质量管理应该贯穿软件开发的全过程,而不仅仅是软件本身。

软件质量不仅仅是一些测试数据、统计数据、客户满意度调查回函等。衡量一个软件质量的好坏,首先应该考虑完成该软件生产的整个过程是否达到了一定质量要求。例如,在软件开发实践中,软件质量控制主要是靠流程管理(如缺陷处理过程、开发文档控制管理、发布过程等),严格按软件工程执行,才能保证质量,例如:

- 通过从"用户功能确认书"到"软件详细设计"过程的过程定义、控制和不断改善,确保软件的"功用性"。
- 通过测试部门的"系统测试"、"回归测试"过程的定义、执行和不断改善,确保软件的可靠性和可用性。
- 通过测试部门的"性能测试",确保软件的效率。
- 通过软件架构的设计过程及开发中的代码、文档的实现过程,确保软件的可维护性。
- 通过引入适当的编程方法、编程工具和设计思路,确保软件的"可移植性",等等。

② 对开发文档的评审是产品检验的重要方式。

由于软件是在计算机上执行的代码,离开软件的安装、使用说明文档等则寸步难行,所以开发过程中的很多文档资料也作为产品的组成部分,需要像对产品一样进行检验,而对文档资料的评审就构成了产品检验的重要方式。

③ 通过技术手段保证质量。

利用多种工具软件进行质量保证的各种工作,如用 CVS 软件进行配置管理和文档管理、用 MR 软件进行变更控制、用 Rational Rose 软件进行软件开发等。采用先进的系统分析方法和软件设计方法(OOA、OOD、软件复用等)来促进软件质量的提高。

9.5.2　软件质量管理体系

软件质量管理和质量保证工作应该不断创新,适应形势发展需要,主动将全面质量管理和质量改进思想纳入质量管理和质量保证计划,使软件质量提高到新的水平。在此只介绍一些业已成熟的软件质量管理与保证理论。

1. 基于 CMM 的质量管理体系

CMM 模型是卡内基·梅隆大学软件工程研究院(Software Engineering Institute,SEI)应美国联邦政府所提出的评估软件供应商能力的要求,从 1986 年开始研究的软件过程能力成熟度模型。它能帮助软件企业对其软件工程过程进行管理和改进,增强软件开发能力,使其能在规定的时间和资源预算下造出高质量的软件。

2. 基于 ISO 9000 的质量管理体系

（1）ISO 9000 系列标准

国际标准化组织制定的 ISO 9000 系列标准是国际公认的质量管理和质量保证标准,被世界各国和地区广泛采用。按照该系列标准的定义,产品是"活动或过程的结果","产品包括服务、硬件、流程型材料、软件或它们的组合。"所以毫无疑义,软件企业、软件产品的质量管理和质量保证,也应该遵循这套标准。这套标准源于国际标准化组织(英文缩写为 ISO)1986 年发布的 ISO 8402"质量术语"和 1987 年发布 ISO 9000"质量管理和质量保证标准 – 选择和使用指南"、ISO 9001"质量体系 – 设计开发、生产、安装和服务的质量保证模式"、ISO 9002"质量体系 – 生产和安装的质量保证模式"、ISO 9003"质量体系 – 最终检验和试验的质量保证模式"、ISO 9004"质量管理和质量体系要素 – 指南"等 6 项国际标准,统称为系列标准,或称为 1987 版 ISO 9000 系列国际标准。

（2）ISO 9001—3

ISO 9001—3 是国际标准化组织关于软件质量管理和保证而制定的国际标准因此,它适合合同环境下的软件开发质量的保证。在这里,提出了较完整的质量体系要素。质量体系是由质量体系要素构成的,在 ISO 9001 中一共有 20 个质量体系要素,这些体系要素主要是针对硬件而设计的,对软件不完全适用。在 ISO 9001—3 中针对软件的特点将软件的质量体系要素区分为 3 种类型,设计了 22 个体系要素,其中结构类型要素 4 个,寿命周期活动类型要素 9个,支持活动类型要素 9 个。

① 结构类质量体系要素共 4 个,它们是:领导的责任;质量体系的建立和运行;内部质量体系审核;纠正措施。

② 寿命周期类质量体系要素共 9 个,它们是:合同评审;需方要求规范;开发策略;质量策划;设计和实施;试验和确认;验收;复制交付和安装;维护。

③ 支持活动类型质量体系要素共 9 个,它们是:技术状态管理;文件控制;质量记录;测量;规则和惯例;工具和方法;采购;配套的软件产品;培训。

很明显,不管是 CMM 还是 ISO 都强调对产生应用软件之过程的管理,提高软件产品的生产效率和软件的质量,同时,软件工程理论的广泛运用也推动了软件产业由小规模生产到集成自动化生产迈进。这也充分说明,软件产品的质量不仅表现在最终产品的质量,还应该包含软件产生过程的质量。只有这样,才能使软件组织连续不断地生产出高质量的软件产品。

另外,从管理层次上看,ISO 要比 CMM 所处的级别高,ISO 只是提出了一个质量管理框架,是属于指导性的框架,而 CMM 提出的框架是一个操作性很强的框架,其 KPA 过程非常明确地提出了过程目标和过程注意事项。因此,在软件组织中,可以将 ISO 和 CMM 结合起来应用,即把 ISO 作为软件质量管理的指导性框架,把 CMM 作为具体实施层的应用,这样就可以充分利用二者的优势来共同完成对软件开发过程的质量控制,从而达到既提高软件开发效率,又保证所开发的软件具有较高的质量。目前,虽然 ISO 和 CMM 在国外的应用已经有了十几年的历史,是一套比较实用的质量控制和保证方法,但其在国内应用也只有五、六年的光景,并且应用水平很低,原因是多方面的,其中一个主要原因就是没有形成一套适合我国软件组织的软件质量控制方法,这也是阻碍我国软件企业发展的瓶颈之一。

9.6 小结

软件质量特性主要包括软件复杂度和软件可靠性两个方面,Boehm 和 McCall 是两种主要的软件质量度量模型。对软件工程来说,软件评审是一个"过滤器",在软件开发的各个阶段都要采用评审的方法,以发现软件中的缺陷,然后加以改正。

9.7 习题

1. 人们常用的评价软件质量的 4 个因素是_____。

A. 可维护性、可靠性、健壮性、效率

B. 可维护性、可靠性、可理解性、效率

C. 可维护性、可靠性、完整性、效率

D. 可维护性、可靠性、移植性、效率

2. 软件可移植性是用来衡量软件的_____重要尺度之一。

A. 通用性　　　　　　　　　　　B. 效率

C. 质量　　　　　　　　　　　　D. 人机界面

3. 为了提高软件的可移植性,应注意提高软件的_____。

A. 使用的方便性　　　　　　　　B. 简洁性

C. 可靠性　　　　　　　　　　　D. 设备独立性

4. 为了提高软件的可移植性,应注意提高软件的_____。

A. 优化算法　　　　　　　　　　B. 专用设备

C. 表格驱动方式　　　　　　　　D. 树形文件目录

5. 为了提高软件的可移植性,应注意提高软件的_____。

A. 有完备的文档　　　　　　　　B. 选择好的宿主计算机

C. 减少输入输出次数　　　　　　D. 选择好的操作系统

6. 使用_____语言开发的系统软件具有较好的可移植性。

A. COBOL　　　　　　　　　　　B. APL

C. C　　　　　　　　　　　　　　D. PL/I

7. 在软件开发中必须采取有力的措施以确保软件的质量,这些措施至少包括_____。

(1) 在软件开发初期制定质量保证计划,并在开发中坚持执行。

(2) 开发工作严格按阶段进行,文档工作应在开发完成后集中进行。

(3) 严格执行阶段评审。

(4) 要求用户参与全部开发过程以监督开发质量。

（5）开发前选定或制定开发标准或开发规范并遵照执行。

（6）争取足够的开发经费和开发人力的支持。

A.（1）（3）（5） B.（1）（2）（4）

C.（1）（2）（3）（4）（5）（6） D.（1）（3）（4）（5）

8. 软件的易维护性是指理解、改正、改进软件的难易度。通常影响软件易维护性的因素有易理解性、易修改性和____A____。在软件的开发过程中往往采取各种措施来提高软件的易维护性。如采用____B____有助于提高软件的易理解性；____C____有助于提高软件的易修改性。在软件质量特性中，____D____是指在规定的一段时间和条件下，与软件维持其性能水平的能力有关的一组属性；____E____是指防止对程序及数据的非授权访问的能力。

供选择的答案：

A.（1）易使用性 （2）易恢复性

（3）易替换性 （4）易测试性

B.（1）增强健壮性 （2）信息隐蔽原则

（3）良好的编程风格 （4）高效的算法

C.（1）高效的算法 （2）信息隐蔽原则

（3）增强健壮性 （4）身份认证

D.（1）正确性 （2）准确性

（3）可靠性 （4）易使用性

E.（1）安全性 （2）适应性

（3）灵活性 （4）容错性

9. 设计高质量的软件是软件设计追求的重要目标。可移植性、可维护性、可靠性、效率、可理解性和可使用性等都是评价软件质量的重要方面。可移植性是反映出把一个原先在某种硬件或软件环境下正常运行的软件移植到另一个硬件或软件环境下，使该软件也能正确地运行的难易程度。为了提高软件的可移植性，应注意提高软件的____A____。可维护性通常包括____B____。通常认为，软件维护工作包括改正性维护、____C____维护和____D____维护。其中·__C__维护则是为了扩充软件的功能或提高原有软件的性能而进行的维护活动____E____是指当系统万一遇到未预料的情况时，能够按照预定的方式作合适的处理。

供选择的答案：

A.（1）使用方便性 （2）简洁性

（3）可靠性 （4）设备不依赖性

B.（1）可用性和可理解性 （2）可修改性、数据独立性和数据一致性

（3）可测试性和稳定性 （4）可理解性、可修改性和可测试性

C 和 D.（1）功能性 （2）扩展性 （3）合理性

（4）完善性 （5）合法性 （6）适应性

E.（1）可用性 （2）正确性

（3）稳定性 （4）健壮性

10. 软件系统的可靠性，主要表现在_____。

A. 能够安装多次

B. 能在不同类型的计算机系统上安装、使用

C. 软件的正确性和健壮性

D. 能有效抑止盗版

11. 在软件工程中,当前用于保证软件质量的主要技术手段还是_____。

A. 正确性证明   B. 测试

C. 自动程序设计   D. 符号证明

12. 在软件工程中,高质量的文档标准是完整性、一致性和_____。

A. 统一性   B. 安全性

C. 无二义性   D. 组合性

13. 下述陈述中,_____不是软件健壮性(Robustness)的度量指标。

A. 失败后重新启动所需的时间

B. 引起失败的时间所占的百分比

C. 失败前的平均工作时间

D. 在一次失败中数据恶化的概率

14. 在软件质量因素中,软件在异常条件下仍能运行的能力称之为软件的_____。

A. 可靠性   B. 健壮性

C. 可用性   D. 安全性

15. 为了实现规定的质量特性,需要把这些质量特性转换为软件的 A 的特性。软件质量需求中的"性能",可以转换成____A____中的____B____,即每个程序模块和____C____各自应具有的性能特性。这些性能特性的积累就形成设计规格说明中的性能特性。这种情况也适用于____D____。在质量特性中,有一些特性及功能与用户界面有关,必须把这些功能或用户界面数据正确映射到____A____中来。这时,必须对软件的____E____进行评价。此外,决定软件"适用范围"的质量特性,取决于____A____中各种____F____部分是否实现____G____。

供选择的答案:

A,B,C,E,F:

    ①接口   ②内部结构   ③结构特性   ④构成元素

    ⑤结构单元   ⑥性能要求   ⑦物理数据   ⑧逻辑数据

D,G:

    ①模块化   ②可靠性   ③适应性   ④性能   ⑤结构化

16. 软件复审时其主要的复审对象是_____。

A. 软件结构   B. 软件文档

C. 程序编码   D. 文档标准

17. 在软件设计中,设计复审是和软件设计本身一样重要的环节,其主要的目的和作用是为了能够_____。

A. 减少测试工作量   B. 避免后期付出高代价

C. 保证软件质量   D. 缩短软件开发周期

18. 在软件危机中表现出来的软件质量差的问题,其原因是_____。

A. 用户经常干预软件系统的研发工作

B. 没有软件质量标准

C. 软件研发人员不愿意遵守软件质量标准

D. 软件研发人员素质太差

19. ___A___是以提高软件质量为目的的技术活动。把___B___定义为"用户的满意程度"。为使用户满意,有两个必要条件:

(1)设计的规格说明要符合用户的要求。

(2)程序要按照设计规格说明所规定的情况正确执行。

把上述条件(1)称为___C___,把条件(2)称为___D___。与上述观点相对应,软件的规格说明可以分为___E___和___F___。___E___是从用户的角度来看的,包括硬件/软件系统设计(在___G___阶段进行)、功能设计(在需求分析阶段与概要设计阶段进行),而___F___是为了实现___E___的更详细的规格。对___E___进行___A___时,___A___对象是在需求分析阶段产生的软件需求规格说明、数据要求规格说明,在软件概要设计阶段产生的软件概要设计规格说明等。

A 和 B:①技术创新　　　　②管理评审　　　　③技术评审

　　　　④过程改进　　　　⑤"质量"　　　　　⑥"数量"

C 和 D:①程序流程　　　　②程序质量

　　　　③设计要求　　　　④设计质量

E ~ G:①内部规格说明　　②外部规格说明　　③概要设计

　　　　④详细设计　　　　⑤系统分析　　　　⑥需求分析

20. 从技术上改进软件的开发过程,提高软件产品的质量涉及两个方面:一是提高___A___,二是改进___B___。在发现错误和排除错误方面更重要也是更困难的是___C___。由于软件测试技术方面没有多少新的突破,人们只能用加强阶段评审或检查作为辅助手段。这是一个由同行人员小组___D___所开发的阶段产品的验证方法。至于改进___B___的新技术,是采用面向对象的开发技术或是建立___E___。一个诱人的说法是采用___F___技术,其基本思想在于净化开发过程,使得差错或缺陷不可能混入开发过程。

A 和 B:

　　　　①测试效率　　　　②开发速度　　　　③开发工具

　　　　④维护过程　　　　⑤测试方法　　　　⑥开发工具

C:　　①排除错误　　　　②发现错误

D:　　①机器检查　　　　②人工检查

　　　　③集成测试　　　　④单元测试

E 和 F:

　　　　①智能　　　　　　②软件原型

　　　　③"净室"软件开发　④基于构件的复用

第 10 章　软件工程项目管理

本章要点
- 软件项目管理活动
- 成本估算
- 计划和组织
- 进度计划
- 风险管理
- 软件成熟度模型

10.1　软件项目管理的特点和职能

1. 软件项目管理的概念及职能

软件工程包括软件开发技术和软件工程项目管理两大部分内容。

软件项目管理是为了使软件项目能够按照预定的成本、进度、质量顺利完成,而对成本、人员、进度、质量、风险等进行分析和管理的活动。目前,软件仍然是一种新兴的特殊工程领域,它远远没有其他工程领域那么规范,其开发过程缺乏成熟的理论和统一的标准,因此,软件项目管理具有相当的特殊性和复杂性,并且对软件开发具有决定性的意义。

有效的软件项目管理集中于 4 个方面:人员(People)、产品(Product)、过程(Process)和项目(Project),也简称为项目管理的"4P",如图 10-1 所示。

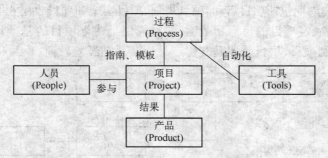

图 10-1　软件项目管理集

软件项目管理具体进行以下方面的管理:

1)开发人员:包括项目负责人、系统分析员、高级程序员、初级程序员、资料员和其他辅助人员。

2)组织机构:它们要求要有良好的组织结构,合理的人员分工,有效的通信。常见的 3 种组织形式是民主式的组织结构、主程序员式的组织结构和技术管理式的组织结构。

3)用户:软件是为用户而开发的,在开发过程中自始至终必须得到用户的密切合作和支持。作为项目负责人,要特别注意与用户保持联系,掌握用户心理和动态,防止来自用户的各种干扰和阻力。干扰因素有不积极配合、求快求全和功能变化等。

- 控制：控制包括进度控制、人员控制、经费控制和质量控制。
- 文档资料：软件工程管理很大程度上是通过对文档资料的管理来实现的。因此，要把开发过程中的一切初步设计、中间过程、最后结果建立成一套完整的文档资料。文档标准化是文档管理的重要方面。

2. 软件项目管理的特点和重要性

为了对付大型的软件系统，须采用传统的"分解"方法。软件工程的分解是从横向和纵向，即时间和空间两个方面进行的。

横向分解就是把一个大系统分解为若干个小系统，小系统分解为子系统，子系统分解为模块，模块分解为过程。

纵向分解就是生存期，把软件开发分为几个阶段，每个阶段有不同的任务、特点和方法。为此，软件工程管理需要有相应的管理策略。

其重要性是：根据软件产品的特征，且随着软件规模的不断增大，开发人员也随着增多，开发时间也相应持续增长，这些都增加了软件工程管理的难度，同时也突出了软件工程管理的必要性和重要性。事实证明，由管理失误造成的后果要比程序错误造成的后果更为严重。很少有软件项目的实施进程能准确地符合预定目标、进度和预算的，这也就足以说明软件工程管理的重要。

软件工程管理目前还没有引起人们的足够重视。其原因是人的传统观念，工程管理不为人们所重视；另一方面软件工程是一个新兴的科学领域，软件工程管理的问题也是刚刚提出的。同时，由于软件产品的特殊性，使软件工程管理涉及到很多学科。

10.2 软件项目管理活动

软件项目的生命周期包括项目启动、项目规划、项目实施和项目收尾 4 个阶段，如图 10-2 所示，其中项目启动是确定项目的目标和范围，项目规划是建立项目的基准计划，项目实施是按照计划执 Z 行和控制项目，项目收尾是交付产品以及总结经验教训。

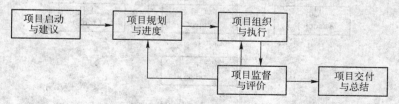

图 10-2 软件项目管理活动

1）项目启动与建议：在项目开始阶段，项目管理者负责定义项目的商业需求，确定项目的目标和实现方法，大致估算项目的成本和进度，编写完成项目建议书。

2）项目规划与进度：在项目规划阶段，项目管理者要明确项目的各种活动、里程碑和可交付的成果，制定软件开发计划。

3）项目组织与执行：项目管理者根据项目任务的要求选择合适的开发人员，组建项目团队和协调项目资源，按照计划执行和推进整个项目。

4）项目监督与评价：在项目执行过程中，项目管理者必须密切关注项目的进展情况，综合评价整个项目的实际进展，及时发现和报告实际情况与计划的偏差，在必要的情况下采取纠正行动，同时控制和管理项目的变更。

5）项目交付与总结：项目团队进行正式的项目交付工作，客户对所交付的软件产品进行验收，项目团队培训用户并移交文档，最后分析和总结项目的经验教训。

10.3　计划和组织

10.3.1　项目计划的制定

项目计划应在项目开始初期制定出来，并随着工程的进展不断地加以精化。起初，由于软件需求通常是模糊而又不完整的，人们的工作重点应在于明确该项目需要哪些领域的知识，并且如何获取这些知识。如果不遵循这一指导原则，程序员们通常会积极地投入到那部分已知的工作中去，而把未知部分留滞到以后。这种工作方式通常会产生很多问题，因为未知部分具有最高的风险系数。软件项目计划的逻辑如下所述：

由于软件需求在初始阶段是模糊而又不完整的，质量计划只能建立在对客户需求的大致而不确切的理解之上。因此，项目计划应该从找出含糊不确切与准确恰当的软件需求间的映射关系入手。

接着建立一种概念设计。项目初始架构的建立要十分谨慎，因为它通常标定了产品模块的分割线，同时描述了这些模块所实现的功能及所有模块间的关系。这就为项目计划和项目实施提供了组织框架，因此，一个低质量的概念设计是不能满足要求的。

在每一次后续的需求精化时，也应同时精化资源映射，项目规模估算和工程进度。

10.3.2　项目组人员管理原则

积极的人员管理和交流对于项目成败来说非常关键。有效的人员管理能够促进团队的建设和协作。接下来介绍一下人员管理的原则。

1. 领导风格

- 领导团队而不是管理团队。
- 展示足够的自信心。
- 建立对开发项目的自我认识。
- 参加专业交流，不要盲目的出风头。
- 跟踪技术领域的发展。
- 工作勤奋负责。
- 对自己的专业实力有足够的认识，忌浮躁。

2. 监督

- 适当的时候授权与人。
- 保证下属对工作的热情与积极性，采取客观的方法。
- 建立透明的评估机制。
- 培养信任感并树立威信。

- 在决策制定过程中汲取他人意见。

3. 交流

- 运用专业手段进行交流。
- 积极参加到开发小组成员的讨论中来。
- 及时准确地传达别人的意见以赢得尊重。
- 培养良好的倾听习惯。
- 将个人领导魅力融入到交流中。

4. 解决冲突

- 在同事、下属及领导之间协调好关系。
- 遇到突发事件保持冷静沉着。
- 不要权利争斗,但要争取必要的权利。
- 坦率的处理错误,但不要有意迁就。
- 使项目目标与公司目标相协调。

10.3.3 人员组织与管理

人员是软件工程项目最重要、也是最为活跃的资源因素。如何组织得更加合理,如何管理得更加有效,从而最大限度地发挥这一重要的资源潜力,对于成功地完成软件工程项目至关重要。

1. 项目组的组织结构

开发组织采用什么形式,要针对软件项目的特点来决定,同时也与参加人员的素质有关。建立项目组织时要考虑这样一些原则:

(1) 项目责任制度

项目必须实行项目负责人责任制。项目责任人对项目的完成负全部责任。

(2) 人员少而精

项目组成员之间的交流和协作是项目成败的关键。人员少,具有便于组织管理、合理分工、减少通信等优点;人员精,有利于互相激励、发挥各自的特长优势,提高工作效率。

2. 程序设计小组的组织形式

一般情况下,程序设计人员是在一定程度上独立自主地完成各自的任务,但这并不意味着互相之间没有联系。事实上,人员之间联系的多少和联系方式与生产效率直接相关。程序设计小组内人数少,如 2 ~ 3 人,则人员之间的联系比较简单。但随着人数的增加,相互之间的联系是按非线性关系变得复杂起来。因此,小组内部人员的组织形式对生产率也有很大的影响。

3. 主程序员组

由主程序员、程序员和后援工程师为核心组成。主程序员是经验丰富、能力强的高级程序员,负责小组全部技术活动的计划、协调与审查工作,还负责设计和实现项目中的关键部分。后援工程师协助和支持主程序员的工作,为主程序员提供咨询,也做部分分析、设计和实现的工作,并在必要时代替主程序员工作,以便使项目能继续进行。程序员负责项目的具体分析与开发,以及文档资料的编写工作。根据系统规模大小及难易程度,小组还可以聘请一些专家、辅助人员、软件资料员协助工作。主程序员组这种集中领导的组织形式突出了主程序员的领导作用,简化了人际通信。这种组织形式能否取得好的效果,很大程度上取决于主程序员的技术水平和管理才能。美国的软件产业中大多采用主程序员组的组织形式,如图 10-3 所示。

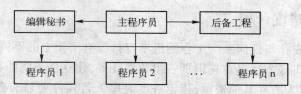

图 10-3　主程序员的组织形式

4. 民主小组

民主小组由经验丰富的技术人员组成。项目有关的所有重大决策都由全体成员集体讨论、确定解决。这种组织形式强调发挥每个成员的积极性,要求每个成员充分发挥主动精神和协作精神。通过充分讨论,也是在互相学习,因而在组内形成一个良好合作的工作气氛。但有时也会因此削弱个人的责任心和必要的权威作用。有人认为这种组织形式适合于研制时间长、开发难度大的项目。日本软件产业中大多采用这种组织形式,取得较好的效果。这种组织形式在强调发挥每个成员的积极性的同时,也创造了一个尊重每个成员的良好工作环境。由于小组成员在工作上能够很好地配合,因而做到了较长时间稳定的人员合作关系。这样的小组形式避免了因软件人员频繁流动对工作造成的严重干扰,如图 10-4 所示。

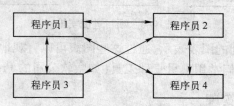

图 10-4　民主小组程序员形式

5. 层次小组

层次小组内人员分为 3 级:组长、高级程序员和程序员。组长负责全组工作,包括任务分配、技术评审和复查、掌握工作量和参加技术活动。组长直接领导 2 ~ 3 名高级程序员。高级程序员通过基层小组,管理若干个程序员。这种组织结构只允许必要的人际通信。它比较适合项目本身就是层次结构状的课题以及大型软件项目的开发,如图 10-5 所示。

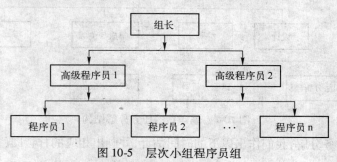

图 10-5　层次小组程序员组

10.4 进度计划

10.4.1 制定开发进度计划

软件项目的进度安排与任何一个工程的进度安排没有实质上的不同。

项目进度安排的正确方法是首先识别一组项目任务,建立任务间的相互关联,然后估计各个任务的工作量,分配人力和其他资源,指定进度时序。若软件项目有多人参加时,多个开发者的活动将并行进行。

一般来说,软件开发项目的进度安排有两种考虑方式,一种是系统最终交付日期已经确定,软件开发组织必须在规定期限内完成;另一种是系统最终交付日期只确定了大致的年限,确切日期由软件开发组织确定。在第一种方式中,延迟交付会引起用户的不满,甚至还会要求赔偿经济损失,因此,强调在规定的期限内合理地分配人力和安排进度。在第二种方式中,应该对软件项目进行细致分析,最好地利用资源与合理地分配工作,最后的交付日期在详细分析之后确定下来。

项目进度安排需要将项目的所有工作分解为若干个独立的活动,并在此基础上判断这些活动所需的时间,其具体过程如图 10-6 所示。

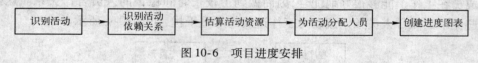

图 10-6 项目进度安排

项目进度通常用一系列的图表表示,通过这些图表可以直观地了解任务分解、活动依赖关系和人员分配情况,现在我们常用项目管理工具(如微软公司的 Project 软件)自动生成图表。

10.4.2 甘特图与时间管理

甘特(Gantt)图常用矩形条来描述各个子任务,以及每个子任务的进度安排。矩形条沿时间线展开,其长度与对应活动的计划时间长度成正比。该图表示方法简单易懂,一目了然,动态反映软件开发进度情况。

例如,某项目准备开发一个简单的编译器,其任务的分解结构如图 10-7 所示。

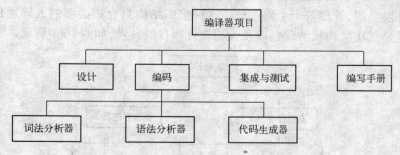

图 10-7 编译器的任务分解结构

根据上述的任务分解,我们作出以下的时间估计,并画出相应的甘特图(如图 10-8 所示)。

- 设计:45 天。

- 词法分析器:20 天。
- 语法分析器:60 天。
- 代码生成器:90 天。
- 集成测试:80 天。
- 编写手册:30 天。

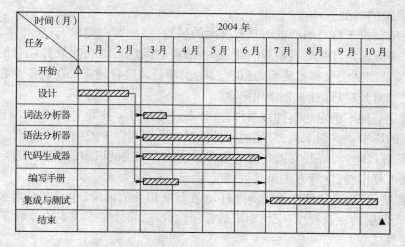

图 10-8　甘特图

甘特图的优点是标明了各项任务的计划进度和当前进度,能动态地反映软件开发进展情况;其缺点是难以反映多个任务之间存在的复杂的逻辑关系。

10.4.3　工程网络与关键路径

工程网络图是一种有向图,该图中用圆表示事件,有向弧或箭头表示子任务的进行,箭头上的数字称为权,该权表示此子任务的持续时间,箭头下面括号中的数字表示该任务的机动时间,图中的圆表示与某个子任务开始或结束事件的时间点,如图10-9 所示。

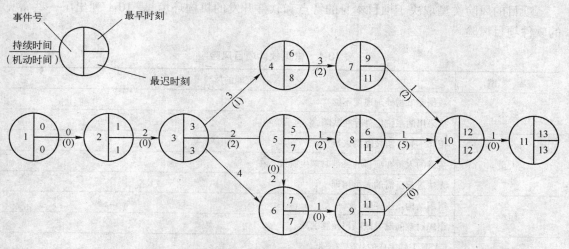

图 10-9　工程网络图示例

在组织较为复杂的项目任务时,或是需要对特定的任务进一步做更为详细的计划时,可以使用分层的任务网络图。

10.5 风险管理

1. 项目风险的类型

软件开发项目由于自身的特点而具有极大的风险,诸如客户需求、开发技术、市场竞争和项目管理等许多方面都存在着潜在的问题,这些潜在的问题可能会对软件项目的计划、成本、技术、产品质量及团队士气都有负面的影响。因此,项目风险管理需要在这些潜在的问题对项目造成破坏之前对其进行识别、处理和排除。

项目风险是一种不确定的事件或条件,这种事件或条件一旦发生,就会对项目目标产生某种正面或负面的影响。一般来说,常见的软件项目风险包括以下类型。

1)软件估算风险:与待开发或修改的软件系统估算相关的风险,包括系统规模、数据库大小、用户数量、可复用性、度量方法及其可信度等。

2)商业影响风险:与软件产品的商业环境与要求相关的风险,包括产品对公司业务带来的利润影响、管理层的重视程度、交付期限的合理性、产品质量对于成本的影响、产品与其他系统的互操作性等。

3)客户相关风险:与客户的素质以及开发者和客户定期通信的能力相关的风险,包括需求的明确程度、客户的参与和支持程度、客户与开发人员的配合程度等。

4)开发技术风险:与开发软件系统所使用的软件技术或硬件技术相关的风险,包括所用技术的成熟程度、开发方法的特殊要求和创新要求、功能实现的可行性等。

5)开发环境风险:与所用软件工程环境相关的风险,包括软件项目管理工具、过程管理工具、分析与设计工具、编程工具、配置管理工具、测试工具等的可用程度和人员培训程度。

6)开发人员风险:与项目团队成员相关的风险,包括人员的能力和经验、技术培训、人员稳定性等。

项目的风险类型取决于项目本身的特点和软件开发的机构环境,表10-1列出了一些常见的软件项目风险。

表 10-1 常见软件项目风险

类　　型	可能的风险
技术	数据库事物处理速度不够
	拟采用的系统组件存在缺陷,影响系统功能
人员	招聘不到所需技能的人员
	关键的人员在项目的关键时刻生病或不在
	无法进行所需的人员培训
组织	组织结构发生变化
	组织财政问题导致项目预算削减
工具	CASE 工具生成的代码效率低
	CASE 工具无法集成

类　　型	可能的风险
客户	需求变更导致主要的设计和开发重做
	客户无法理解需求变更带来的影响
估算	开发所需时间估计不足
	缺陷修复估计不足
	软件规模估计不足

2. 风险管理的基本活动

软件风险管理是通过主动而系统地对项目风险进行全过程的识别、分析和监控,最大限度地降低风险对软件开发的影响,其过程包括风险识别、风险分析、风险规划和风险监控等基本活动,如图 10-10 所示。

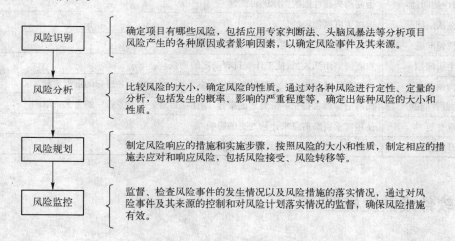

图 10-10　风险管理的基本活动

根据前面列出的软件项目的常见风险,我们可以得出以下的风险分析结果,见表 10-2。

表 10-2　风险分析结果

风　　险	发生可能性	后　　果
数据库事物处理速度不够	小	灾难性
拟采用的系统组件存在缺陷,影响系统功能	大	灾难性
招聘不到所需技能的人员	中等	严重
关键的人员在项目的关键时刻生病或不在	中等	严重
无法进行所需的人员培训	中等	严重
组织结构发生变化	大	严重
组织财政问题导致项目预算削减	中等	严重
CASE 工具生成的代码效率低	大	严重
CASE 工具无法集成	大	可容忍
需求变更导致主要的设计和开发重做	中等	可容忍

风　　险	发生可能性	后　　果
客户无法理解需求变更带来的影响	中等	可容忍
开发所需时间估计不足	中等	可容忍
缺陷修复估计不足	大	可容忍
软件规模估计不足	中等	可忽略

在风险分析的技术上,我们制定出这些风险的可能处理策略,从而将风险的影响降到最小,见表 10-3。

表 10-3　风险处理策略

风　　险	策　　略
数据库性能问题	研究购买高性能数据库的可能性
足见存在缺陷问题	选择更可靠稳定的足见
人员招聘问题	告诉可户相关的困难,探讨买进组件的可能性
人员生病问题	重新调整团队人员,使工作安排有一定的重叠
机构调整	向高层管理者提交一份简短的报告,阐述项目对公司业务目标的重大贡献
机构的财务问题	向高层管理者提交一份简短的报告,阐述项目对公司业务目标的重大贡献
需求变更	使用需求跟踪信息来评估变更的影响
低估开发时间	认真检查所购组件、开发工具的效能

10.6　软件成熟度模型

10.6.1　CMM 简介

CMM 是指"能力成熟度模型",其英文全称为 Capability Maturity Model for Software,英文缩写为 SW-CMM。它是对于软件组织在定义、实施、度量、控制和改善其软件过程的实践中各个发展阶段的描述。CMM 的核心是把软件开发视为一个过程,并根据这一原则对软件开发和维护进行过程监控和研究,以使其更加科学化、标准化、使企业能够更好地实现商业目标。

CMM 是一种用于评价软件承包能力并帮助其改善软件质量的方法,侧重于软件开发过程的管理及工程能力的提高与评估。CMM 分为 5 个等级:一级为初始级,二级为可重复级,三级为已定义级,四级为已管理级,五级为优化级。

CMMI(Capability Maturity Model Integration,能力成熟度模型集成)是美国国防部的一个设想。他们希望把所有现存的与将被发展出来的各种能力成熟度模型,集成到一个框架中。这个框架用于解决两个问题:第一,软件获取办法的改革;第二,从集成产品与过程发展的角度出发,建立一种包含健全的系统开发原则的过程改进。

CMM 为软件企业的过程能力提供了一个阶梯式的改进框架,它基于过去所有软件工程过程改进的成果,吸取了以往软件工程的经验教训,提供了一个基于过程改进的框架。它指明了一个软件组织在软件开发方面需要管理哪些主要工作、这些工作之间的关系、以及以怎样的先后次序，一步一步地做好这些工作而使软件组织走向成熟。

10.6.2　CMM 成熟度级别

CMM 把软件开发组织的能力成熟度分为 5 个等级。除了第 1 级外，其他每一级由几个关键过程方面组成。每一个关键过程方面都由上述 5 种公共特性予以表征。CMM 给每个关键过程了一些具体目标。按每个公共特性归类的关键惯例是按该关键过程的具体目标选择和确定的。如果恰当地处理了某个关键过程涉及的全部关键惯例，这个关键过程的各项目标就达到了，也就表明该关键过程实现了。这种成熟度分级的优点在于，这些级别明确而清楚地反映了过程改进活动的轻重缓急和先后顺序，如表 10-4 所示。

表 10-4　过程成熟度级别

能 力 等 级	特　　点	关 键 过 程
第一级 基本级	软件过程是混乱无序的，对过程几乎没有定义，成功依靠的是个人的才能和经验，管理方式属于反应式	
第二级 重复级	建立了基本的项目管理来跟踪进度。费用和功能特征，制定了必要的项目管理，能够利用以前类似的项目应用取得成功	需求管理，项目计划，项目跟踪和监控，软件子合同管理，软件配置管理，软件质量保障
第三级 确定级	已经将软件管理和过程文档化，标准化，同时综合成该组织的标准软件过程，所有的软件开发都使用该标准软件	组织过程定义，组织过程焦点，培训大纲，软件集成管理，软件产品工程，组织协调，专家审评
第四级 管理级	收集软件过程和产品质量的详细度量，对软件过程和产品质量有定量的理解和控制	定量的软件过程管理和产品质量管理
第五级 优化级	软件过程的量化反馈和新的思想和技术促进过程的不断改进	缺陷预防，过程变更管理和技术变更管理

CMM 是过程改善的第一步，它提供了评价组织的能力、识别优先改善需求和追踪改善进展的管理方式。企业只有开始 CMM 改善后，才能接受需要规划的事实，认识到质量的重要性，才能注重对员工经常进行培训，合理分配项目人员，并且建立起有效的项目小组。然而，它实现的成功与否与组织内部有关人员的积极参加和创造性活动密不可分。

总之，单纯实施 CMM，永远不能真正做到能力成熟度的升级。只有将实施 CMM 与实施 PSP 和 TSP 有机地结合起来，才能发挥最大的效力。因此，软件过程框架应该是 CMM/PSP/TSP 的有机集成。

10.7　项目管理认证体系 IPMP 与 PMP

1. IPMP 概况

国际项目管理专业资质认证(International Project Management Professional，IPMP)是国际项目管理协会(International Project Management Association，IPMA)在全球推行的四级项目管理专业资质认证体系的总称。IPMP 是对项目管理人员知识、经验和能力水平的综合评估证明，根据 IPMP 认证等级划分获得 IPMP 各级项目管理认证的人员，将分别具有负责大型国际项目、大型复杂项目、一般复杂项目或具有从事项目管理专业工作的能力。

IPMA 依据国际项目管理专业资质标准(IPMA Competence Baseline，ICB)，针对项目管理人员专业水平的不同将项目管理专业人员资质认证划分为 4 个等级，即 A 级、B 级、C 级和 D

级,每个等级分别授予不同级别的证书。

A级(Level A)证书是认证的高级项目经理。获得这一级认证的项目管理专业人员有能力指导一个公司(或一个分支机构)的包括有诸多项目的复杂规划,有能力管理该组织的所有项目,或者管理一项国际合作的复杂项目。这类等级称为认证的高级项目经理(Certificated Projects Director,CPD)。

B级(Level B)证书是认证的项目经理。获得这一级认证的项目管理专业人员可以管理大型复杂项目。这类等级称为认证的项目经理(Certificated Project Manager,CPM)。

C级(Level C)证书是认证的项目管理专家。获得这一级认证的项目管理专业人员能够管理一般复杂项目,也可以在所有项目中辅助项目经理进行管理。这类等级称为认证的项目管理专家(Certificated Project Management Professional,PMP)。

D级(Level D)证书是认证的项目管理专业人员。获得这一级认证的项目管理人员具有项目管理从业的基本知识,并可以将它们应用于某些领域。这类等级称为认证的项目管理专业人员(Certificated Project Management Practitioner,PMF)

由于各国项目管理发展情况不同,各有各的特点,因此,IPMA 允许各成员国的项目管理专业组织结合本国特点,参照 ICB 制定在本国认证国际项目管理专业资质的国家标准(National Competence Baseline,NCB),这一工作授权于代表本国加入 IPMA 的项目管理专业组织完成。

2. PMP 概况

PMP 是英文"Project Management Professional"(项目管理专业人员)首字母的缩写。自从 1984 年以来,美国项目管理协会(PMI)一直致力于全面发展,并保持一种严格的、以考试为依据的专家资质认证项目,以便推进项目管理行业和确认个人在项目管理方面所取得的成就。美国项目管理协会的项目管理专家(PMP)认证是世界上对项目管理从业人员最具权威的认证。PMP 是众多希望取得项目管理认证的个人和企业的选择之一。获得 PMP 认证之后,您的公司和您的名字将会被列入项目管理团体中最大、最具影响力的资质认证组织之中,为您和您的企业在国际范围内的项目合作中获得宝贵的竞争优势、获得国际认可。目前,全世界有大约 43 000 名项目管理专家(PMP),他们在 120 多个国家提供项目管理服务。而初级项目管理人员的年薪大约在 40 万人民币以上,从某种程度上讲 PMP 意味着高薪。对各种行业的企业来说,除了项目经理们为了职业的发展要求拥有 PMP 证书外,许多顾客要求企业拥有一定数量的取得 PMP 证书的专业人士为他们提供服务。因为越来越多的业内人士认识到,PMP 对企业意味着高效、科学的管理,优质的服务,规范化的制度,甚至于可以杜绝腐败现象的发生,在建筑、电子行业可以将豆腐渣工程的出现机率控制为零。许多企业的雇主都将获得 PMP 认证的项目管理人员定位为这一领域的领导者,并且都承认雇佣他们来管理自己的关键项目会获得盈利。随着 WTO 的加入,国际经济一体化进程的加快及西部大开发进程的深入,越来越多的外资及国际项目进入我国,进而引起了对国际型项目管理人才的迫切需求将会越演越烈,各国及欧洲、澳洲都相继建立起了自己的项目管理体系,但作为世界项目管理研究开山之祖的美国项目管理协会(PMI)授权的 PMP 资质认证才真正是全球公认的金牌资质证书,并被越来越多的业界人士公认为中国继 MBA、MPA 之后的项目经理及高级管理人士的含金量最高的金牌名片。

10.8 经典例题讲解

例题 1(2003 年软件设计师试题)

美国卡内基—梅隆大学 SEI 提出的 CMM 模型将软件过程的成熟度分为 5 个等级,以下选项中,属于可管理级的特征是_____。

供选择的答案:

A. 工作无序,项目进行过程中经常放弃当初的计划

B. 建立了项目级的管理制度

C. 建立了企业级的管理制度

D. 软件过程中活动的生产率和质量是可度量的

分析:CMM 由低到高的 5 个等级分别如下。

初始级(Initial):软件过程的特点是无秩序的,甚至是混乱的,产品的质量具有不可测性,成功往往依赖于个人的努力。

可重复级(Repeatable):已建立基本的项目管理政策和措施,利用以往的项目经验来计划和管理项目,可依据一定的标准复用类似的软件产品,重复以前的成功,并不受人员流动的影响。

已定义级(Defined):软件项目的管理过程和工程过程都已明确妥善定义,并且文档化,形成标准的软件过程,组织内的软件开发项目都按照此标准过程进行管理。

已管理级(Managed):在软件过程的每一阶段都能采集、分析有关软件过程和产品质量的数据,使软件过程和产品质量都能得到定量的控制。所以软件开发的成本、进度和质量都是可预测的。

优化级(Optimizing):采取主动去找出过程的弱点和长处,分析有关过程的有效性的资料,做出对新技术的成本与收益的分析,以及提出对过程进行修改的建议,防止同类缺陷二次出现,使组织的软件过程能力得到不断的增强和优化。

参考答案:D

例题 2(2002 年软件设计师试题)

软件能力成熟度模型(Capability Maturity Model,CMM)描述和分析了软件过程能力的发展与改进的程度,确立了一个软件过程成熟程度的分级标准。在初始级,软件过程定义几乎处于无章法可循的状态,软件产品的成功往往依赖于个人的努力和机遇。在(1),已建立了基本的项目管理过程,可对成本、进度和功能特性进行跟踪。在(2),用于软件管理与工程两方面的软件过程均已文档化、标准化,并形成了整个软件组织的标准软件过程。在已管理级,对软件过程和产品质量有详细的度量标准。在(3),通过对来自过程、新概念和新技术等方面的各种有用信息的定量分析,能够不断地、持续地对过程进行改进。

供选择的答案:

(1) A. 可重复级　　　　B. 管理级　　　　C. 功能级　　　　D. 成本级

(2) A. 标准级　　　　　B. 已定义级　　　C. 可重复级　　　D. 优化级

(3) A. 分析级　　　　　B. 过程级　　　　C. 优化级　　　　D. 管理级

分析:参考例题 1 的分析,可得到本题的答案应该是(1)选 A,(2)选 B,(3)选 C。2002 年

以前没有 CMM 的试题,2002 年和 2003 年每年都有一题,请考生注意。

参考答案:(1) A　(2) B　(3) C

10.9　应用 Project 2007 进行项目管理

10.9.1　Project 2007 简介

微软公司的 Project 2007 已成为全球公认的优秀的项目管理软件之一,在 IT、软件开发、通信、机械制造、产品研发、设备大修、工程建设、工程设计、大型活动、房地产建设中有着广泛的应用,无论在外资企业还是国内的工程建设和 IT 高科技企业中,Project 已经被很多企业要求员工掌握和应用的项目管理工具。学习 Project 不仅可以提高员工的个人项目管理能力,而且对企业业务管理效率提升和项目执行力的贯彻有很大的帮助。

通常情况下,对于单个项目来说,我们一般采用 Microsoft Project 标准版或者专业版来进行单项目的管理。多项目协同则必须使用 Microsoft Project 专业版、Microsoft Project Server 和 Microsoft Project Web Access 的组合来进行管理。Microsoft Project 的专业版本支持基本项目的管理,它包括了任务的安排、资源安排、项目追踪及报表输出等功能。本章的实验环节将主要围绕 Microsoft Project 2007 专业版进行学习,掌握其进行项目管理的基本操作。

10.9.2　Project 2007 工作界面

启动 Project 2007 时,将显示如图 10-11 所示的工作窗口。这个窗口中包含了 Project 2007 的基本工作界面,包括标题栏、菜单栏、工具栏、任务向导、编辑栏、数据域和状态栏。

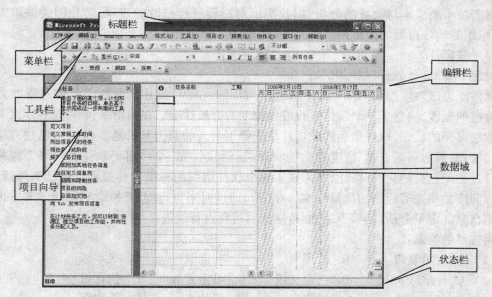

图 10-11　Project 2007 的基本工作界面

1. 标题栏

标题栏位于窗口顶部,包含窗口"最大化(还原)"、"最小化"和"关闭"按钮,并显示程序名称和当前项目的名称。

2. 菜单栏

菜单栏用于选择执行操作的菜单和命令,用户可以单击菜单,从打开的菜单中选择要执行的命令。用户可以添加、删除和修改菜单栏中的菜单和菜单中的命令,还可以创建并显示自己的菜单栏。

3. 工具栏

在默认情况下,工具栏包括"常用"、"格式"和"项目向导"工具栏,如图 10-12 所示。用户可以单击"视图"菜单,展开"工具栏"子菜单,调整在工作界面中显示的工具栏。

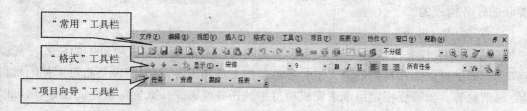

图 10-12 工具栏

4. 项目向导

在默认情况下,启动 Project 2007 时会打开项目向导,如图 10-13 所示。通过单击项目向导中的某个项,可显示完成这一步所需的工具和指令。

5. 编辑栏

数据编辑栏可以用来输入或编辑域中的信息。若要输入或替换域中的信息,首先选择域,在其中输入信息,再按 < Enter > 键或者单击"确认"按钮☑。单击"取消"按钮☒,将会撤销当前编辑的数据,如图 10-14 所示。

图 10-14 编辑栏

6. 数据域

域是包含有关任务、资源或工作分配特定种类信息的工作表、窗体或图表中的位置。例如,在工作表中,每一列都是一个域。在窗体中,域是已命名的框或列中的某个位置。

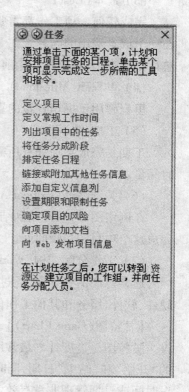

图 10-13 项目向导

7. 状态栏

状态栏在 Project 窗口中底部显示当前操作或模式的有关信息。状态栏左边显示了程序的当前状态,当 Project 2007 等待用户操作时,会显示"就绪"状态;当开始输入数据时,显示"编辑"状态。状态栏右边可以显示"扩展选定"、"大写锁定"、"数字锁定"、"滚动锁定"和"改写"等模式是否处于打开状态。

10.9.3 项目管理专用术语概览

在项目管理中,会接触到许多专用术语,为了使读者更好地掌握运用 Project 2007 进行项目管理,在进入具体实验环节前,在此先对一些最基本的术语进行下解释。

(1) 任务(Task)

任务是指具有开始日期和完成日期的具体工作,它是日程的组成单元。项目通常是由相互关联的任务构成的。

(2) 资源(Resource)

资源是指完成任务所需的人员、设备和原材料等。资源负责完成项目中的任务。资源有两种类型,即工时资源和材料资源。工时资源是指人员和设备;材料资源是指可消耗的材料或物品,如钢材等。当需要指定由谁来完成项目中的任务或需要什么资源来完成任务时,可以使用资源。指定给任务的资源可以是单个的人或一台设备,也可以是一个工作组。

(3) 成本(Cost)

完成任何一项工作都需要付出一定的代价,如人工、消耗材料和每次的使用成本,这都存在一个成本费用的问题。在 Microsoft Project 中,成本是指任务、资源、任务分配或整个项目的总计划成本,有时也称作当前成本或当前预算。

(4) 里程碑(Milestone)

里程碑用于标识日程的重要事项。它可以作为一个参考点,用来监视项目的进度。

(5) 工期(Duration)

工期是完成某项任务所需工作时间的总长度,通常是从任务开始日期到完成日期的工作时间量。

(6) 关键路径(Critical Ath)

在网络图中,从开始到结束之间的最长路径,或是没有任何浮动的路径,这个路径对应了完成这个项目的最短时间。

(7) 工作分解结构(Work Breakdown Structure,WBS)

通常以产品为导向,通过一个系谱图来组织、定义并以图示表示要完成项目目标所必须的硬件、软件、服务和其他工作任务。

【甘特图(Gantt Chart)】

甘特图是进度计划最常用的一种工具,如图 10-15 所示,它是用水平横条描述项目中任务的"开始"和"结束"日期,同时描述了任务活动之间的关系。利用甘特图可以明确预定行程,对时间或日期管理非常有效。可以很直观地对预期成果和实际成果进行比较分析。

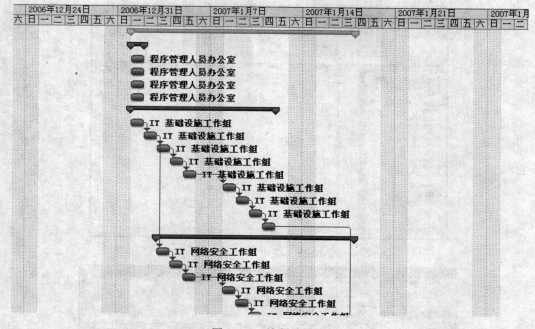

图 10-15   绘制甘特图

10. 10   Project 操作入门

10. 10. 1   实验目的

掌握 Project 2007 的基本操作,并学会运用 Project 2007 模板快速创建项目。

10. 10. 2   实验案例

对于初学者或是想要快速建立项目的人来说,直接应用模板创建项目是最快且最有效的方法。

Project 2007 跟其前面版本一样也提供了大量模板供用户直接使用,只需选择适合使用的模板,再将项目的时间与日历调整成所需的方法即可。这样,对项目的规划便基本完成。下面以软件项目管理为例,阐述如何通过 Project 中的模板快速创建项目。

【操作步骤】

1)执行"开始"→"所有程序"→"Microsoft Office"→"Microsoft Office Project 2007"命令,启动 Project 2007。其界面如图 10-16 所示。

2)在菜单栏选择"文件"→"新建"命令,然后在"新建项目"任务窗格中单击"计算机上的模板"链接,如图 10-17 所示。

3)出现"模板"对话框,单击"项目模板"选项卡,便会出现许多模板供选择,在此我们选择"软件开发"模板。

4)选择好相应模板后,单击"确定"按钮,一个初具原型的有关软件开发的项目计划就出现在我们面前了,如图 10-18 所示。下面是把这个计划真正变成自己的计划!

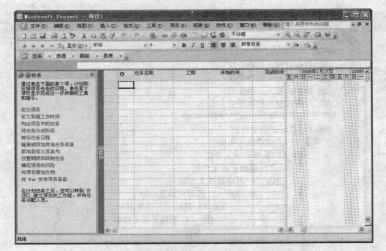

图 10-16　启动 Project 2007

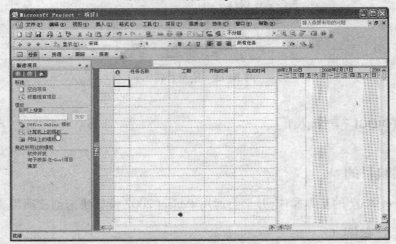

图 10-17　新建项目

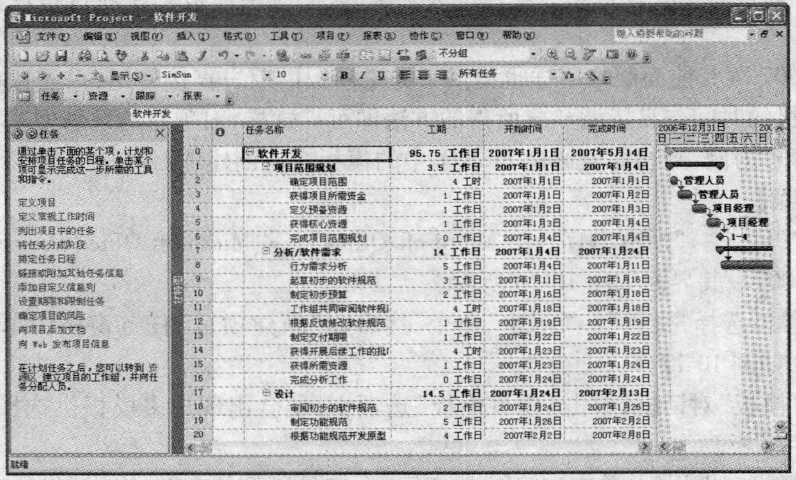

图 10-18　初具原型的有关软件开发的项目计划

5）添加任务：要在项目中某个任务之前添加新任务，可以在项目窗口中单击该任务的行号，然后单击鼠标右键，从弹出的快捷菜单中单击"新任务"命令，如图 10-19 所示。或在菜单栏中选择"插入"→"新任务"命令。

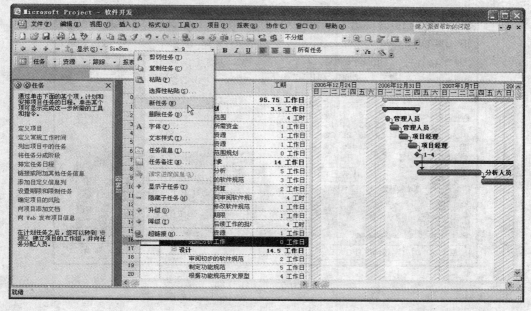

图 10-19　添加任务

6）删除任务：在原来的项目中，可以删除不要的任务。单击要删除任务的行号便会选中该任务行，然后在菜单栏选择"编辑"→"删除任务"命令，即可将该任务从项目中删除。

7）修改任务：在项目的原来任务中，可以针对所设置的任务名称或工期修改项目进行时的日历。

① 在菜单栏中选择"项目"→"项目信息"命令，将弹出如图 10-20 所示的"项目信息"对话框。

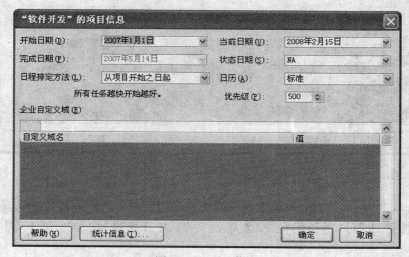

图 10-20　项目信息

279

② 这里例如要求该软件项目必须在 2008 年 10 月 1 日前完成,因此,在"日程排定方法"列表框中选择"从项目完成之日起"选项,在"完成日期"列表框中选择"2008 年 10 月 1 日",输入安排计划的完成日期,如图 10-21 所示。

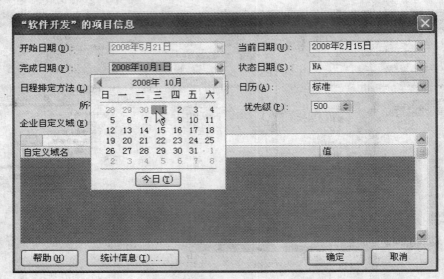

图 10-21　选择日期

③ 接着在"日历"列表中,设置用户自己项目的工作日历,如图 10-22 所示。

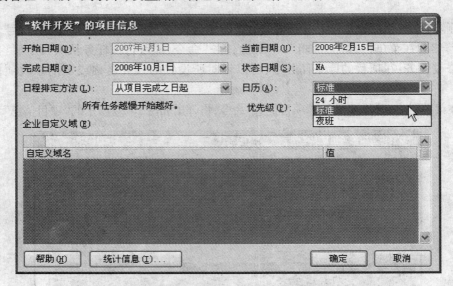

图 10-22　设置项目的工作日历

④ 最后,单击"确定"按钮,就会发现软件项目计划已经变为所需要的时间,如图 10-23 所示,其表明:按照计划只要我们在 2008 年 5 月 21 日开始项目,2008 年 10 月 1 日项目就能完成。

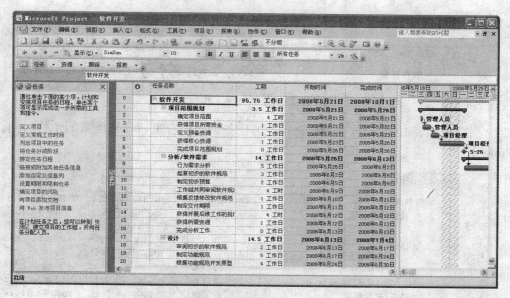

图 10-23　项目的开始时间和结束时间

8）验证任务：经过以上的编辑与修改后，如果上司或主管不能接受这样的时间安排，该如何处理呢？试着改变自己在运作上真正的时间，同时把不要的工作任务删除，我们会发现，Project 便会再自动的帮我们计算最终的结果。

方法一：试着利用鼠标在不要的任务的"任务行号"上进行拖动，选中要删除的的任务行（注意：如果要选中非连续的任务行可以先按住＜Ctrl＞键，然后逐个单击要选中的任务的"任务行号"），再单击右键后，选择"删除任务"命令，如图 10-24 所示。

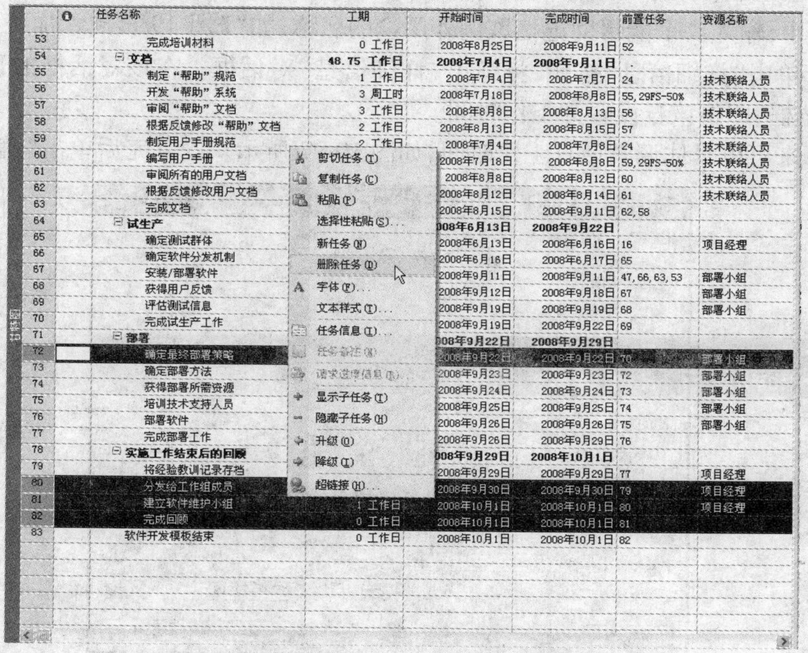

图 10-24　删除任务

所需的工作时间又会重新计算了,如图 10-25 所示。

	ⓘ	任务名称	工期	开始时间	完成时间
0		⊟ 软件开发	**92.75 工作日**	**2008年5月26日**	**2008年10月1日**

图 10-25 重新计算工作时间

方法二:当然,如果我们改变关键路径上的任务工期也会重新计算所需的工作时间,如图 10-26 所示。

	ⓘ	任务名称	工期	开始时间	完成时间
0		⊟ **软件开发**	**89.75 工作日**	**2008年5月29日**	**2008年10月1日**
1		⊟ **项目范围规划**	**3.5 工作日**	**2008年5月29日**	**2008年6月3日**
2		确定项目范围	4 工时	2008年5月29日	2008年5月29日
3		获得项目所需资金	1 工作日	2008年5月29日	2008年5月30日
4		定义预备资源	1 工作日	2008年5月30日	2008年6月2日
5		获得核心资源	1 工作日	2008年6月2日	2008年6月3日
6		完成项目范围规划	0 工作日	2008年6月3日	2008年6月3日
7		⊟ **分析/软件需求**	**11 工作日**	**2008年6月3日**	**2008年6月18日**
8	◇	行为需求分析	2 工作日	2008年6月3日	2008年6月5日
9		起草初步的软件规范	3 工作日	2008年6月5日	2008年6月10日

图 10-26 通过改变关键路径上的任务工期重新计算所需的工作时间

方法三:另外,我们也可以将原定休息日更改为上班时间,来调整项目进度。

① 例如,如果我们要求 2008 年 7 月 19 日周六加班,可以执行菜单栏上的"工具"→"更改工作时间"命令,这时将弹出"更改工作时间"对话框。

② 在"更改工作时间"对话框中的时间区域选择"7 月 19 日"。然后在"例外日期"选项卡的"名称"列中,输入一个能帮助记忆该例外用途的名称,如"7 月 19 日周六加班"。

③ 接着单击"详细信息"按钮,将弹出"详细信息"对话框。在该对话框的顶部,选择"工作时间"单选框,即将该日设置为工作时间。

④ 接下来可以具体调整该日工作时间,如图 10-27 所示。设置完后单击"确定"按钮。

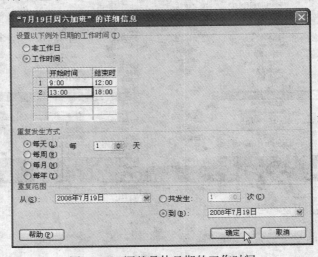

图 10-27 调整具体日期的工作时间

利用以上这些编辑方式,便能快速制作出一份真正属于自己公司的软件项目计划,如图10-28 所示。

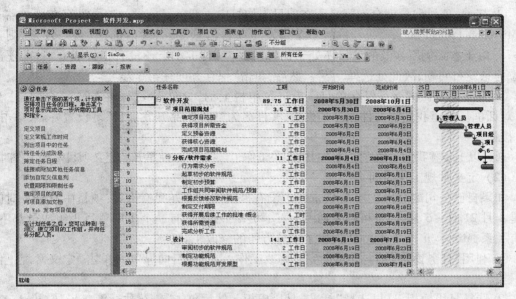

图 10-28　制作公司的软件项目计划

10.10.3　实验内容

请使用 Project 2007 专业版中所自带的"搬家"模板,尝试进行添加任务、删除任务、修改任务、验证任务等操作,以制定出符合自己需要的搬家计划。

10.11　利用 Project 制定项目计划

如果所从事的项目在 Project 中没有相类似的项目模板,那么可以利用 Project 2007 提供的"项目向导"工具,按部就班的制定出符合自己需要的项目计划。

在本节实验环节我们将学习如何使用 Project 2007 中的"项目向导"制定项目计划。

10.11.1　实验目的

掌握如何运用 Project 2007"项目向导"指定项目计划。

10.11.2　实验案例

在本节实验案例中,以一个"OA 产品研发"的项目管理为例,学习如何使用 Project 2007 项目向导制定项目计划。

(1)定义项目

① 执行"开始"→"所有程序"→"Microsoft Office"→"Microsoft Office Project 2007"命令,启动 Project 2007。这时,"项目向导"就会出现在左窗格处。

② 接下来,我们就可以按照"项目向导"的提示开始定义项目了。假定项目开始日期为

"2008 年 2 月 25 日",因此,我们在定义项目的第一步设置"项目的估计开始日期"为"2008 年 2 月 25 日"。然后单击"继续执行第 2 步"链接。

③ 接着,项目向导就会询问是否在项目工作组中更新项目信息。如果没有在服务器上安装 Microsoft Project Server,或者目前不希望发布项目信息,那么就请选择"否",反之,则选择"是"。由于本案例所涉及的项目还处于构思阶段,项目工作组还没有正式成立,目前还没有考虑信息发布问题,故此处选择"否"。然后,单击"保存并前往第 3 步"。

④ 接下来要做的就是保存项目。单击菜单栏上的"文件"→"保存"命令,会弹出"另存为"对话框。这里我们将文件保存到桌面,文件名为"OA 产品开发项目"。设置好后,单击"保存"按钮。

通过以上步骤我们就做好定义项目的相关工作了。接下来,就是开始定义项目常规工作时间。

（2）定义常规工作时间

如果自己公司的日历正巧在 Project 中没有提供该怎么办呢? 例如:项目中有任务时间跨度是 4 月 21 日~6 月 3 日,可是公司因为五一劳动节放假,有一个星期项目小组成员都不在。没有关系,Mircosoft Project 2007 提供了十分方便的修改工具。

① 利用"任务窗格"的向导帮助完成修改工作。在"项目向导"中,单击"定义常规工作时间"链接。

② 选择日历模板,这里选择"标准"日历模板。然后单击"继续执行第 2 步"链接。

③ 定义每周的工作天数。利用勾选的方式可以设置每周的哪几天需要工作。这里先不作任何调整,单击"保存并前往第 3 步"链接,继续进行设置。

④ 此时会出现"设置假日和倒休时间"窗口。单击"更改工作时间"链接,弹出如图10-29所示的"更改工作时间"对话框,使用在前一节实验中所介绍的方法将 2008 年 5 月 1 号——7 号设置为非工作日,然后退出"更改工作时间"对话框。

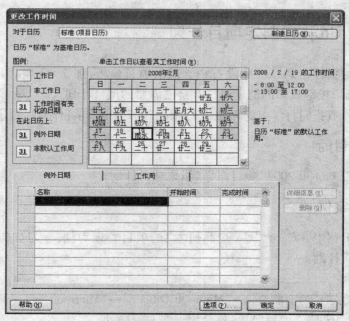

图 10-29　更改工作时间

⑤ 接着在"项目向导"窗口中单击"继续执行第4步"链接,定义项目的工作时间。默认状况下,每天工作8小时,每个月工作20天。这里采用默认设置,单击"继续执行第5步"链接,如图10-30所示。

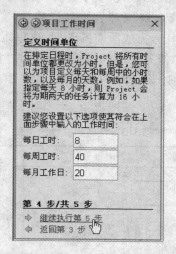

图 10-30 默认状态下的项目工作时间

⑥ 单击"保存并完成"链接。通过以上步骤,项目工作时间就定义好了。

（3）排定任务计划

完成上述的设置后,将回到"项目向导"中。单击"列出项目中的任务"链接,以进入项目任务的输入阶段,这里我们通过头脑风暴法制定出该OA产品的项目计划,见表10-5。

表 10-5 "OA 产品开发项目"计划任务列表

序 号	任 务 名 称	工期（天）	前 置 任 务	备 注
1	第一阶段:策划与立项			
2	信息系统企划	5		
3	客户商谈确认	5	2	
4	第二阶段:系统开发			
5	需求分析	10	3	
6	系统设计	15	5FS + 1d	
7	用户界面设计	15	6	
8	详细设计	15	7FS − 10%	
9	编码	10	8	
10	第三阶段:测试			
11	单元测试	15	9	
12	集成测试	10	11	
13	现场系统测试	2	12	
14	第四阶段:售后支持			
15	运营测试	5	13	
16	用户培训	2	15	

下面对以上计划任务列表所示内容进行解释，以方便大家理解。

该项目分成 4 个阶段逐步实施，最左侧是"任务序号"，在"任务名称"栏中罗列了该项目所包含的任务，其中任务之间的缩进关系表明了任务间的级别。如"第一阶段：策划与立项"被称为摘要任务，其中"信息系统企划"和"客户商谈确认"是该摘要任务的"子任务"。"工期"栏中所罗列的数据代表对应任务完成所需的工期，这里以"天"为单位。"前置任务"栏所包含的信息代表了项目中任务和任务之间的相关性。所谓"相关性"，举例说明，如地基要先打好才能盖房子，墙先砌好才能刷墙面等。在 Project 中一共提供了 4 种任务的相关性，这 4 种的意义与特点见表 10-6。

表 10-6　任务相关性的意义

任务相关性	范　　例	描　　述
完成 – 开始（FS，系统默认）	A → B	只有在任务 A 完成后，任务 B 才能开始。例如，地基要先建好才能盖房子
开始 – 开始（SS）	A → B	只有在任务 A 开始后，任务 B 才能开始。例如，开始敲钟，才能开始答题
完成 – 完成（SS）	A → B	只有在任务 A 完成后，任务 B 才能完成。例如，所有的资料都准备齐全后，才能结案
开始 – 完成（SF）	A → B	只有在任务 A 开始后任务 B 才能完成。例如，站岗时，下一个站岗的人来了，原来站岗的人才能回去

综上所述，如"客户商谈确认"的前置任务是"2"，即表示"客户商谈确认"任务和"信息系统企划"任务之间的关系是完成开始型，即只有当"信息系统企划"完成，"客户商谈"确认才可以开始。

另外，在行"6"和行"8"的前置任务栏中出现了 5FS + 1d 和 7FS – 10% 又代表什么意思呢？这里阐述下前置时间和延隔时间的概念。前置时间（Lead Time）是指有相关性（FS、SS、FF、SF）任务间的重叠。例如，如果任务可以在其前置任务完成一半时开始，就可以为后续任务指定"完成 – 开始（FS）"相关性，而其前置重叠时间为 50%，则输入的前置重叠时间为负值。延隔时间（Lag Time）是指有相关性的任务间的延迟时间。例如，如果需要在一个任务的完成与另一个任务的开始之间有两天的延迟时间，那么就可以建立一个"完成开始（FS）"相关性，并指定两天的延隔时间，即输入的延隔时间为正值。

前置时间或延隔时间可以用工期或前置任务百分比的形式输入。前置时间或延隔(Lag)时间有下列表示法：

工作分(m)、工作小时(h)、工作日(d)、工作周(w)、工作月(mo)和工作年(y)。

分(em)、小时(eh)、日(ed)、周(ew)、月(emo)和年(ey)。

前置任务工期的百分比(%)。

前置任务的工期经过的百分比(1～100%)

前置或延隔时间可以在"任务信息"对话框中进行设置。其中前置时间以负号表示,延隔时间以正号表示。

综上对相关知识点的阐述,在行"6"和行"8"的前置任务栏出现的 5FS + 1d 和 7FS - 10%,分别表示"系统设计"在"需求分析"完成后延迟一天开始,"详细设计"在"用户界面设计"完成到90%的时候即开始进行。

好了,通过以上对表中信息的说明。接下来的步骤中我们具体使用 Project 2007 制定出该计划。

① 在打开的 Project 2007 窗口的"数据域"部分,从第一行开始,在工作表格的"任务名称"栏中,按表 10-5 的内容顺序输入任务的名称。

② 调整任务名称栏的宽度,显示任务栏内全部内容。

③ 输入完任务的名称后,接下来将所估计的每个任务要花费的工期输入到对应数据域中。输入工期最简单的方式是在"工期"域中输入数值数据,或者单击"工期"域的微调按钮。(注意:Project 提供了许多灵活的输入功能。例如,如果在数据值后面加上一个问号,则表示该值是"估计"的意思。另外,对于摘要任务是不需要自己设置工期的,Project 会对摘要任务下所含子任务完成总共所需要的工期进行自动计算)。

④ 调整任务级别:如前所述,在表 10-5 中,任务之间是分了层次的。要在 Project 中反映出摘要任务与子任务之间的关系,可进行如下操作：

利用拖动鼠标方式选择属于子任务的任务。

单击鼠标右键,从弹出的快捷菜单中选择"降级"命令,或是由"格式"工具栏中单击"降级"按钮 。

这样,便会产生摘要任务与子任务之间的关系,如图 10-31 所示。

	ⓘ	任务名称	工期	开始时间	完成时间
1		☐ 第一阶段：策划与立项	5 工作日	2008年2月25日	2008年2月29日
2		信息系统企划	5 工作日	2008年2月25日	2008年2月29日
3		客户商谈确认	5 工作日	2008年2月25日	2008年2月29日

图 10-31 任务与子任务

如果发现其中一项不是属于此摘要任务中的子任务,可选择该任务后利用"升级"按钮 改变其关系。

全部调整完毕后,可再利用"格式"工具栏中的"显示子任务"按钮 与"隐藏子任务"按钮 显示或隐藏子任务。

调整至此,OA 产品开发项目已经更加结构化了,如图 10-32 所示。

	ⓘ	任务名称	工期	开始时间	完成时间
1		**第一阶段：策划与立项**	**5 工作日**	**2008年2月25日**	**2008年2月29日**
2		信息系统企划	5 工作日	2008年2月25日	2008年2月29日
3		客户商谈确认	5 工作日	2008年2月25日	2008年2月29日
4		**第二阶段：系统开发**	**15 工作日**	**2008年2月25日**	**2008年3月14日**
5		需求分析	10 工作日	2008年2月25日	2008年3月7日
6		系统设计	15 工作日	2008年2月25日	2008年3月14日
7		用户界面设计	15 工作日	2008年2月25日	2008年3月14日
8		详细设计	15 工作日	2008年2月25日	2008年3月14日
9		编码	10 工作日	2008年2月25日	2008年3月7日
10		**第三阶段：测试**	**15 工作日**	**2008年2月25日**	**2008年3月14日**
11		单元测试	15 工作日	2008年2月25日	2008年3月14日
12		集成测试	10 工作日	2008年2月25日	2008年3月7日
13		现场系统测试	2 工作日	2008年2月25日	2008年2月26日
14		**第四阶段：售后支持**	**5 工作日**	**2008年2月25日**	**2008年2月29日**
15		运营测试	5 工作日	2008年2月25日	2008年2月29日
16		用户培训	2 工作日	2008年2月25日	2008年2月26日

图 10-32　更加结构化的 OA 产品开发项目

⑤ 设置任务间的相关性：在输入了任务名称、设置好工期并且调整好级别之后，接下来要做的就是按照表 10-6 设置任务间的相关性。

选取"任务名称"域中按所需顺序链接在一起的两项或多项任务。其中，当要选取不相邻的任务时，可以按住 < Ctrl > 键并单击任务名称；要选取相邻的任务时，则按住 < Shift > 键并单击希望链接的第一项和最后一项任务。

单击"常用"工具栏上的"链接任务"按钮，如此会以"完成 - 开始"方式链接两个任务，如图 10-33 所示。

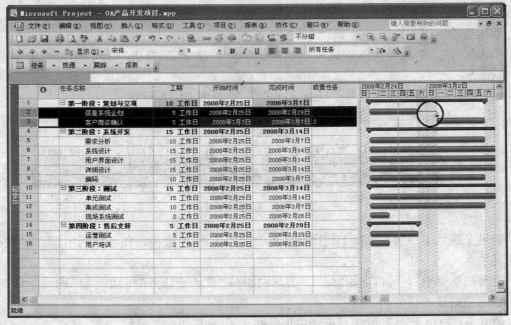

图 10-33　以"完成 - 开始"方式链接两个任务

如果需要改变或者删除任务的相关性，只要直接在线条上双击鼠标左键，便会出现"任务相关性对话框"，如图 10-34 所示。

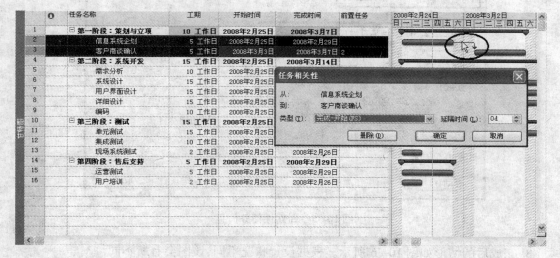

图 10-34 改变或删除任务的相关性

在该对话框中，可以选择任务链接的类型：是否在前一个工作完成时需要延隔或前置一些时间，或是删除两者之间的任务相关性。如在表 10-6 中，"需求分析"和"系统设计"之间的关系是 5FS + 1d。则在建立两任务"链接"关系后，在"任务相关性"对话框设置类型和"完成 – 开始（FS）"，"延隔时间"输入 2d，单击"确定"按钮即可（注：在"延隔时间"栏中也可输入百分比）。

【补充说明】

在我们制定项目计划时，项目中有些任务可能是周而复始反复进行的。例如：在我们 OA 产品开发项目中，可能遇到领导要求在进入到"系统开发"阶段后（即 2008 年 3 月 10 日）起到"编码"结束（即 2008 年 6 月 13 日）这段时间每周五开讨论会。这样的任务，我们称为周期性任务，在 Project 数据域中插入周期性任务的具体方法是：

① 首先，选中要在之前插入周期性任务的任务行。

② 在菜单中选择"插入"→"周期性任务"命令，在出现的"周期性任务信息"对话框中设置以下内容。

任务名称：输入此任务名称，如"定期讨论会议"。

工期：输入此任务发生所需要的时间，如"1d"。

重复发生方式：在列表中选择"每天"、"每周"、"每月"或"每年"，并指定任务发生的频率。这里分别选择"每周"→"重复间隔为 1 周后的"→"周五"。

重复范围：设置反复次数或是结束的日期。这里选择从"2008 年 3 月 10 日"到"2008 年 6 月 13 日"。

单击"确定"按钮后，便完成了输入周期性任务的工作，如图 10-35 所示。

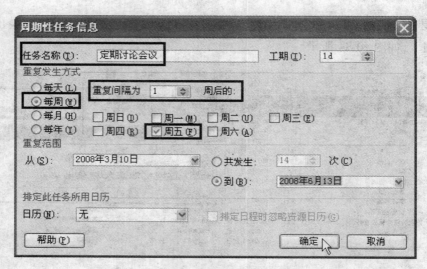

图 10-35 周期性任务信息

③ 完成后的情形如图 10-36 所示。根据设置状况不同,该图会有所不同。

	任务名称	工期	开始时间	完成时间	前置任务	资源名
1	□ 第一阶段:策划与立项	10 工作日	2008年2月25日	2008年3月7日		
2	信息系统企划	5 工作日	2008年2月25日	2008年2月29日		
3	客户商谈确认	5 工作日	2008年3月3日	2008年3月7日	2	
4	□ 第二阶段:系统开发	65 工作日	2008年3月10日	2008年6月13日		
5	需求分析	10 工作日	2008年3月10日	2008年3月21日	3	
6	系统设计	15 工作日	2008年3月25日	2008年4月14日	5FS+1 工作日	
7	用户界面设计	15 工作日	2008年4月15日	2008年5月12日	6	
8	详细设计	15 工作日	2008年5月9日	2008年5月30日	7FS-10%	
9	编码	10 工作日	2008年5月30日	2008年6月13日	8	
10	□ 定期讨论会议	61 工作日	2008年3月14日	2008年6月13日		
11	定期讨论会议 1	1 工作日	2008年3月14日	2008年3月14日		
12	定期讨论会议 2	1 工作日	2008年3月21日	2008年3月21日		
13	定期讨论会议 3	1 工作日	2008年3月28日	2008年3月28日		
14	定期讨论会议 4	1 工作日	2008年4月4日	2008年4月4日		
15	定期讨论会议 5	1 工作日	2008年4月11日	2008年4月11日		
16	定期讨论会议 6	1 工作日	2008年4月18日	2008年4月18日		
17	定期讨论会议 7	1 工作日	2008年4月25日	2008年4月25日		
18	定期讨论会议 8	1 工作日	2008年5月9日	2008年5月9日		
19	定期讨论会议 9	1 工作日	2008年5月16日	2008年5月16日		
20	定期讨论会议 10	1 工作日	2008年5月23日	2008年5月23日		
21	定期讨论会议 11	1 工作日	2008年5月30日	2008年5月30日		
22	定期讨论会议 12	1 工作日	2008年6月6日	2008年6月6日		
23	定期讨论会议 13	1 工作日	2008年6月13日	2008年6月13日		
24	□ 第三阶段:测试	27 工作日	2008年6月13日	2008年7月22日		
25	单元测试	15 工作日	2008年6月13日	2008年7月4日	9	
26	集成测试	10 工作日	2008年7月4日	2008年7月18日	25	
27	现场系统测试	2 工作日	2008年7月18日	2008年7月22日	26	
28	□ 第四阶段:售后支持	7 工作日	2008年7月22日	2008年7月31日		

图 10-36 完成的周期性任务信息

另外,在实际的项目计划制定过程中,有些任务是很难估计这项工作到底需要花费多少时间,但可以大致确定要求在哪一天前必须完成,或者这项工作需要在哪个时间后才可以开始,那么该怎么输入呢?

此时,利用"任务信息"对话框可以做到。同时设置完毕后,Project 也会自动换算成所需日期。其操作步骤是:

① 选取要更改任务的任务名称,然后双击鼠标左键。此时便会出现"任务信息"对话框,选择"高级"选项,如图 10-37 所示。

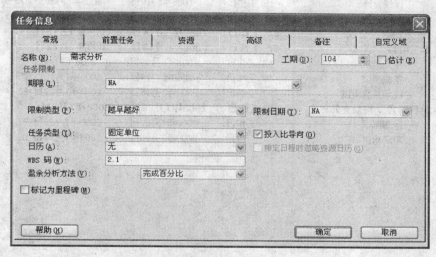

图 10-37 任务信息对话框

② 选择类型:在"限制类型"下拉列表框中选取想要的条件。例如"不得晚于 ... 完成"、"不得早于 ... 开始"等。

③ 然后在"限制日期"栏中输入限制日期。

④ 单击"确定"按钮,这样便完成了修改工作。

最后,领导都希望看见项目的整体情况,难道我们还需要将每一项加起来吗? 不用! Project 早就为我们准备好了。

① 在菜单中选择"工具"→"选项"命令,在弹出的"选项"窗口中选择"视图"选项卡。

② 接着,在"视图"页找到"显示项目摘要任务",然后将其勾选上。这时,你会发现你得到了项目的情况总览,如图 10-38 所示。

通过以上操作,一份内容充实的有关 OA 产品研发项目的项目计划表就制作好了。当然,在真正项目管理过程中,还会涉及到资源管理与分配,成本管理等诸多内容。Project 的强大功能可以帮助我们轻松地解决这些问题。在此由于篇幅有限,不再多述。相关操作可以查看 Project 2007 的详细指导教材。

	任务名称	工期	开始时间	完成时间	前置任务
0	⊟ OA产品开发项目	108.5 工作日	2008年2月25日	2008年7月31日	
1	⊟ 第一阶段：策划与立项	10 工作日	2008年2月25日	2008年3月7日	
2	信息系统企划	5 工作日	2008年2月25日	2008年2月29日	
3	客户商谈确认	5 工作日	2008年3月3日	2008年3月7日	2
4	⊟ 第二阶段：系统开发	65 工作日	2008年3月10日	2008年6月13日	
5	需求分析	10 工作日	2008年3月10日	2008年3月21日	3
6	系统设计	15 工作日	2008年3月25日	2008年4月14日	5FS+1 工作日
7	用户界面设计	15 工作日	2008年4月15日	2008年5月12日	6
8	详细设计	15 工作日	2008年5月9日	2008年5月30日	7FS-10%
9	编码	10 工作日	2008年5月30日	2008年6月13日	8
10	⊞ 定期讨论会议	61 工作日	2008年3月14日	2008年6月13日	
24	⊟ 第三阶段：测试	27 工作日	2008年6月13日	2008年7月22日	
25	单元测试	15 工作日	2008年6月13日	2008年7月4日	9
26	集成测试	10 工作日	2008年7月4日	2008年7月18日	25
27	现场系统测试	2 工作日	2008年7月18日	2008年7月22日	26
28	⊟ 第四阶段：售后支持	7 工作日	2008年7月22日	2008年7月31日	
29	运营测试	5 工作日	2008年7月22日	2008年7月29日	27
30	用户培训	2 工作日	2008年7月29日	2008年7月31日	29

图 10-38　总览项目的情况

10.11.3　实验内容

项目经理小张针对公司新产品上市的工作安排与设置，拟定了一份书面的项目计划，见表 10-7。

表 10-7　项目计划书

	新产品上市活动			
	任务（工作）名称	工期	开始时间	前置任务
1	准备阶段		2008 年 9 月 1 日	
2	企业评析	7d		
3	市场分析	7d		
4	竞争分析	7d		
5	举行筹备会议	3d		2,3,4FS＋3d
6	讨论会议内容	1d		5

	新产品上市活动			
	任务（工作）名称	工期	开始时间	前置任务
7	企划阶段			1
8	问题与机会	7d		
9	销售预测与目标	d		
10	产品目标	7d		
11	定位策略	3d		8,9,10
12	目标市场	2d		8,9,10
13	产品营销组合	7d		11,12
14	产品支持	3d		11,12
15	发布阶段			7
16	制作产品上市日程表	3d		
17	规划上市活动	14d		16
18	营销训练与要求	14d		17
19	规划设计展示场所	7d		17
20	准备展示品	10d		19
21	整理邀请名单	3d		19
22	制作简报	5d		20,21
23	举行展示促销活动	90d		22
24	第1次赠品促销活动	15d		22
25	第2次赠品促销活动	30d		24
26	第3次赠品促销活动	45d		25
27	定期讨论会议			22
28	验收阶段			15
29	财务汇总	14d		
30	市场调查与分析	30d		
31	会议讨论	5d		29,30

备注：2008年10月1日~2008年10月7日为国庆节，这七天是非工作日。"27定期讨论会议"为周期性任务，每二周的周一举行，每次工期为1个工作日，共举行8次会议。

请利用 Project 2007 中的项目向导工具按照表10-7示的信息编制出该新产品上市项目的项目计划，内容包括：

- 建立项目日程表。
- 输入项目任务。
- 设置任务工期。
- 调整任务的级别。
- 设置任务间的相关性。
- 前置时间和延隔时间。

10.12　小结

本章主要介绍了软件工程项目管理的几个主要方面:软件工程项目管理的常见技术及其工具的介绍,软件项目的管理活动,成本的估计,进度计划,风险管理,软件成熟度模型,项目管理的认证体系等。在常见技术及其工具部分介绍了 CASE 技术及基于 CASE 技术的管理工具;在成本估计部分介绍了几种成本估计的方法和两种典型的成本估算模型;在进度计划部分主要介绍了 Gantt 图和工程网络技术;在风险管理部分讲述了风险的分类、风险识别、评估和控制;接下来概述了软件成熟度模型 CMM;简述了项目管理认证体系 PMP 与 IPMP,及我国目前的项目管理认证体系的发展状况。

10.13　习题

1. 软件工程管理是_____一切活动的管理。
A. 需求分析　　　　　　　　　B. 软件设计过程
C. 模块设计　　　　　　　　　D. 软件生命期
2. 软件管理的主要职能包括_____。
A. 人员管理、计划管理　　　　B. 标准化管理、配置管理
C. 成本管理、进度管理　　　　D. A 和 B
3. 任何项目都必须精心做好项目管理工作,最常用的计划管理工具是_____。
A. 数据流程图　　　　　　　　B. 程序结构图
C. 因果图　　　　　　　　　　D. PERT 图
4. 软件开发在需求分析、设计、编码、测试这几个阶段所需不同层次的技术人员大致是_____。
A. 初级、高级、高级、初级　　B. 中级、中级、高级、中级
C. 高级、中高级、初级、中高级　D. 中级、中高级、中级、初级
5. 由于软件工程有如下的特点,使软件管理比其他工程的管理更为困难。软件产品是_____(A)_____、_____(B)_____标准的过程。大型软件项目往往是_____(C)_____项目。_____(D)_____的作用是为有效地、定量地进行管理,把握软件工程过程的实际情况和它的产品质量。在制定计划时,应当对人力、项目持续时间、成本作出_____(E)_____;风险分析实际上就是贯穿于软件工程过程中的一系列风险管理步骤。最后,每个软件项目都要制定一个_____(F)_____,一旦_____(G)_____制定出来,就可以开始着手_____(H)_____。

供选择的答案:

A ~ C:
① 可见的　　　　　② 不可见的　　　　③ "一次性"
④ "多次"　　　　　⑤ 存在　　　　　　⑥ 不存在

D ~ H:
① 进度安排　　　　② 度量　　　　　　③ 风险分析
④ 估算　　　　　　⑤ 追踪和控制　　　⑥ 开发计划

6. 在特定情况下,是否必须进行风险分析,是对项目开发的形势进行____(A)____后确定的。____(A)____可以按照如下步骤进行:明确项目的目标、总策略、具体策略和为完成所标识的目标而使用的方法和资源;保证该目标是____(B)____,项目成功的标准也是____(B)____;考虑采用某些条目作为项目成功的____(C)____;根据估计的结果来确定是否要进行风险分析。

一般说来,风险分析的方法要依赖于特定问题的需求和有关部门所关心的方面。具体分三步进行。第一步识别潜在的风险项,首先进行____(D)____过程;第二步估计每个风险的大小及其出现的可能性,选择一种____(E)____,它可以估计各种风险项的值;第三步进行风险评估。风险评估也有三个步骤:确定风险的评价标准;确定风险的级别;把风险和"参照风险"做比较。

供选择的答案:

A. ① 风险　　　　　　② 风险估计
　　③ 风险评价　　　　④ 风险测试

B. ① 可度量的　　　　② 不可度量的
　　③ 准确的　　　　　④ 不确定的

C. ① 规范　　　　　　② 标准
　　③ 过程模型　　　　④ 设计要求

D、E. ① 信息分类　　② 信息收集　　③ 度量尺度
　　　④ 标准　　　　⑤ 度量工具　　⑥ 信息获取

7. 对于软件产品来说,有 4 个方面影响着产品的质量,即开发技术、过程质量、人员素质及_____等条件。

A. 风险控制　　　　　　　　　B. 项目管理
C. 配置管理　　　　　　　　　D. 成本、时间和进度

8. 重视软件过程质量的控制,其部分原因是,相对于产品质量的控制来说,过程质量的控制是先期的、主动的、_____,而产品质量的控制是事后的、被动的、个别的。

A. 整体的　　　　　　　　　　B. 系统的
C. 部分的　　　　　　　　　　D. 可预测的

9. 软件项目计划内容包括_____。

A. 范围　　　　　　　　　　　B. 资源
C. 进度安排　　　　　　　　　D. 成本估算
E. 培训计划

10. 在软件项目管理过程中一个关键的活动是制定项目计划,它是软件开发工作的_____。

A. 第一步　　　　　　　　　　B. 第二步
C. 第三步　　　　　　　　　　D. 最后一步

第11章 开 发 实 例

11.1 可行性研究

1. 技术可行性

无论从硬件或软件上来说,建立此套图书馆管理系统的技术方面都是可行的。从软件开发方面来看,本系统是一个基于 ASP + VBScript + SQI Server 2000 的 Web 应用程序。目前ASP、VBScript 和 SQI Server2000 相结合的 Web 开发技术已经非常成熟,估计利用现有的技术完全可以达到功能目标。考虑到开发期限较为充裕,预计可以在规定期限内完成开发。运行方面,目前学校的校园网设施比较完善、网络资源充分,学校计算机中心机房和服务器,可以很方便地运行该图书馆管理系统。

2. 经济可行性

(1)支出

① 在基建投资上,可以利用现有设备,不必进行另外的硬件设备投资。

② 其他一次支出,包括软件设计和开发费用 5 000 元。

③ 经常性支出,包括软件维护费用每年约数百元。

(2)效益

进一步实现办公自动化,减少人力投资和办公费用,极大提高办公效率。

(3)投资回收周期

根据经验算法,收益的累计数开始超过支出的累计数的时间为 1 年。

3. 社会可行性

(1)法律方面的可行性

新系统的研制和开发都是选用正版软件,将不会侵犯他人、集体和国家的利益,不会违反国家的政策和法律。

(2)使用方面的可行性

由于师生计算机的使用水平普遍提高,加上新系统界面友好,合乎使用者的习惯,使操作简单;数据录入迅速、规范、可靠;统计正确;制表灵活;适应力强;容易扩充。

4. 结论

项目可行。

11.2 需求分析

1. 软件系统需求描述

利用 ASP 和 VBScript 作为开发工具、SQL Server2000 作为数据库开发一个基于 Web 的图书馆管理系统。系统的主要用户是图书馆管理人员、系统管理员和读者 3 类,具体功能如下。

1）浏览功能：所有人员都可以浏览图书馆的图书信息。

2）读者注册：读者在借书之前需要办理借书证，获得登录系统密码。

3）借还功能：合法借书者可以借、还图书和杂志。

4）借书管理功能：管理员可以进行注册、更改、注销借书者信息等维护工作。

5）读者登录系统：通过系统完成续借和预约图书和杂志功能。

6）统计功能：包括对读者借书情况、图书情况的统计功能。

另外，该图书馆管理系统的性能要求前台所有操作都应在 30 s 内得到响应。可操作性方面要求操作界面友好，操作简单方便、易学易用。

2. 软件系统数据流图

软件系统数据流图顶层数据流图如图 11-1 所示。由加工、数据流、文件、源点和终点 4 种元素组成。

（1）顶层数据流图

顶层数据流图如图 11-1 所示。

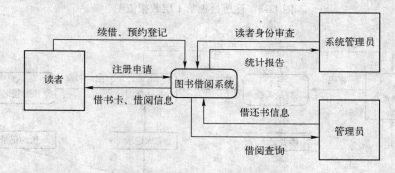

图 11-1　图书馆管理系统顶层数据流图

（2）第 0 层数据流图

第 0 层数据流图如图 11-2 所示。

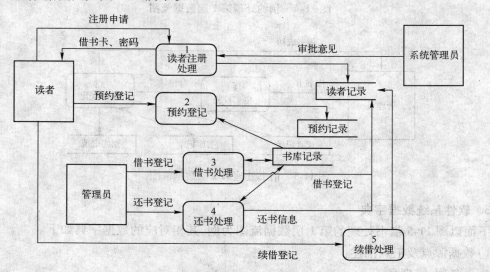

图 11-2　图书馆管理系统第 0 层图

（3）1 层数据流图

注册处理、预约处理和借书处理第 1 层数据流图，分别如图 11-3 ~ 图 11-5 所示。

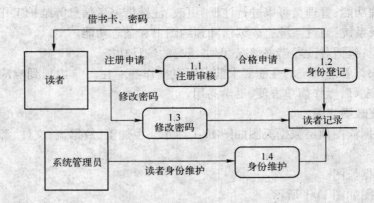

图 11-3　注册处理第 1 层数据流图

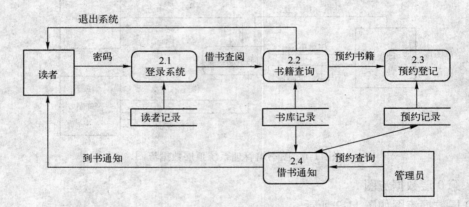

图 11-4　预约处理第 1 层数据流图

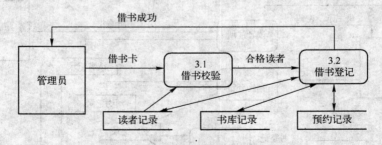

图 11-5　借书处理第 1 层数据流图

3. 软件系统数据字典

下面以图 11-5 借书处理的第 1 层数据流图为例，其相对应的数据字典如下。

1）数据源点及汇点描述：

名称：管理员。

简要描述:协助读者完成借书、还书、借阅查询。

有关数据流:借书卡;借书成功信息。

2)加工逻辑词条描述:

① 加工名:借书校验。

加工编号:3.1。

简要描述:检验读者身份,读者还能借多少书以此判定读者是否能借书。

输入数据流:借书卡,读者记录。

输出数据流:合格读者。

加工逻辑:IF 借书卡号与数据库数据不符 OR 该读者已达到可借图书上限 THEN。

发出"检验错误"。

ELSE 发出"借书信息"。

ENDIF。

② 加工名:借书登记。

加工编号:3.2。

简要描述:添加读者对该图书的借书信息。

输入数据流:合格读者,读者记录,书库记录,预约记录。

输出数据流:读者记录,书库记录,预约记录,借书信息。

加工逻辑:添加读者借书记录,更新所借图书库存信息,取消相对应的预约记录,生成成功借书信息。

3)数据流名词条描述:

① 数据流名:借书证

说明:用以鉴别读者的唯一识别标识。

数据流来源:管理员。

数据流去向:借书检验。

数据流组成:借书证 = 借书证号 + 姓名 + 学号 + 系别 + 联系方法。

② 数据流名:合格读者。

说明:借书证属有效使用期范围内,且该读者借书记录未超过可借书上限。

数据流来源:借书校验。

数据流去向:借书登记。

数据组成:合格读者 = 借书证号。

③ 数据流名:借书成功。

说明:用于通知借书成功。

数据流来源:借书登记。

数据流去向:管理员。

数据流组成:借书成功 = 2{字母}10。

4)数据文件词条描述:

① 数据文件名:读者记录。

简要描述:存放读者信息。

输入数据:

输出数据:读者信息。

数据文件组成:读者记录 = {读者编号 + 姓名 + 身份证号 + 系别 + 联系电话 + 密码 + 图书编号}

存储方式:关键码。

存取频率:

② 数据文件名:书库记录。

简要描述:存放图书信息。

输入数据:

输出数据:图书信息。

数据文件组成:书库记录 = {图书编号 + 书名 + 作者 + 出版社 + 出版日期 + 库存量 + 借阅状态}。

存储方式:关键码。

存取频率:

③ 数据文件名:预约记录。

简要描述:存放读者预约借书信息。

输入数据:

输出数据:预约借书记录。

数据文件组成:图书访问记录库由"图书访问记录"组成。

存储方式:关键码。

存取频率:预约记录 = {读者编号 + 图书编号 + 预约时间}。

11.3 系统设计

1. 软件系统模块结构图

图书馆管理系统结构图,如图 11-6 所示。

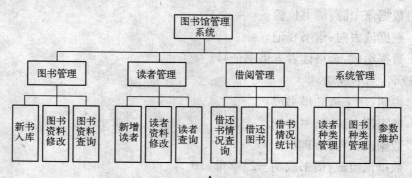

图 11-6 系统模块结构图

2. 程序流程图

读者预约模块和续借模块程序流程图,如图 11-7 和图 11-8 所示。

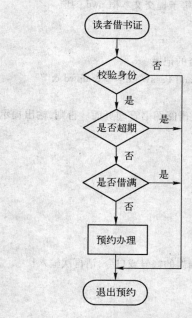

图 11-7 读者预约模块程序流程图

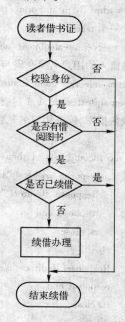

图 11-8 读者续借模块程序流程图

11.4 系统实施

1. 用户登录模块界面及编码

1)管理登录页面提供管理登录入口,输入正确的用户及密码,单击"进入管理区"按钮,进入借阅图书管理页面。界面如图 11-9 所示。

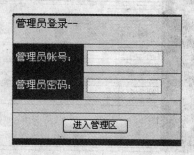

图 11-9 用户登录模块界面

2)实现的代码片段

......

```
< % response. Expires  = 0% >
< ! – – #include file = "conn. asp" – ->  < % 调用 conn. asp 页面连接数据库 % >
< %
```

```
dim uid , upwd
uid = trim( Request. Form("uid"))  登录用户名变量 uid 等于提交文本框 uid 的值
upwd = trim( Request. Form("pwd"))  登录用户密码变量 upwd 等于提交文本框 pwd 的值
'定义一个 recordset 对象
set rs = server. createobject("adodb. recordset")
'查询输入的用户名及密码与 admin 表中用户名及密码相符合的记录
sqltext = "select * from admin where Username = '" & uid & "' and PassWord = '" & upwd & "'"
rs. open sqltext, conn, 1, 1 '执行 sql 语句
'查找数据库,检查用户名是否存在,如果记录不为空,则进入借阅图书管理页面。否则,输出提示
错误
if rs. recordcount  >  =  1 then
        response. cookies("adminok") = true
        Response. Redirect "info_check. asp"
        response. end
        rs. close
    else
    Response. Redirect "messagebox. asp? msg = 您输入了错误的帐号或口令,请再次输入!
    response. end
    rs. close
end if
% >
……
```

2. 借阅图书界面及编码

1）借阅图书登记页面主要用于借阅图书登记。界面如图 11-10 所示。

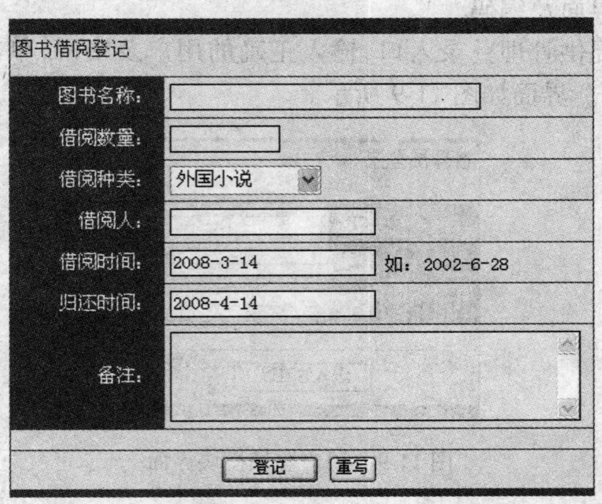

图 11-10　借阅图书登记页面

2）实现的代码片段如下：

```
…………
< %
```

```
'利用 cookies 机制,判断用户是否登录
if request. cookies("adminok") ="" then
    response. redirect "login. htm"
end if
% >
……
```

11.5 测试

测试用例举例,见表 11-1 和表 11-2。

表 11-1 用例 1

项目/软件	图书馆管理系统		编制时间		2008. 1. 15	
功能模块名	读者查询图书情况模块		用例编号		1	
功能特性	读者可以查询所需图书的情况					
测试目的	验证是否输入正确的图书信息。如果正确,则显示图书情况;如果不正确,则显示错误信息。					
测试数据	书号 = B223095、书名 = 软件、类别 = 计算机、作者 = 黄柏素、出版社 = 机械工业出版社					
操作步骤	操作描述	数 据	期望结果	实际结果	测试状态	
1	输入书号,按"开始查询"按钮	书号 = B223095	显示图书信息	同期望结果	正常	
2	输入书号,按"开始查询"按钮	书号 = Q223095	查询结果为空	同期望结果	正常	
3	输入书名,按"开始查询"按钮	书名 = 软件	显示图书信息	同期望结果	正常	
4	输入书名,按"开始查询"按钮	书名 = 数学	查询结果为空	同期望结果	正常	
5	输入类别,按"开始查询"按钮	类别 = 计算机	显示图书信息	同期望结果	正常	
6	输入类别,按"开始查询"按钮	类别 = 英语	查询结果为空	同期望结果	正常	
7	输入作者,按"开始查询"按钮	作者 = 黄柏素	显示图书信息	同期望结果	正常	
8	输入作者,按"开始查询"按钮	作者 = 黄素	查询结果为空	同期望结果	正常	
9	输入出版社,按"开始查询"按钮	出版社 = 机械工业出版社	显示图书信息	同期望结果	正常	
10	输入出版社,按"开始查询"按钮	出版社 = 教育出版社	查询结果为空	同期望结果	正常	

表 11-2 用例 2

项目/软件	图书馆管理系统		编 制 时 间	2008. 1. 15
功能模块名	添加读者信息模块		用例编号	2
功能特性	可以添加读者信息			
测试目的	验证是否输入正确的读者信息。如果正确,则添加读者信息;如果不正确,则显示错误信息			
测试数据	借书证号 = 1,姓名 = a,院系 = 计算机,最多借书数 = 5,E-mail = opq@ 163. com(已有读者记录) 借书证号 = 8,姓名 = o,院系 = 信息,最多借书数 = 5,E-mail = abc@ 163. com(想要添加的记录)			
操作步骤	操作描述	数据	期望结果	实际结果
1	输入新的读者信息	借书证号 = 1,姓名 = o,院系 = 信息,最多借书数 = 5,E-mail = abc@ 163. com	显示警告信息"图书编号已存在,添加失败!"	同期望结果
2	输入新的读者信息	借书证号 = 8,姓名 = o,院系 = 信息,最多借书数 = 5,E-mail = abc@ 163. com	显示信息"成功添加一条读者记录!"	同期望结果

11.6 运行和维护

1. 系统安装软硬件要求

硬件配置：

    CPU：P4 2.4 GHz 以上

    内存：512 MB 以上

    硬盘：20 GB

网卡：10/100Mbit/s

软件配置：

    操作系统：Windows 2000 Server + SP4，Windows 2003（推荐 Windows 2003 Server）

    客户端：硬件无要求，浏览器：IE 5.5 →以上

    网络环境：支持 Internet 或局域网、广域网

2. 系统安装操作步骤

Windows 2003 系统或服务器硬盘 NTFS 格式用户请操作：

第一步：启用 ASP：进入控制面板→管理工具→IIS（Internet 服务器）→Web 服务扩展→Active Server Pages→允许。

第二步：开启父目录：IIS→网站→属性→主目录→配置→应用程序选项→启用会话、父路径。

第三步：开启脚本访问：IIS 中→主目录→执行许可→纯脚本。

第四步：赋予系统安装根目录可读写权限。

具体操作如下：

安装 IIS：开始→设置→控制面板→添加删除程序→添加/删除组件→选择安装 IIS（需系统光盘）。

配置站点：开始→设置→控制面板→管理工具→Internet 服务管理器，选择站点，右键"属性"将人才系统配置在站点根目录下；如图 11-11 ~ 11 – 14 所示。

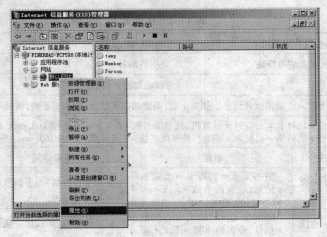

图 11-11　IIS 管理器

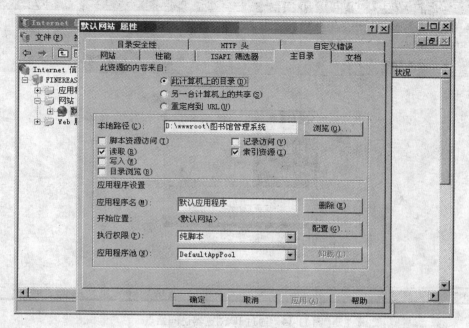

图 11-12　设置主目录

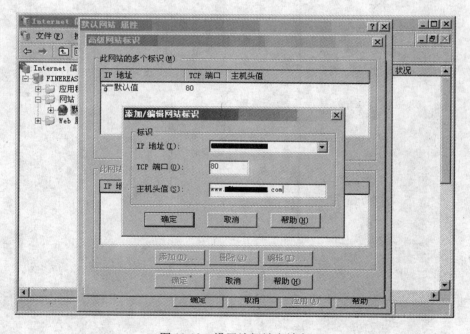

图 11-13　设置访问站点域名

其他设置均默认即可,打开 IE 输入用户所需的网站地址访问。

图 11-14　通过 IE 浏览器访问站点

附录　国家标准文档格式下载地址

国家标准文档包括如下内容：

1. 可行性研究报告
2. 项目开发计划
3. 软件需求说明书
4. 数据要求说明书
5. 概要设计说明书
6. 详细设计说明书
7. 数据库设计说明书
8. 用户手册
9. 操作手册
10. 模块开发卷宗
11. 测试计划
12. 测试分析报告
13. 开发进度月报
14. 项目开发总结报告

由于篇幅所限,这里不详细介绍每部分的具体内容,如有兴趣可到如下网址查阅。

（1）计算机行业标准化网：http://www.nits.gov.cn/jhb/。
（2）软件设计文档国家标准：http://www.wendang.com/soft/4727.htm。

参 考 文 献

[1] 瞿中,等. 软件工程[M]. 北京:机械工业出版社,2007.

[2] 张海藩. 软件工程导论[M]. 北京:清华大学出版社,2004.

[3] 张海藩. 软件工程导论学习辅导. 北京:清华大学出版社,2004.

[4] 萨姆摩威尔. 软件工程[M]. 6 版. 北京:机械工业出版社,2007.

[5] 郭荷清. 现代软件工程——原理、方法与管理[M]. 广州:华南理工大学出版社. 2004.

[6] 胥光辉. 软件工程方法与实践[M]. 北京:人民邮电出版社,2004.

[7] 许家珆,曾翎,彭德中. 软件工程:理论与实践[M]. 北京:高等教育出版社,2004.

[8] 克里斯腾森. 软件工程最佳实践项目经理指南[M]. 王立福,等译. 北京:电子工业出版社,2004.

[9] Watts S Humphrey. 软件工程规范[M]. 傅为,苏俊,许青松,译. 北京:清华大学出版社,2004.

[10] 胥光辉. 软件工程方法与实践[M]. 北京:机械工业出版社,2004.

[11] 齐治昌,等. 软件工程[M]. 3 版. 北京:高等教育出版社,2004.

[12] 王晖,等. 面向对象软件分析设计与测试[M]. 北京:科学出版社,2004.

[13] 雅各布森. 面向对象软件工程[M]. 北京:人民邮电出版社,2003.

[14] 斯凯奇著. 面向对象与传统软件工程[M]. 韩松,等译. 5 版. 北京:机械工业出版社,2003.

[15] 王小铭,林拉. 软件工程辅导与提高[M]. 北京:清华大学出版社,2004.

[16] Shari Lawrence Pfleeger,软件工程理论与实践[M]. 吴丹,唐忆,史争印,译. 2 版. 北京:清华大学出版社,2003.

[17] 中国标准出版社. 计算机软件工程规范国家标准汇编 2003[M]. 北京:中国标准出版社,2003.

[18] 莱斯布里奇,拉格尼. 面向对象软件工程[M]. 张红光,等译. 北京:机械工业出版社,2003.

[19] 金尊和. 软件工程实践导论:有关方法、设计、实现、管理之三十六计[M]. 北京:清华大学出版社,2005.

[20] Cem Kaner,等. 计算机软件测试[M]. 北京:机械工业出版社,2005.

[21] 周之英. 现代软件工程[M]. 北京:科学出版社,2000.

[22] 邓良松,等. 软件工程[M]. 西安:西安电子科技大学出版社,2000.

[23] Karl E Wiegers. 软件需求[M]. 北京:机械工业出版社,2003.

[24] Dennis M Ahern,Aaron Clouse,Richard Turner. CMMI 精粹:集成化改进使用导论[M]. 周伯生,吴朝影,任爱华,等译. 北京:机械工业出版社,2002.

[25] Ivar Jacobson,Grady Booch,James Rumbaugh. 统一开发软件工程[M]. 周伯生,冯学民,樊东平,译. 北京:机械工业出版社,2002.

[26] 潘锦平,施小英,姚天昉. 软件系统开发技术[M]. 西安:西安电子科技大学出版社,1997.

[27] Roger S Pressman. 软件工程:实践者的研究方法[M]. 梅宏,译. 5 版. 北京:机械工业出版社,2002.

[28] 陈明. 软件工程[M]. 北京:科学出版社,2002.